PREFACE 前 言

天文学是《国家中长期科学和技术发展规划（2010—2020）》重点发展的六大基础学科之一。先进的天文探测技术与天文仪器的发展所带来的技术进步、产生的研究成果，广泛应用于导航、定位、航天与深空探测等领域，天文学研究对于国家经济建设和国家安全都有重要的作用。近些年，我国投资建设了很多天文大科学装置，如世界最大的单口径射电望远镜（FAST）、郭守敬光谱巡天望远镜（LAMOST）、高能天体物理卫星（慧眼）和暗物质探测卫星（悟空）等。国内高校新建的天文系或新设的天文专业也如雨后春笋般地不断涌现。与此同时，“科技兴国”被放在了国家战略的前沿位置，国家和社会对天文学的科学普及和全民科学素养的提升，也越来越受到重视。天文大科学装置的建设与使用，需要一批懂天文观测的科学及技术人员；新设立的天文学专业所开设的天文公选课、必修课，需要一本相对专业的天文实验教材；天文学的普及，更需要一批懂天文仪器、能够带领学生进行天文观测的中小学教师。

本书基于北京师范大学天文教学综合实验室几十年的天文实验、实践教学经验，在原有实验课程的基础上，推陈出新，编制了 22 个天文实验，从天文上最基本的现象和天文知识（如四季星空的变化、望远镜的分类和使用等）开始，逐步深入到测光与光谱观测及其数据处理。

感谢教学实验室老一辈教师（刘学富、张燕平、杨静等）在实验上的积累，有了你们多年的积累，这本书的内容才能这么丰富；感谢教学实验室及天文系老师（何香涛、吴江华、付建宁、苑海波、宗伟凯、余恒、陈阳、刘康等）为本书提供的理论指导与实测数据支持；感谢天文系领导对本书编写的支持，有了你们的支持，本书才得以顺利地出版。

这是本书第一版，如果内容有误，请读者联系作者进行修正，不足之处，敬请批评指正。

编　者

2023.10

CONTENTS 目 录

21世纪普通高等教育系列教材

天文学导论实验

张文昭　高　健　张记成　编

机 械 工 业 出 版 社

本书由浅入深，从四季星空的变化、天文望远镜的分类和使用等天文上最基本的现象和天文知识开始，逐步深入到大行星和星云的拍摄，再到测光与光谱观测及其数据处理，其内容涉及观测准备、观测过程以及后期数据处理等天文观测的各个环节，有助于学习者对天文观测建立整体的认识。

本书共包括 22 个天文实验，适合天文、地理、物理等专业的本科生进行天文技能训练，也适合零基础的天文爱好者、中小学科学教师和科普场馆科技工作者学习。

图书在版编目（CIP）数据

天文学导论实验/张文昭，高健，张记成编. —北京：机械工业出版社，2024. 6

21世纪普通高等教育系列教材

ISBN 978-7-111-75592-0

Ⅰ. ①天… Ⅱ. ①张… ②高… ③张… Ⅲ. ①天文学–高等学校–教材 Ⅳ. ①P1

中国国家版本馆 CIP 数据核字（2024）第 072719 号

机械工业出版社（北京市百万庄大街22号　邮政编码100037）

策划编辑：张金奎　　责任编辑：张金奎　汤　嘉

责任校对：马荣华　陈　越　　封面设计：王　旭

责任印制：张　博

北京建宏印刷有限公司印刷

2024年7月第1版第1次印刷

184mm×260mm · 12印张 · 295千字

标准书号：ISBN 978-7-111-75592-0

定价：69.80 元

电话服务　　网络服务

客服电话：010-88361066　　机　工　官　网：www.cmpbook.com

010-88379833　　机　工　官　博：weibo.com/cmp1952

010-68326294　　金　书　网：www.golden-book.com

　　机工教育服务网：www.cmpedu.com

北京师范大学天文教学综合实验室设备简介

一、校内设备

1. 教十楼太阳塔望远镜

1958年，为天文观测需要，北京师范大学利用教十楼的通光井自制了太阳塔望远镜。后因年久失修，逐渐废弃不用。2017年，天文教学综合实验室对太阳塔进行改造，以满足教学需要。项目分为两期：第一期完成了对原有定天镜光学、电控和机械改造，重建了天文圆顶，实现了太阳高精度自动跟踪功能；第二期建立了新的光学系统和光栅光谱仪系统，配置了科学级终端设备，实现了太阳高分辨率光谱观测。

太阳塔塔高约20m，圆顶采用条式带天窗随动圆顶，直径3m，位置精度高于2°。光学部分由定天镜系统、成像系统和光谱仪系统组成。定天镜有效口径：1镜470mm；2镜410mm。成像系统采用离轴抛物面反射镜，通光口径为400mm，焦距为7m，太阳像直径65.2mm，狭缝高度7.4mm，对应太阳视场3.75′。

新的圆顶

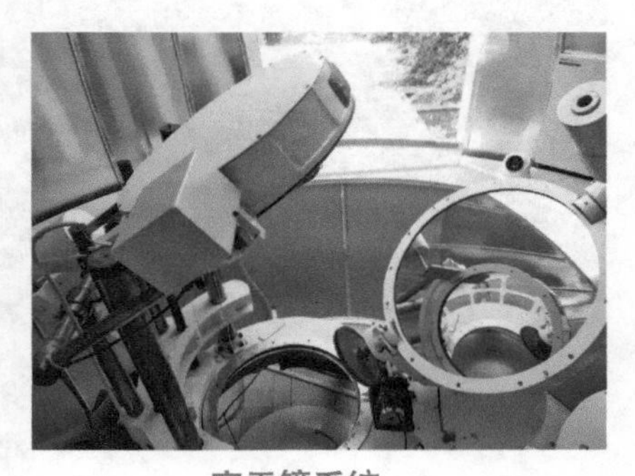

定天镜系统

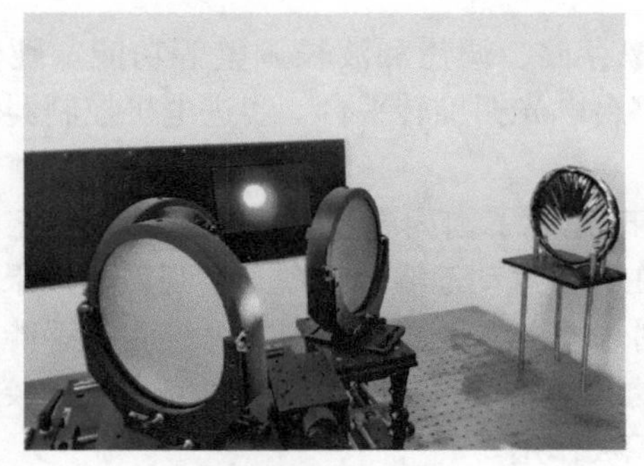

调焦反射镜组

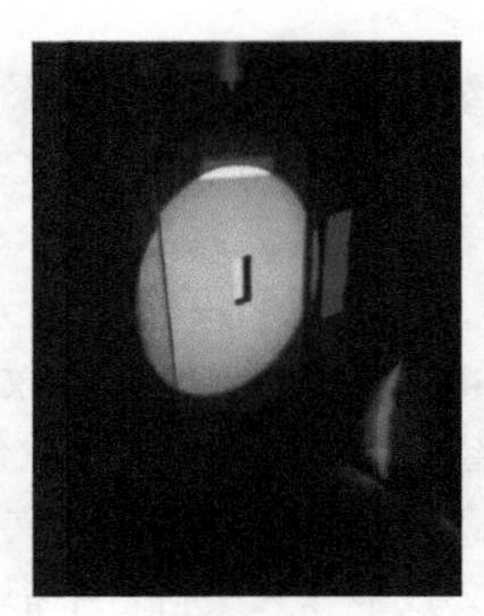

狭缝处的太阳像

光谱仪系统中准直镜和聚焦镜均为球面反射镜，焦距 2700mm，镜面直径 180mm；平面光栅分辨本领为 10^5，衍射级次 +1 级，光栅闪耀波长 500nm，闪耀角为 17.5°，在 5324Å 波长上的光谱分辨率为 0.022Å。

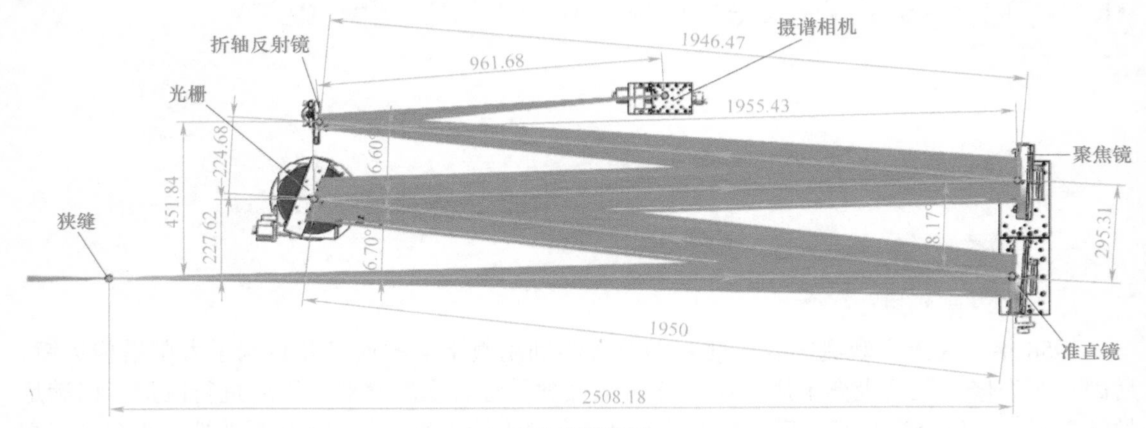

光谱仪光路图

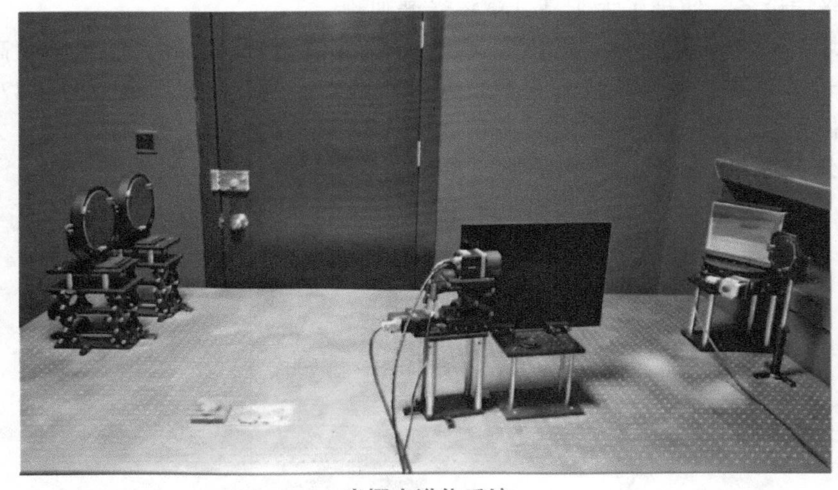

光栅光谱仪系统

观测系统实现了 CCD 数据采集、图像存储、调焦和波长调整等功能。硬件设备包含 Imperx B2020 CCD 相机、搭载 CCD 的平移台、光栅旋转平台、步进电机控制器等。

2. 教十楼顶数字天象厅

2014 年，天文系将一个现有天文圆顶改建成了国内高校第一个互动式数字天象厅。天象厅直径约 4m，可容纳 20 人。教师可以在其中生动地演示天象，增强教学效果，学生也可以利用万维望远镜（WWT）等软件自己制作天文节目，培养创新思维和动手能力。天象厅的建成既能满足天文专业课和天文公选课的教学需求，也可用于天文夏令营和校园开放日等活动，在天文教学和天文科普中都发挥了积极作用。

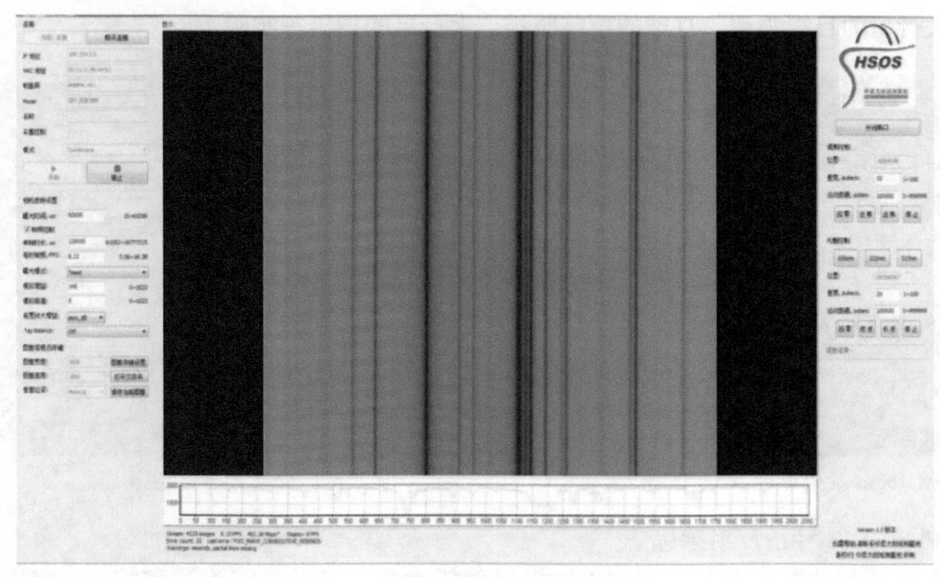

数据采集界面

数字天象厅

由于直径比较小，天象厅的球幕采用了钢架 + 微孔铝板的方案，光学系统采用了单激光投影仪 + 鱼眼镜头的模式，可完美投出星空的半球面效果。既可使用“虚拟天文馆”“WWT”等软件进行星空投影，也可以直接播放一些球幕天文影片。目前，可播放的球幕影片有：

（1）《黄道十二宫》，放映时间为 13min；

（2）《迷离的星际》，放映时间为 22min；

（3）《奇妙的星空》，放映时间为 31min；

（4）《天上的宫殿》，放映时间为 21min；

（5）《星空音乐会》，放映时间为 21min；

（6）《宇宙少年侦探团》，放映时间为 27min40s。

3. 教九楼 40cm 反射望远镜

教九楼顶的 40cm 望远镜是日本西村公司生产的，于 1987 年安装于北京师范大学教十楼顶，后于 2021 年移至教九楼顶。其主镜是 40cm 的反射望远镜，焦距 6m，光学系统为卡塞格林系统，配备了口径 15cm、焦距 1.98m 的折射导星镜，太阳黑子投影板，太阳低分辨率光谱仪，以及数码单反相机、CCD 相机等后端设备。该望远镜支撑了“天文学导论实验Ⅰ”“天文学导论实验Ⅱ”“太空漫游星际迷航”“普通天文学”“天文学概论”“遨游太阳系”等一大批天文专业课及公选课的实验，可以进行太阳低分辨率光谱拍摄、太阳黑子投影观测、月球及大行星的目视观测、月球的数字照相、大行星的拍摄等实验。

主镜 40cm 反射望远镜

太阳低分辨率光谱拍摄

4. 科技楼 14 寸折反射望远镜

科技楼顶配备的是星特朗 C14 HD 折反射望远镜，光学系统为施密特 - 卡塞格林，焦距 3910mm，焦比为 F/11。机械系统配备的是 Paramount ME Ⅱ 德式赤道仪。后端配备了 Shelyak Lhires Ⅲ光谱仪、qhy22 CCD 相机、qhy290 导星 CCD。该望远镜目前主要用于太阳及恒星光谱拍摄。

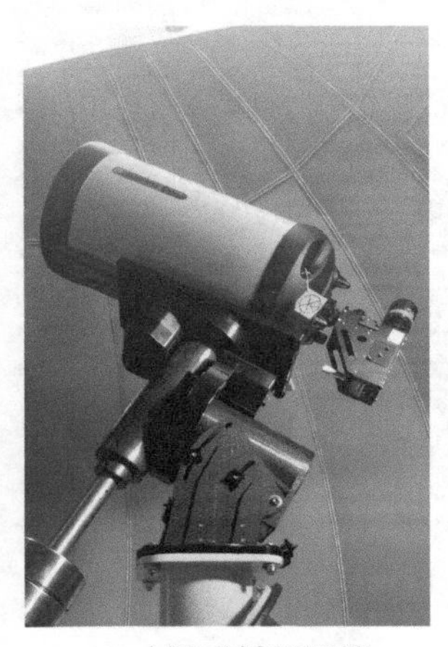

14 寸折反射望远镜

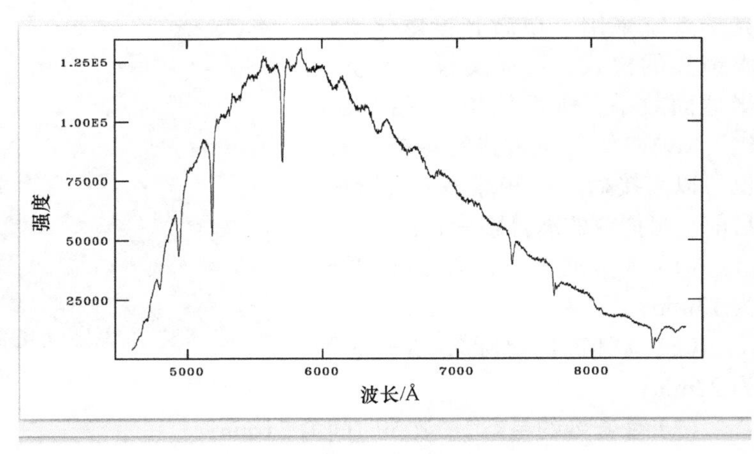

拍摄处理的恒星光谱

5. 科技楼 2.3m 射电望远镜

科技楼顶射电望远镜是由美国麻省理工学院 Haystack 天文台设计的一款应用于射电天文学教学、机械和电气工程的仪器，能够在 L- 波段进行连续谱和分立谱观测。它采用地平式的坐标系统，通过巡天观测覆盖全天区。整套设备包括天线抛物面、双轴基座、接收机、相关的控制电路和基于 JAVA 语言的控制软件。

天线的基本参数如下：

直径：90in[⊖]（2.3m）

⊖ in，英寸，1in=2.54cm

焦比：0.375

焦距：33.75in（85.7cm）

在 4.2GHz 的增益：38.1dBi

包括基座的重量：160lb[⊖]

波束宽度：7.0°（在 L- 带）

2.3m 射电望远镜

6. 星特朗 10cm 小型望远镜群

为了能够扩大天文的受众面，让更多的学生能够自己操作望远镜，实验室于2008 年购置了 10 台口径 10cm 的小型望远镜。望远镜的赤道仪为星特朗的 CGEM 赤道仪；镜筒为星特朗的 100ED 折射式望远镜，焦比 F/9。10 台望远镜可以支撑 30~50 人的一次天文实验课程。学生可以利用这些小望远镜学习望远镜的构造、安装与使用，可以进行月球和大行星的目视与拍摄等实验内容。

10cm 小型望远镜

观测太阳黑子

7. 高桥 TOA130 望远镜

高桥 TOA130 望远镜是一台折射式望远镜，有效口径 130mm，焦距 1000mm，焦比 F/7.7，配备高桥 EM200 Temma2M 赤道仪和 SE-M 三脚架。其具体参数如下：

（1）光学设计：3 群 3 枚完全分离式萤石复消色差物镜；

（2）镜筒口径：155mm；

（3）有效口径：130mm，全面多层镀膜；

（4）焦距：1000mm，焦比 F∶7.7；

（5）分辨力：0.89″；

（6）极限星等：12.3 等；

（7）集光力：345 倍；

（8）调焦座：2.7 寸；

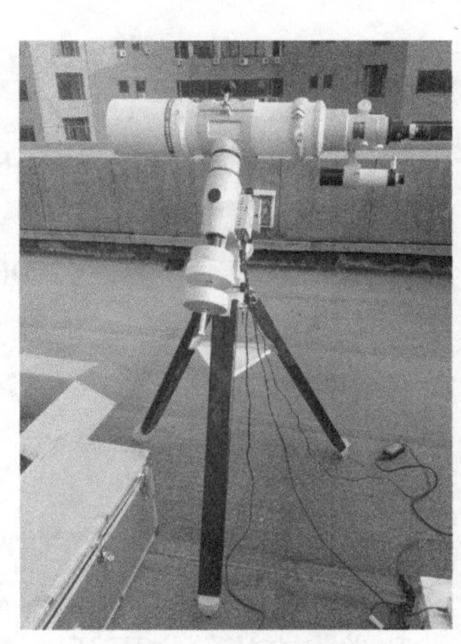

高桥 TOA130 望远镜

⊖ lb，磅，1lb ≈ 0.45kg

（9）照相视野：2.3°；

（10）影像范围：ϕ 40mm；

（11）镜筒全长：约 1145mm（遮光罩收起时 1015mm）；

（12）重量：11kg（带寻星镜）；

（13）寻星镜：7 × 50mm。

8. 日珥镜

日珥镜是天文系专门购买用来观测太阳色球的太阳望远镜，口径 80cm，内置 Ha 双滤模组，其带宽小于 0.5Å，赤道仪使用的是信达 HEQ5 Pro 赤道仪。

日珥镜

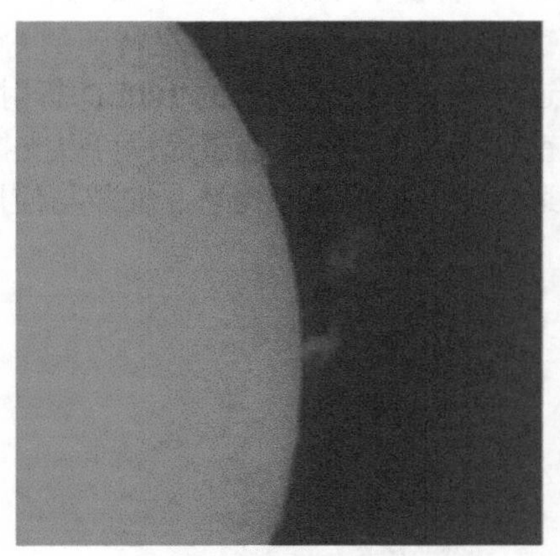

拍摄的日珥特写

二、终端设备

1. 数码单反相机

佳能 600D（含佳能 10-18mm 镜头）10 台。

2. CCD 相机

SBIG 公司：ST7、ST9、STXL6303、STF8300、SG-4 导星、ST-i 导星。

Apogee 公司：U9000。

Andor 公司：DZ936N-BV 2 台。

3. 行星摄像头

ASI174 1 套、QHY290MC 6 套。

4. 光谱仪

太阳低分辨光谱仪 1 台、SBIG 公司 SGS 光谱仪 1 台。

三、校外设备

1. 国家天文台 - 北京师范大学望远镜（NBT）

从 2001 年起，天文系和国家天文台多次签署合作协议，在人才培养、设备研发、教学和学术交流等方面开展了全方位的合作，并在国家天文台兴隆观测基地建立了北京师范大学天文教学实践基地。2006 年，天文系与中国科学院国家天文台共同出资，在兴隆观

测基地共建改造了一台 85cm 望远镜，命名为“国家天文台 - 北京师范大学望远镜”，简称“NBT”。

2012 年，天文系又为 NBT 望远镜购置了一台新的高性能 CCD 相机。依托兴隆北师大天文教学实践基地和 NBT 望远镜，天文系获批北京市级校外人才培养基地建设项目，共建产出的科研成果在兴隆站观测设备运行绩效评估中长期名列前茅，获得了中国科学院时任院长白春礼等领导的高度赞扬和肯定。

NBT 望远镜

2. 云南天文台 - 北京师范大学望远镜（YBT）

为了更好地加强在天文教学中的实践环节，充分利用天文台的天文观测仪器，培养高素质的天文人才，中国科学院云南天文台与北京师范大学天文系于 2008 年共同签署了《中国科学院云南天文台 - 北京师范大学天文系共建“天文教学实践基地”的协议》，随后从 2008 年起共同建设了云南天文台凤凰山基地的 60cm 天文望远镜，命名为“云南天文台 - 北京师范大学望远镜”（YBT），对该望远镜进行了自动化改造，并为该望远镜配备了新的 CCD 相机。十多年来，双方在教学、科研和基地建设方面进行了良好的合作，取得了较好的效果。

YBT 望远镜

3. 新疆慕士塔格 50cm 望远镜

新疆慕士塔格台址是国家天文台大型光学红外望远镜台址组的重点监测点之一。已有监测数据表明该台址视宁度中值可达 0.61″，为潜在的世界级优秀台址。北京师范大学在慕士塔格台址建设了一台 50cm 天文望远镜，该 50cm 口径的高分辨率天文望远镜可用于验证新疆慕士塔格候选台址的优良观测条件，利用该望远镜可进行多项具有重要科学意义和应用价值的天文观测研究课题：球状星团的观测；白矮星的观测；近地天体多色测光；系外行星的搜寻和研究；超新星巡天等。利用该望远镜获得观测数据，可以发现太阳系内新的小天体、新的超新星，验证或发现

新疆慕士塔格 50cm 望远镜

新的太阳系外行星。目前，该望远镜已经安装完毕，处于调试观测当中。

望远镜的主要参数：

（1）通光口径：500mm；

（2）焦距：10m；

（3）结构形式：桁架式；

（4）指向精度：优于 2″（星校）；

（5）恒星位置引导跟踪精度 0.2″（RMS）/60s 曝光。

下面是天文系 2017 级学生顾弘睿、行科瑜和 2018 级学生黄博闻、李安利用慕士塔格 50cm 望远镜拍摄的一些天文图片。

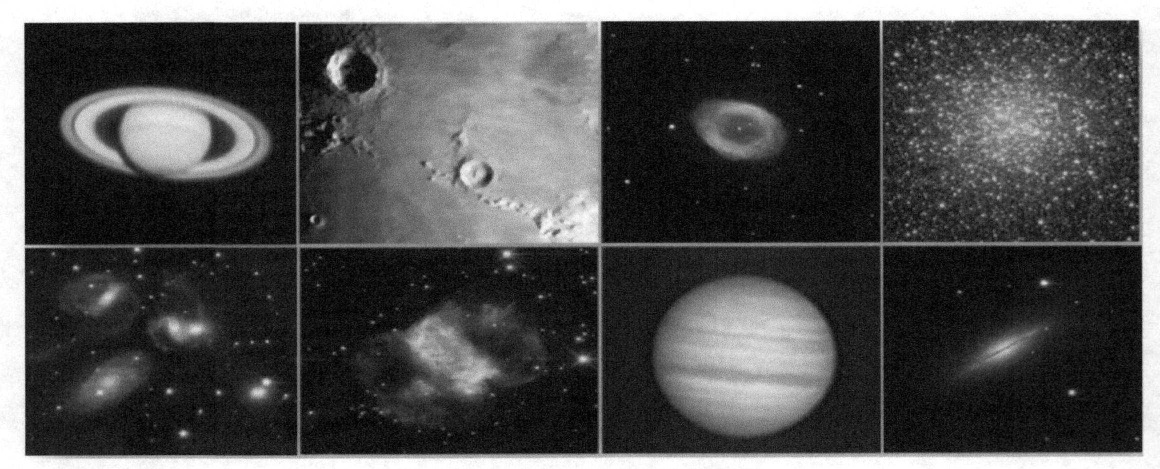

慕士塔格 50cm 望远镜拍摄的图片

4. 南山 50cm 大视场全自动望远镜

天文系拥有优良的天文实测理论、课程和教师队伍，培养了许多优秀的天文人才；中国科学院新疆天文台是国内重要的天文研究机构，管理和运行南山、奇台和慕士塔格等优秀天文实测基地 / 台址；中宇天仪（北京）科技有限公司是国内近年来异军突起的望远镜制造企业，并且长期支持国内天文科普圈的开放和发展。为结合三家单位的各自优势，进一步提升天文系的科研和教学条件，依托新疆天文台南山观测站的优良观测条件和丰富的管理与运行经验，应用和推广中宇天仪的望远镜技术，打造高校、科研单位与企业三方合作的典范，上述三方经充分商议后，拟在新疆天文台南山观测基地合作建设一台口径为 50cm 的全自动远程控制望远镜，以 LAMOST 中分辨率光谱观测天区的时序三色测光为主要观测计划，进一步与新疆天文台共建高水平的实测天文教学基地，培养更多高素质的实测天文人才。

实验室将申请资金购买一台 9K × 9K 的 CCD 相机，配备 BVR 三色滤光片系统；中宇天仪公司将出资设计并制造一台口径为 50cm 的全自动大视场（直径 5°）望远镜，包括配套的赤道仪，负责运输和安装，并将在望远镜建成后把所有权赠与北京师范大学；新疆台在南山观测站为该望远镜提供合适的放置地点，出资建设圆顶。望远镜圆顶业已建设完成，望远镜本体已经安装于新疆天文台南山观测站，CCD 相机的研制工作也在紧张进行中。

南山 50cm 大视场全自动望远镜揭牌

南山 50cm 大视场全自动望远镜

5. 未来展望——1.9m 望远镜

近年来，国内众多高校都投入巨资，建设口径更大的、更自动化的、更尖端的、性能更好的望远镜，以促进高校天文学的飞跃发展。其中，山东大学威海天文台于 2007 年建设的 1m 口径望远镜曾是国内高校口径最大的科研用光学天文望远镜；南京大学与云南天文台于 2010 年在云南抚仙湖共建了 1m 口径的光学及红外太阳爆发监视望远镜，最近甚至酝酿投资亿元以上，建设一台 2.5m 口径的光学望远镜；中山大学为天琴引力波项目建造了 1m 口径的天文望远镜；中国科学技术大学与中国科学院紫金山天文台共建的 2.5m 大视场望远镜已于 2019 年完成招标，现正在成都由中国科学院光电技术研究所建造；云南大学物理与天文学院也正布局建设 1.6m 口径的多通道测光巡天望远镜。高校实测天文竞争非常激烈。

因此，建设直接隶属于北京师范大学的天文望远镜，不仅是天文系努力建设一流天文学科的必经之路，对我校天文学科的发展和天文人才的培养具有至关重要的作用，也将是北京师范大学建设世界一流大学的有力支撑。为此，北京师范大学天文系拟作为主要出资方，与中国科学院南京天文光学技术研究所、中国科学院新疆天文台、国家天文台及其他单位合作，在我国潜在的世界级天文台址新疆慕士塔格选址点，建设一台口径为 1.9m 的光学望远镜，采取远程控制全自动观测模式，配备多色测光和中低色散光谱观测设备。

1.9m 望远镜

在传统天文学进入时域天文学的黄金时代，1.9m 望远镜将致力于各类时域暂现源、引力波电磁对应体、超新星及其前身星、变星、活动星系核、星团、系外行星、近地小天体的研究，利用其所处台址的独特地理经度，填补国内、国际时域天文的时区空白，成为国际时域天文网络的关键一环。同时，北京师范大学天文系将围绕该望远镜建设国内一流的光学天文研究平台，吸引各类优秀人才，培养高端天文实测人才，提升北京师范大学天文系在国内天文学科的地位，成为北京师范大学“双一流”建设的亮点之一。

实验一　天文年历、星表、星图和星图软件

实验目的

1. 了解天文年历、星表、星图及星图软件的内容。
2. 学习使用星图软件。

实验原理

1. 天文年历

天文年历是天文学家运用天体力学理论推算出的天文历书。中国紫金山天文台每年编辑出版一本中国天文年历，其中列有历书对应年份的一些天体（太阳、月球、大行星和亮的恒星等）的视位置；这一年中一些特殊天象（日食、月食、彗星、流星雨和月掩星等）发生的日期、时刻以及亮星、变星的变化情况等，图 1-1 所示为《2013 年中国天文年历》封面。为方便天文爱好者使用，1977 年开始，由北京天文馆和紫金山天文台合作主办了《天文普及年历》，以帮助天文爱好者进行天文学习和天文观测。之后，改为《天象大观》，作为《天文爱好者》杂志的增刊出版。

图 1-1　《2013 年中国天文年历》封面

2. 星表

星表记载着恒星的各类基本数据，如位置、自行、星等、色指数、光谱型等。由于各种星表编制的方式、使用的设备、观测条件以及处理方法等不同，它们的精度也是有一定差异的。如果几个星表都收录了同一天体，它就有了不同的名字，比如著名的仙女座大星系，在《梅西耶星表》中为第 31 号，故简称 M31，在 NGC 星表中为 224 号，便又称为 NGC224。另外，为了天文学家研究方便，还按照天体的类型，将星表分为变星星表、星云星表、星团星表、星系星表、射电源星表和 X 射线源星表等。

天文中常用的星表有：

（1）《波恩星表》（*Bonner Durchmusterung*，简称 BD 星表）

《波恩星表》是德国天文学家阿格兰德于 1859 年到 1862 年在波恩天文台出版的一套四卷本的星表，缩写为 BD，包含了 324 189 颗恒星，采用 1850.0 历元，赤纬范围从 +90° 到 –2°，极限星等为 9~10 等，是在照相术发明以前编纂的最完整的一份星表。1863 年根据

《波恩星表》出版了《波恩巡天星图》。由于波恩天文台位于北半球，无法完整观测到南半球的天空，1892 年阿根廷的科多巴天文台出版了《科多巴星表》，简称 CD，使用目视方法，将《波恩星表》扩展至赤纬 –23°，共收录了 58 万多颗恒星。1896 年在南非好望角完成的《好望角照相星表》（简称 CPD）扩展至南天极，共有 45 万多颗恒星。

（2）《梅西耶星表》（*Messier Catalogue*）

《梅西耶星表》是法国天文学家查尔斯 · 梅西耶在搜寻彗星时编制的星表。他把一些容易被认为是彗星的天体编撰成册，里面包含了星云、星系和星团等天体，也被称为《梅西耶星云星团表》。我们现在使用的《梅西耶星表》，还包括了后来加入的一些天体，是他和同事皮埃尔 · 梅香一起观测到的。几乎所有的梅西耶天体，都是有视面的，展现了宇宙的壮阔与美丽，是天文爱好者观测最频繁的目标。

（3）《星云星团新总表》（*New General Catalogue*，简称 NGC）

该星表最初由德雷尔在威廉 · 赫歇尔观测的基础上于 19 世纪 80 年代制作出，于 1888 年出版并刊登在英国皇家天文学会纪念集上，共有 7840 个天体。后来，他又在 1895 年和 1908 年扩编了两份目录列表（IC Ⅰ和 IC Ⅱ），令列表一下增加了 5386 个天体。NGC 是最全面的深空天体目录列表之一，它包括了所有类型的深空天体，是业余天文学中最广为人知的深空天体目录之一。

（4）《亨利 · 德雷珀星表》（*Henry Draper Catalogue*，简称 HD 星表）

这项计划最初是由哈佛天文台台长爱德华 · 查尔斯 · 皮克林发起的，1919 年皮克林去世后，女天文学家安妮 · 坎农等人继续主持编纂工作。由于美国天文学家亨利 · 德雷珀的遗孀资助了这个计划，因此命名为《亨利 · 德雷珀星表》。1890 年出版的《德雷珀光谱星表》（*Draper Catalogue of Stellar Spectra*），包含了南纬 25° 以北 10351 个天体的 28266 条光谱信息，获得了天文界的广泛认可。1901 坎农和皮克林联合发表了南天 1122 颗亮星的光谱分类结果。新的分类沿用了弗莱明夫人的字母标识，但去除了大部分的字母，只保留了 O、B、A、F、G、K、M 作为主要类型。该星表出版以后，将恒星分为 O、B、A、F、G、K、M 等类型的分类法被天文学界广泛接受，称为“哈佛分类法”。1924 年坎农完成了八卷的《亨利 · 德雷珀星表》，这一版包括 225 300 颗恒星的数据，历元归算到 1900 年，极限星等为 8.5 等。这是第一个收录全天恒星光谱的大规模星表，也正是这个星表确立了恒星光谱哈佛分类法的历史地位；1936 年完成了《亨利 · 德雷珀扩充星表》（*Henry Draper Extension*，简称 HDE），星数达到 272 150 颗，仍沿用 HD 编号。坎农逝世后，另一位女天文学家玛格丽特 · 沃尔顿 · 梅奥尔整理完成了其余的部分，增加了 86933 颗恒星的位置、星等、自行和光谱等数据，在 1949 年出版，称作《亨利 · 德雷珀增补星表》（*Henry Draper Extension Charts*，简称 HDEC）。

（5）《耶鲁亮星星表》（*Yale Bright Star Catalogue*，简称 BS 星表）

该星表也称亮星星表，是一个列举了视星等超过 6.5 的恒星的星表。它几乎涵盖了地球上肉眼能看到的所有恒星。可以通过数种方法在线查看它的第 5 版。第 1 版于 1930 年出版，由于该星表的前身是由哈佛大学天文台于 1908 年出版的《哈佛恒星测光表》修订版，尽管该星表的缩写为 BS 或 YBS，但从该星表引用的恒星名都以 HR 开头。《耶鲁亮星星表》包含了 9110 个天体，其中 9096 个为恒星，9 个为新星或超新星，4 个为非恒星。自从 1930 年第 1 版问世之后，星表中的天体数量就固定了，1940 年第 2 版、1964 年第 3 版及 1982 年的第4版都只对内容加以修订，并增加注解中的资料。1983年出版了增补版，收录了2603颗亮度高于7.1等的恒星，其中也包括《哈佛恒星测光表》修订版中原已收录的500多颗。1991年出版的第五版已改为网络版，可以在网络上查阅。这个版本的注释就被大量扩充，其分量已经比星表本身略多了一些。

（6）《SAO星表》（*Smithsonian Astrophysical Observatory Star Catalog*，1966）

1957年，苏联发射了第一颗人造卫星。为了监视太空中的人造天体，美国迫切需要一份详细、精准的星表。为满足用照相确定人造卫星位置的要求，哈佛大学史密森天文台编制了一本星表，综合了当时几乎所有的可用观测记录（包括BD、AC、FK、AGK、CPC等星表），称《SAO星表》。它给出了258 997颗恒星的编号、自行值、V星等、光谱型等参数，表内列有与HD星表和BD（DM）星表的交叉证认序号。目前的版本大都是由NASA提供的HEASARC数据库版本的星表数据，该版本与上一版本（1984年版）相比纠正了一些错误，删除了一些多余重复数据，提供了J2000.0的位置和自行数据。

（7）《导星星表》（*Guide Star Catalogue*，简称GSC）

《导星星表》1.0版本是为了满足哈勃空间望远镜的需求而编制的。1990年哈勃空间望远镜升空，GSC1.0也随后公布。它收录了6等到15等之间恒星近2000万颗，在赤经2°以北使用AGK3星表进行归算，在2°到–60°间使用SAO星表，在–60°以南使用CPC星表。作为哈勃空间望远镜的替代者，新一代的詹姆斯·韦伯空间望远镜需要更加精密的导星星表。太空望远镜科学研究所（STScI）为此准备了第2版《导星星表》，在2000年完成了初稿，包含近10亿星体的位置和星等，称作GSC 2.0，至今仍在不断更新。最新的2.3版本由于数据太大（200G），只能在线查询，不提供下载。

（8）《美国海军天文台全天星表》（*United States Naval Observatory Catalog*，简称USNOC）

由于哈勃《导星星表》是根据卫星的需要量身定做，受到工期、设备的局限，并没有提取底片中的全部信息，在DSS项目将帕洛马巡天结果全部数字化之后，美国海军天文台（United States Naval Observatory，简称USNO）使用精密测量机（Precision Measuring Machine，简称PMM）对这些巡天数据进行了独立测算，制作了包括近5亿天体的USNO-A星表，极限星等达到22等。后来发现作为标准参考架的GSC 1.1版本由于在不同区域使用了不同的参考架，内部一致性并不好，因此又综合“天图”的历史数据和第谷卫星的观测制作了ACT星表（Astrographic Catalog/Tycho），包含988 758颗标准星，建立了新的参考系统。1997年用ACT参考系重新归算了USNO-A星表，发布了新的版本USNO-A2.0，包含526 280 881颗恒星。之后，美国海军天文台继续更新他们庞大的星表，2003年发布了USNO-B1.0，从7435块照相底板中提取了1 042 618 261个天体，实现了对全天V波段21等以上天体的完全覆盖，星表数据量也达到了80G。它提供了全天1 045 913 669颗天体的位置（历元J2000.0）、自行、B R I星等（极限星等为21^{m}）等。

（9）《依巴谷星表》和《第谷星表》（Tycho-1、Tycho-2）

《依巴谷星表》和《第谷星表》是欧空局发射的依巴谷卫星的主要成果，1997年6月发布了Tycho-1星表。《依巴谷星表》至少列出了118 000颗天体测量学上精确度在千分之一弧秒的恒星，而《第谷星表》列出的则略微超过1 050 000颗恒星。这份星表包含很大数量的高精度的天体位置和测光数据。丹麦的Erik Høg等基于原始的依巴谷卫星观测数据，采

用更高级的处理技术，得到了精度更高的 Tycho-2 星表，并于 2000 年发布。目前，Tycho-1 已经完全被 Tycho-2 替换了，它是我们最常用的星表之一。

（10）《盖亚星表》（Gaia）

盖亚是欧洲航天局于 2013 年发射的天体测量卫星，它通过对恒星的位置和径向速度的高精度测量，绘制出了银河系的三维地图，为解释银河系的组成、形成和演化提供了数据基础。相较于依巴谷卫星，盖亚测量天体位置和切向速度的精度提升了约 200 倍，可观测星等提升了约 30 倍，最暗能看到 20 等的星星。盖亚在观测某个区域时，可以获得这个区域每个恒星的位置和亮度，而且盖亚会对该区域观测多次，从而获得恒星的运动。2018 年 4 月，欧洲航天局公布了盖亚的第二批数据，从而使得盖亚的星表达到了 17 亿颗恒星，是最详尽的星表。数据包括了 17 亿颗恒星的位置和亮度测量，以及 13 亿颗恒星的视差和自行测量。通过确定如此多数量的恒星的位置和运动，不光可以揭示银河系旋臂更多的细节和结构，还可以追踪银河系变化的历史。目前，中国虚拟天文台团队已完成了对 GAIA DR2 数据的国内镜像工作，用户可登录中国虚拟天文台网站或 LAMOST 数据发布系列网站查询使用。

3. 行星星表

行星星表通常被称为月球 / 行星历表，包含太阳系内各个天体的位置与速度。行星历表的构建是一个基本的动力学时空框架工作，深受各个天文与航天大国的重视；行星历表的用途极为广泛，从早期的观天授时，到近现代的深空探测，都需要太阳、月球和行星的精确空间位置信息作为支撑；大行星历表的精度也在随着时间和科技的发展而不断提高。到了近代，人类已经可以根据经典的摄动分析理论给出精度极高的星历解析解。自 20 世纪中叶开始，计算机的发明和广泛应用，使得采用数值方法得到更加精确的星历成为可能。随着 20 世纪 60 年代开始的月球和深空探测不断开展、激光和雷达天文技术的不断进步，太阳系内大天体的观测数据不断增多，观测精度不断提高，使得星历数值解的精度也随之提高，逐步超越解析解。目前，数值法已经成为世界上采用最多的计算精密行星历表的方法。同时，高精度的数值行星历表也为月球和深空探测、引力理论模型检验等提供了必要的辅助作用。

来自不同国家的多个团队曾经开展过月球和大行星历表——太阳系空间参考基准的独立研究和构建。目前，世界上使用非常广泛的、精度很高的数值星历表有美国喷气推进实验室（Jet Propulsion Laboratory，简称 JPL）研发的 DE（Development Ephemeris）系列行星历表、法国巴黎天文台研发的 INPOP（Intégration Numérique Planétaire de l'Observatoire de Paris）系列行星历表以及俄罗斯科学院应用天文学研究所研发的 EPM（Ephemerides of Planets and the Moon）系列行星历表。此外，德国、中国等国家也在开发自己的星历表。在几种行星历表中，由于开展了大量的月球与行星探测等原因，近年来 DE 星历表使用变得更为广泛，除了用于不同国家的月球深空探测任务之外，还被嵌入各类天体测量、卫星导航等最高精度需求的分析软件代码之中。但由于其开发软件源代码不是开源的，限制了其他科学研究工作者在其上进一步开发的可能性。法国虽然很早就开始太阳系行星历表的计算，但在 1998 年才正式开始编制 INPOP 数值星历表。苏联则是在 1974 年开始 EPM 星历表的编制。目前，由欧洲航天局支持的 INPOP 星历表和俄罗斯的 EPM 星历表，其精度基本上和 DE 星历表相当。我国的天文学家也在为生成自己的行星历表而不断努力，紫金山天文台 2003 年发布了

PMOE2003 历表框架，之后又对其进行了修正，但因受限于观测数据资料，其精度尚未达到与上述历表相当的水平。

4. 星图

将天体在天球上的视位置投影在平面上所绘成的图就是星图。实用星图可以帮助我们认星、找星、熟悉天体的星等和颜色。常见的星图大致有以下几类：

（1）全天星图

全天星图的星位准确，星数很多。全天星图按照一定的历元，标出每颗星在天球上的视位置（用赤纬和赤经表示）和星等（用大小不同的黑点表示），并用不同的符号来表示双星、变星等。星图把天区按照赤经分为 24 个经区，每隔 10° 绘一个赤纬圈。一般包括有极区附近的天图以及包括不同赤经、赤纬的分图。

（2）PC 端星图软件

在现代天文观测中，由于计算机的广泛使用，借助于星图软件，可使天文观测变得既方便又准确。星图软件可以展示不同地区、不同时间的星空图像、月像、大行星视运动的轨迹，以及各种天体如大行星、星系、星云等的图像，还可以提供主要亮星的坐标、星等、方位、地平高度等参数，以及地方时间的换算。常用的有 SkyMap、Stellarium 和 GSC 等星图软件，也可从网络上下载其他的相关天文软件。

（3）活动星图

活动星图是早期天文科普活动中经常会用到的一个认星工具，它由“固定部分”和“活动转盘”两部分组成，通过转动“活动转盘”，就可以很方便地调出当地当天的星空图，是以前野外认星的必备工具。其具体使用方法见附录 1-1。

（4）手机星图 APP

随着智能手机的出现与普及，人们有了更方便的查找星星的方式，即手机星图 APP。人们利用手机星图 APP 及手机内置的导航定位模块，只需将手机对准天空上的亮星，就可以轻松获知所对准的天体的名字、星等各种信息。常用的手机星图 APP 有 Google Sky、星图、Star Chart 等。

实验器材

活动星图、星图软件、手机星图 APP。

实验步骤

1. 熟悉天文年历的内容。
2. 通过天文观测实习活动，逐步熟练地掌握活动星图的使用方法。
3. 在教师的指导下，熟悉 SkyMap、Stellarium 软件的菜单和各按钮的使用，学会使用 GSC 软件进行目标证认。
4. 下载一款手机星图 APP，熟悉星图 APP 的使用，查找当天晚上天空中某一颗亮星的名字及当时的赤经与赤纬。

作 业

1. 使用 SkyMap、Stellarium 两种软件找到梅西耶天体 M31 和 M42。它们的坐标为多少？当天晚上能观测吗？请写出具体步骤。
2. 当天晚上 7 点至 10 点是否可以观测到月球、火星、土星、木星？升落的时刻是多少？
3. 使用 CDS 查看梅西耶天体 M31 的相关信息。CDS 是法国斯特拉斯堡天文数据中心的简称，网址为 http://cdsweb.u-strasbg.fr/（详细介绍见附录 1-5）。
4. 练习使用活动星图，找出当天晚上 8 点的星空所对应的星图，拍照截图到实验报告中。
5. 图 1-2a~b 分别是控制两台不同的望远镜指向天区（RA：15 41 44.89 DEC：+64 53 52.98）时，望远镜拍摄的 CCD 照片，两张照片的视场边长均约为 26″。请使用 GSC 软件，判断一下哪台望远镜指向更加准确，并说明理由。

图 1-2 天区（RA：15 41 44.89 DEC：+64 53 52.98）的 CCD 图像

附录 1-1 活动星图

活动星图如图 1-3 所示，它一般由“固定部分”和“活动转盘”两部分组成。“固定部分”上绘有星图，图中心为北天极。图上标有黄道和天赤道两个圆圈，天赤道上标有赤经的数值，每颗星的赤经、赤纬都可在星图上读出。星图的四周标明日期，即太阳在黄道上的视运动运行到相应位置的日期。“活动转盘”的中心表示北天极，图上椭圆切口表示当地纬度的地平圈，即可见范围。图的周围标明一天中的 24 小时，将两张图的中心对准，就是一张活动星图。若想观测某日星空，可转动活动盘，将当日的日期对准固定盘对应的时刻，椭圆切口内出现的星空，即为观测时刻的星空。需要注意的是，活动星图与当地的地理纬度是有关系的，使用时需选择与当地地理纬度对应的活动星图。

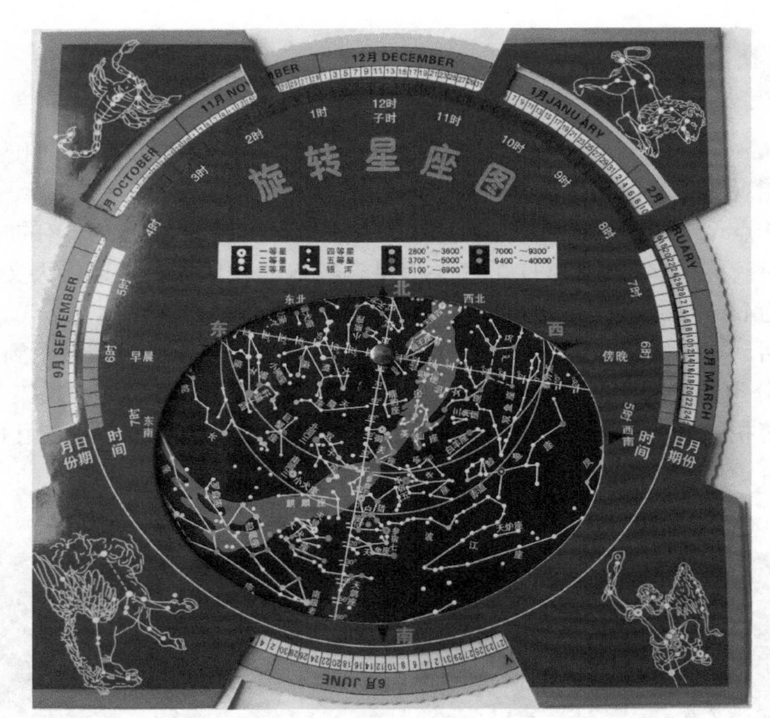

图 1-3 活动星图

附录 1-2 SkyMap 星图软件㊀

一、功能简介

1. SkyMap 软件的主要功能是能够显示公元前 4000—公元 8000 年之间地球上任意位置所能见到的星空。观察范围可以大到整个星空，或小到一个极小的区域。
2. 可以对想要观察的天区放大和缩小，通过键盘或鼠标还可以旋转星空。
3. 能显示超过 1500 万颗恒星，以及超过 20 万个延伸天体：星团、星云、星系等。
4. 显示太阳、月球、大行星的位置，位置精确到误差小于 1″。
5. 显示 88 个星座的名称和星座形状连线。
6. 显示大多数已知的小行星和彗星（包括多于 11000 颗小行星和彗星的数据库）。
7. 显示地平坐标系、赤道坐标系、黄道坐标系、银道坐标系等多种不同的坐标系栅格和刻度线。
8. 可以在星图上增加你自己的注释，包括文字标签、线条、箭头、用于观看的圆形视场及相机和 CCD 的矩形视场。
9. 通过 Windows 打印机可以打印星图。
10. SkyMap 能预测从公元前 2000 年到公元 3000 年间月食和日食的发生。对于日食，程序还能够在高精度世界地图上显示日食扫过的地区，星图可以卷动、缩放、打印等。

㊀ 参考 SkyMap 软件使用说明，本书中使用版本为 SkyMap Pro Version 8，翻译汉化：李祖强。

二、SkyMap 使用简介

SkyMap 主界面如图 1-4 所示。

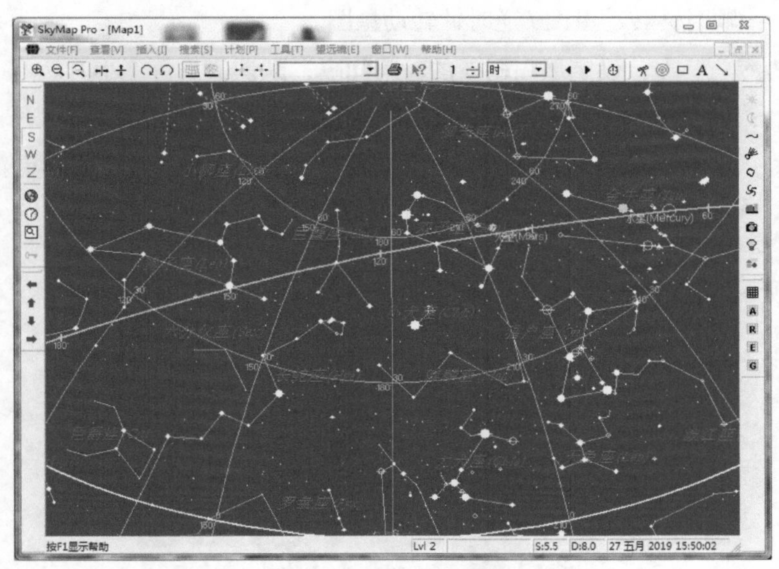

图 1-4　SkyMap 主界面

1. 菜单栏

文件：主要有文件的新建、打开、保存、另存为、关闭、打印等。其中有两项值得注意：一是存为默认值，另一个是参数。

查看：其中工具栏可以设定是否显示各工具组栏和工具箱。颜色用于设定主界面的显示色彩（如果看惯平常的印刷黑白星图，你可以将原来的正常改为黑白）。清洁星图则用于清除你在星图上标注的文字和线段。

插入：作为观测的辅助工具，你可以在星图中插入望远镜的圆形视场范围、相机或CCD 拍摄的矩形范围等。功能完全可以由工具栏中的 A 代替。

搜索：你可以按行星、星座、恒星、深空天体、彗星、小行星等分类进行搜索和查找。

计划：用于观测计划的制定。

工具：在这里你可以查到每日天象，包含太阳和行星的出没；白天与黑夜交替的时间；月相；日食和月食等。

望远镜：如果你的望远镜有相应的接口和电脑的串口（COM1）连接，可以通过该菜单进行设置和连接，并实现用 SkyMap 控制望远镜。

2. 工具栏

SkyMap 工具栏如图 1-5 所示。

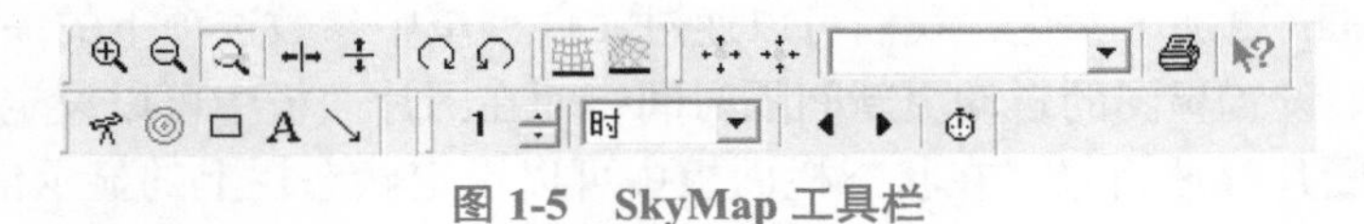

图 1-5　SkyMap 工具栏

部分常用工具功能如下：

（1）：放大 / 缩小 / 缩放时是否锁定星图设置。

（2）：文字标注 / 直线和箭头标注。

（3）：顺时针转动星图 / 逆时针转动星图。

（4）：设定星图刷新的时间间隔，默认值是每 1 小时。

（5）：提高极限星等 / 降低极限星等。

（6）：向后回溯一个时间单位 / 向前一个时间单位 / 真实时间更新开关。

（7）：望远镜视场标注。

3. 左右工具箱

如图 1-6 所示为 SkyMap 中左右工具箱图示。

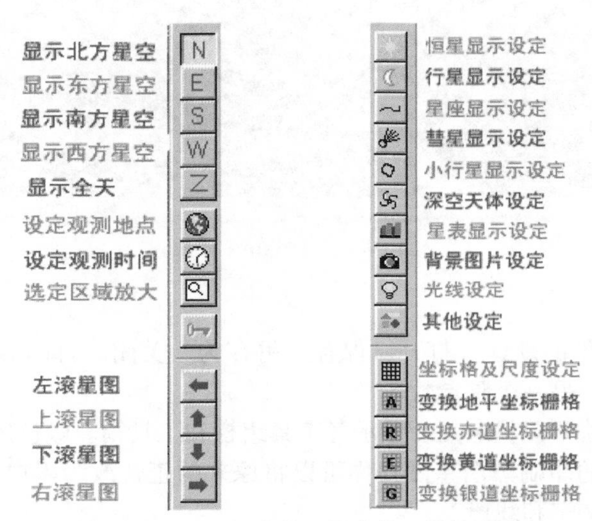

图 1-6　SkyMap 中演示星空的工具箱图示

4. 时间工具板详解

工具栏（见图 1-5）中的时间下拉框，按从上到下的顺序，分别表示以年、月、日、时、分、秒、恒星日为单位改变观测时间；上箭头与下箭头按钮分别表示增加或减少一个时间单位，比如你已经选择了时，即每次改变一小时的时间，这时你若选择向上箭头按钮，则时间单位改变成了两个小时，向下箭头按钮的作用相反；表盘按钮的作用是打开观测时间对话框，这个对话窗口用于输入你实际观测的时间参数，也可以使用当前的时间，或者使用夏令时；最后的两个按钮左箭头与右箭头分别是向前或向后改变单位时间。使用这些按钮，可以回溯到公元前 4000 年或者预览到公元 8000 年时的天象。

5. 个性化设置

为了使 SkyMap 更加个性化，我们可以通过文件菜单中参数选项下的一般面板来设定一些系统参数，例如设置星图的自动更新间隔时间；而在图片面板中可以设定默认的天体图片浏览程序及天体图片存放目录；在状态栏面板中可以设定状态栏上的显示信息，例如高度 /

方位角、赤经 / 赤纬、两次鼠标单击事件的间隔（角距离）、星等限制、日期和时间、机器时钟、协调世界时、当地标准时。

在使用星图的过程中，将鼠标移动到星图中的任何区域，单击右键会出现一个菜单，选择居中，可以改变星图的显示中心。想得到指定天体的详细数据，可使用搜索菜单选项（在对应的天体类型中输入名称，便可令其显示在屏幕的正中心），然后在选定对象上单击右键，选择“关于”即可。如果你指定的天体在图片目录中有名称符合的图像文件，在右键菜单中就会出现图片选项，便可以使用图片浏览程序观看美丽的天体照片。如果指定的天体是一颗行星或彗星，右键菜单中还会出现锁定和轨道选项，分别用于在实时模式中锁定和显示对象的运行轨迹。此外，还能从状态栏中得到很多有用的信息，如鼠标位置的高度、方位、赤经、赤纬、日期等，最有用的是可以显示两次单击选定的两个天体之间的角距离。

6. 搜索功能

SkyMap 还有一个强大的搜索功能。在搜索菜单中有下列选项：行星、星座、恒星、深空天体目录号、深空天体俗名、彗星和小行星。这些菜单的对话框都有一个特点，那就是都有两个按钮：转到和信息，前者可以把星图指向你要找的天体，后者则能提供相关天体的信息。行星、彗星、小行星菜单的使用方法基本相同，在左边的列表中选择你要找的天体名称，然后在右边点击转到或信息按钮即可。恒星和深空天体目录号的使用则有些不同，在它们中还有子菜单，以深空天体目录号为例，它搜索的内容支持 NGC 星表、梅西耶星表及其他星表的深空天体。以寻找天蝎座的 M7 疏散星团为例，选择深空天体目录号这一项，在对话框中输入 M7，再点击转到按钮就可以找到它了。

附录 1-3　Stellarium 星图软件㊀

一、软件简介

Stellarium 是一款开源的天象模拟软件。它以 3D 形式展示了极为逼真的星空，让人们可以将个人计算机变为虚拟天文馆。它通过计算太阳、月亮、行星以及恒星的位置，就可以根据观测者的位置和时间展现出当下天空的样子。就像在真实世界使用裸眼、双筒望远镜或天文望远镜看到的一样。它还可以绘制星座并模拟天文现象，如流星雨、彗星，以及日食和月食等。

如图 1-7 所示为 Stellarium 主界面展示的白天和夜晚视图组合。

图 1-7　Stellarium 主界面（白天和夜晚视图组合）

㊀ Stellarium 版本：Stellarium Windows 0.18.2；翻译汉化：Stellarium 官方。

二、软件使用

打开 Stellarium 软件时，主界面是一片天空及天空下的草地，而且软件会根据计算机时间相应地显示白天或夜晚视图。在屏幕的左下角可以看到状态栏。这里显示了当前观测者位置（如果计算机接入互联网，软件会自动尝试定位）、视场（FOV）、图形性能（FPS）以及当前模拟的日期和时间。如果将鼠标移动到状态栏上，它将向上移动以显示工具栏，以便快速控制程序。视图的其余部分致力于渲染全景景观和天空的逼真场景。如果模拟时间和观察者位置是夜晚时间，将看到天空中的恒星、行星和月亮，且它们都在正确的位置。可以用键盘上的方向键或者用鼠标在天空上拖动来环顾四周，而 PageUp 和 PageDown 键以及鼠标滚轮则可以用来进行缩放。

使用 Stellarium 软件时可以按功能键，主要的控制键功能见表 1-1。

表 1-1 主要控制键功能

按键	功能
方向键 ← → ↑ ↓	向左、右、上、下平移视图
翻页键 PgUp PgDn	缩放视图
鼠标左键	选中目标
鼠标右键	取消选中
鼠标中键（单击）	将选中目标移动到视场中间并开始跟踪
鼠标中键（滚动）	缩放视图
空格键	将选中目标移动到视场中间
斜杠 /	自动放大到选中目标
反斜杠 \	自动缩小到原始视场大小

1. 工具栏

Stellarium 可以做的不仅仅是描绘恒星。图 1-8 显示了 Stellarium 的一些视觉效果，包括绘制星座连线和边界、星座图绘、行星标签和带有月晕的月球等。可以利用主工具栏中的控件打开和关闭这些视觉效果。而当鼠标移动到屏幕的左下角时，侧工具栏变为可见，此工具栏中的所有按钮用于打开和关闭进一步配置软件的对话框。

表 1-2 详细说明了工具栏的使用。

图 1-8 带有星座图绘和月球的夜晚视图

表 1-2　工具栏使用说明

名称	图标	快捷键	作用
星座连线		C	以简笔画形式描绘出星座
星座标签	orion	V	显示星座名
星座图绘		R	叠加星座的艺术图绘
星座边界		B	显示星座边界
赤道网格		E	显示赤道坐标系网格线
地平网格		Z	显示地平坐标系网格线
银道网格	GAL		显示银道坐标系网格线
赤道网格（J2000）	ICRS		显示 J2000 历元的赤道坐标系网格线
黄道网格			显示黄道坐标系网格线
（开关）地面		G	关闭地面绘图后可显示地平线以下目标
（开关）基点		Q	在地平线上开关东、西、南、北的标记
（开关）大气层		A	关闭大气效果后白天可以看到恒星
深空天体		D	开关深空天体的标记
行星标签		P	开关行星标记
深空天体背景图像		I	开关深空天体图像
数字巡天	DSS		开关数字巡天
分层递进巡天		Ctrl + Alt + D	开关分层递进巡天
赤道仪 / 水平仪切换		Ctrl + M	在赤道坐标和水平坐标系统之间切换

（续）

名称	图标	快捷键	作用
将已选目标置中		空格	将已选目标置中
夜间模式		Ctrl + N	开关“夜间模式”
全屏模式		F11	开关全屏模式
书签		Alt + B	开关书签窗口
水平翻转		Ctrl + Shift + H	水平翻转图像
垂直翻转		Ctrl + Shift +V	垂直翻转图像
显示系外行星			显示系外行星
显示流星雨			显示流星雨
显示搜索对话框			打开搜索对话框
人造卫星标记			显示人造卫星标记
减缓时间流逝			减缓时间流逝
正常时间速度			正常时间流逝速度
跳至当前时刻			跳转至当前时刻
加快时间流逝			加快时间流逝速度
退出		Ctrl + Q	关闭 Stellarium
说明（窗口）		F1	打开帮助文档
设置（窗口）		F2	打开设置窗口
搜索（窗口）		F3	打开搜索窗口
星空及显示（窗口）		F4	打开视图窗口

（续）

名称	图标	快捷键	作用
日期 / 时间（窗口）		F5	打开时间窗口
所在地点（窗口）		F6	打开地点窗口
天文计算（窗口）		F10	打开天文计算窗口

2. 设置窗口

使用视图窗口和配置窗口能够更改 Stellarium 的大多数设置。要了解有关某些设置的更多信息，只要将鼠标光标悬停在按钮上，就会出现的相关提示。

（1）设置日期与时间（见图 1-9）

图 1-9　Stellarium 时期与时间设置

设置模拟的日期与时间，支持直接输入数字、点击对应数字上下方的箭头或者鼠标滚轮三种方式。还可以设置儒略日。

（2）设置所在位置（见图 1-10）

设置观测者所在位置。支持地图模式、查找城市、输入经纬度、外接 GPS 等模式。

图 1-10　Stellarium 观测地点设置

（3）设定窗口（见图 1-11）

设定窗口包含常规程序设置以及许多其他与特定显示选项无关的设置。它包含如下选项卡：

1）主要设置：设置程序界面语言与星空文化语言；设置行星历表；保存配置文件。

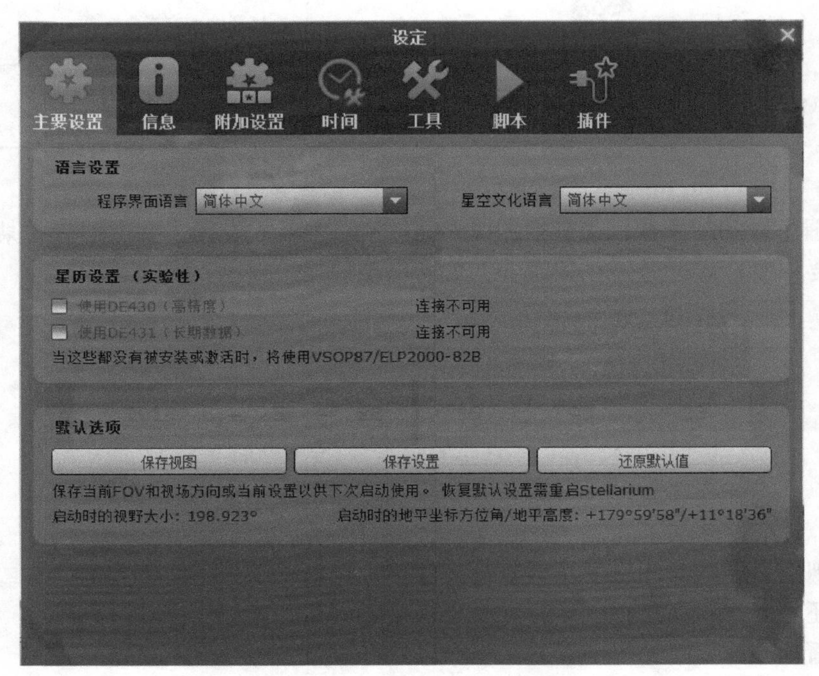

图 1-11 Stellarium 主要设置页

2）信息：设置所选对象显示的信息类型和数量。

3）附加设置：自定义所选对象的信息显示方式；下载更多星表；自定义主工具栏中显示的按钮。

4）时间：设置软件启动时应用的模拟时间；设置日期及时间显示格式；选择时间修正算法。

5）工具：包含天文馆选项（如启用 / 禁用用于平移和缩放主视图的键盘快捷键）和屏幕截图选项。

6）脚本：选择可以运行的 Stellarium 预置脚本。可以根据需要使用自定义脚本。

7）插件：选择需要的插件，以便在下次启动 Stellarium 时加载。加载后，许多插件允许通过按此选项卡上的配置按钮进行其他配置。

（4）显示窗口（见图 1-12）

设置 Stellarium 中诸多无法通过主工具栏控制的显示功能。

1）天空：包含用于更改主天空视图及投影的通用显示设置。

2）太阳系：包含用于更改太阳系天体视图的通用显示设置。

3）深空天体：用于指定星表或天体类型。需要注意的是，此选择将应用于整个软件，比如，无法搜索到在此处未选择的星表或天体。

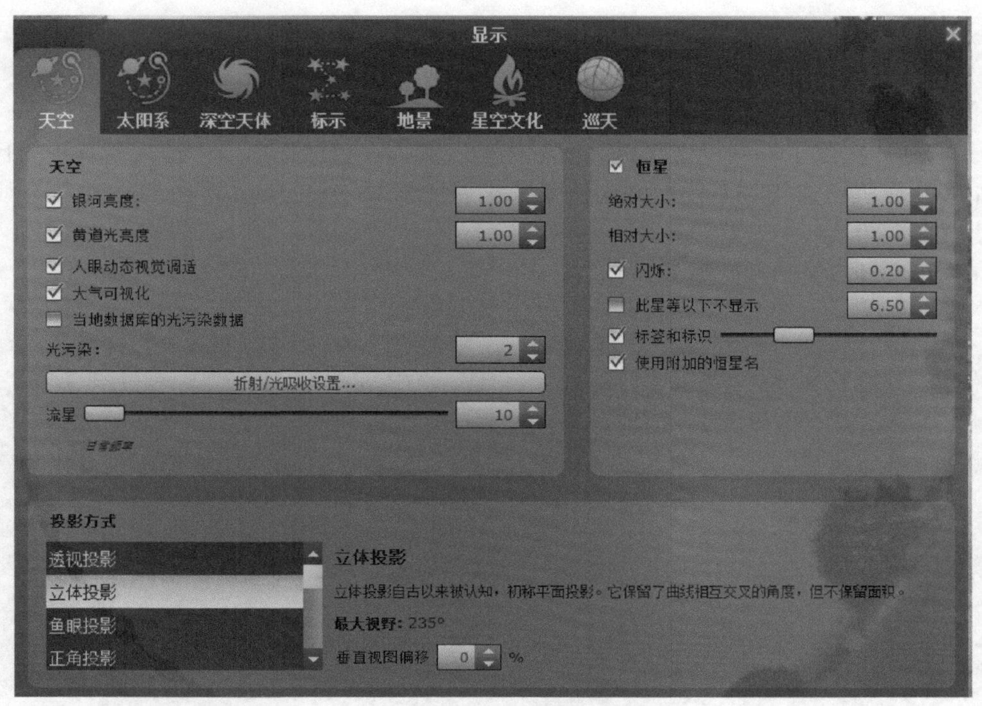

图 1-12　Stellarium 显示窗口

4）标示：用于控制在天球上绘制各种网格和辅助线。

5）地景：用于添加、删除、变更及设置地景（观测者周边的地平线）图像。需要注意的是，此处地景所呈现出的地点与地点窗口中设置的模拟的地理位置无关，仅为展现环境视图。

6）星空文化：用于控制在主界面中显示何种文化中的星座和恒星名。

7）巡天：用于切换在线的深空或太阳系巡天。

(5) 搜索窗口（见图 1-13）

提供了一种在天空中快速定位目标的方法。

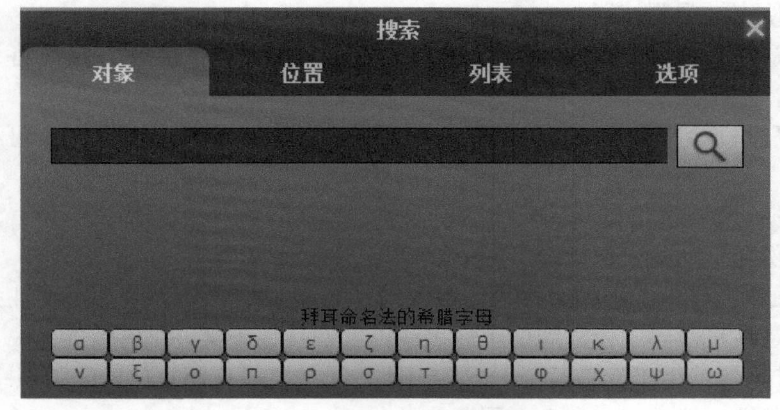

图 1-13　Stellarium 搜索窗口

1）对象：输入想要查找的目标名，然后按回车键，即可指向该天体。

2）位置：输入目标在对应坐标系统中的坐标即可。

3）列表：从预定义的集合中选择目标。

4）选项：提供了一些设置来提高搜索体验。例如在目标选项卡中键入要查找的目标名时，如果计算机已连接到互联网并勾选了“扩展搜索”，Stellarium 将在 SIMBAD 在线数据库中搜索其坐标。

（6）天文计算窗口（见图 1-14）

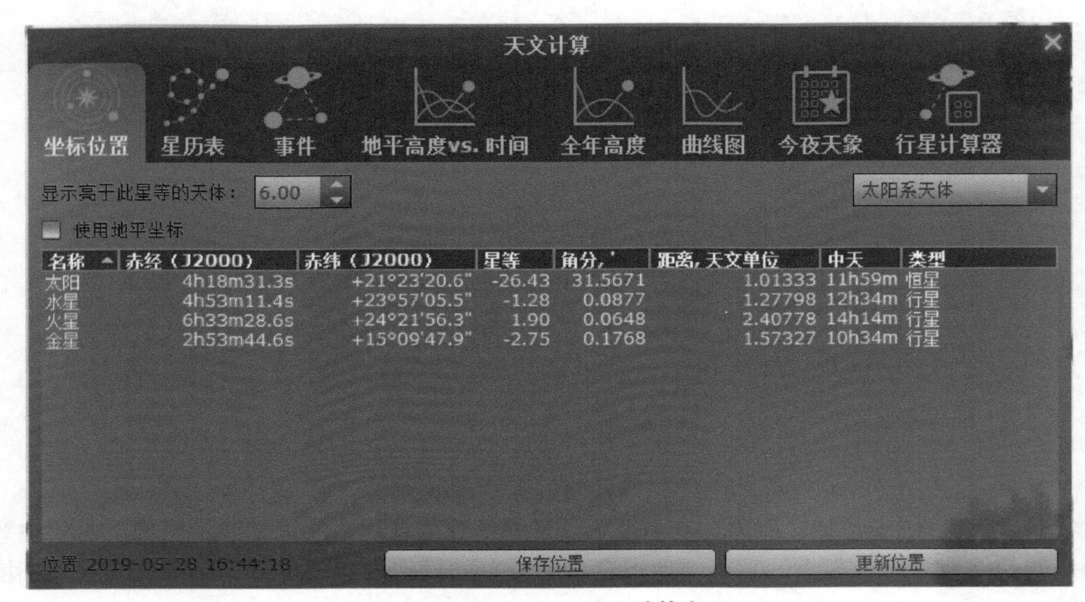

图 1-14 Stellarium 天文计算窗口

1）坐标位置：可显示在模拟时刻位于地平线以上的，亮于所设星等的所选天体类型中的所有目标的位置及其他对应附加参数。

2）星历表：可显示所选目标在设定时间段内的星历表。

3）事件：可用于计算行星间诸如合、冲、掩、食等天象，并提供了与太阳、月亮之间的角距离，以便安排观测计划。

4）地平高度 vs. 时间：计算当天所选目标的高度随时间的变化，并可将计算结果绘制为图像。

5）全年高度：绘制选定目标在当前年份固定时间的“每月高程”图。可利用该工具规划年度观测。

6）曲线图：绘制选定目标的其中两个参数（星等、相位、距离、距角、角直径、日心距）在当前年份随日期的变化情况。

7）今夜天象：显示了模拟日期当晚在模拟位置可见的天体列表。需要注意的是，所列出的天体默认是在日落到午夜之间位于地平线以上，且亮于某一星等值的。

8）行星计算器：用于计算两个太阳系天体之间在模拟日期及位置的关系——直线距离、角距离、轨道共振、轨道速度和会合周期等。

附录 1-4　GSC 模拟星空㊀

一、软件简介

该软件可供专业天文工作者、天文爱好者使用，利用 SAO、GSC、USNOSA、NGC 等星表，给出天体图像及天体坐标。它收罗了 7000 余万个天体的坐标及相关信息（例如：星等、颜色、光谱型……），平均位置精度在 0.5″（角秒）以内，亮星位置精度更高，并且考虑了自行。

输入不同的视场大小，程序将自动选用不同的星表：

（1）0.1°~4°，适合专业天文工作者使用，给出暗至 16.2 等的恒星全集。

（2）4°~24°，适合天文爱好者使用，给出暗至 7 等的天体，并显示天球网格、黄道、银道、星座等。

状态栏上显示有时区、地方恒星时、星图中心位置的时角、地平坐标等信息。另外，星图可以保存为 BMP 文件并打印。

二、软件使用

1. 软件安装

运行光盘内的“GSC.EXE”。

如图 1-15 所示，点击“座标”，再点击“输入”，进入对话框，也可以缺省不做输入，软件会自动取现行值。点击“OK”，即显示星图。

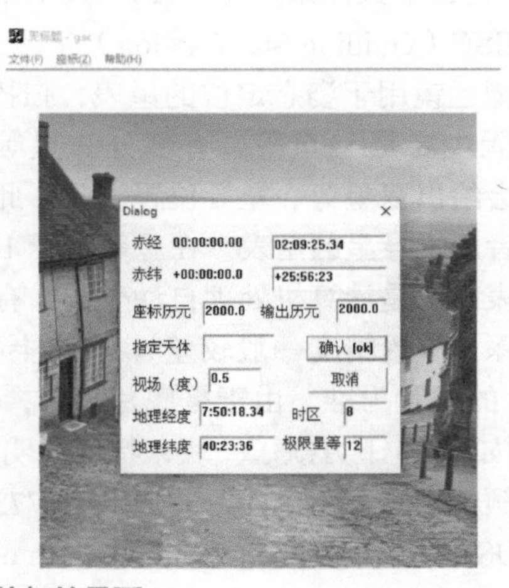

图 1-15　GSC 软件初始界面

如果不想在光盘上运行，可以直接把光盘内容拷贝到硬盘的某个分区下，目录结构与光盘保持一致，不能多一级，也不能少一级，否则程序不能正常运行。如果不安装大的星表，那么软件总大小只有 12M 左右，也可以不拷贝 USNO 或 GSC 目录，或部分拷贝感兴趣的天

㊀ 内容采编自 GSC 软件帮助文件，GSC 软件编写人：国家天文台蒋兆基研究员。

区，程序依然能够照常运行。天区从文件名上很容易区分，例：n0730.bin 包括赤纬 7.5° 到 15° 之间的 GSC。

2. 星表

（1）SAO（Smithsonian Astrophysical Observatory Star Catalog 2000）

实测天体物理工作者最常用的星表之一（258 997 颗）。星等暗至 11 等，有编号、自行值、光谱型，列出的是 V 星等，光谱型有一类标为 +++，代表复合光谱型。与该星表处在相同范围星等的星表还有著名的 HD、BD 星表，程序给出了星表交叉证认。星表上暗星的星等值不全，本程序给定 11.0 等。亮星附有星座名及希腊字母、数字编号（3 114 个）。

（2）NGC（New General Catalogue of Nebulae and Clusters of Stars 2000）

包括非恒星天体：星系、星团、星云……（13 226 个）。

有两类编号：NGC、IC，本程序显示时，分别简写为 N、I，NGC 编号范围 1~7840，IC 编号范围 1~5386，编号无空缺。

坐标很粗糙（有视面天体，无法给精确），赤经精确到 0.1 时分，赤纬精确到角分。

分类：GX 星系

OC 疏散星团

GB 球状星团

NB 亮星云

PL 行星状星云

C+N 星团 + 星云

AST 星群

KT 外星系中的结或模糊区域

M*** 梅西耶天体编号（1~110）共 101 个，其中 9 个不存在。

（3）GSC（Guiding Star Catalog）

天空望远镜用于姿态定位的星表，扫描 POSS、UKST 底片所得，位置参考系取自 SAO 星表。北天主要是 V 星等，有部分 R 星等，V 星等范围在 7.0~14.5，南天主要是 B 星等，赤道附近会给出双星等、星等位置误差。此外，还给出恒星（S）、星系（G）分类，是专业天文工作者用于导星的星表。在星等暗于 14.0 左右之后，星表不再是全集。

该星表由于是计算机处理自动生成，有可能将底片缺陷、亮星溅射等测成天体，尤其可能测成星系（位置精度一般较差）。底片上亮星饱和，位置测不准，因此当显示多个星表时应以 SAO 的位置为准。由于是底片扫描，测量结果有重复，同时也难免有遗漏（包括底片损坏），例如 M36 下方缺了一块，特此说明。

经过颜色相同天体合并，共选出 18 773 265 个天体。

（4）USNOSA2.0（U.S.Naval Observatory Flagstaff Station 2000）

扫描 POSS、UKST 底片所得，位置参考系取自 PPM 星表。

数据光盘共 11 张，由于数据海量（星数目达 5 亿多），不得不筛选其中部分亮星为本程序所用，将数据进行了最大程度的压缩，由于我们处在北半球观测，因此将该星表截止到南天赤纬 -22:30。

星等范围在 10.0~16.2，给出双色星等 R 和 B。星等主要分布在 14 等以后，恰是 GSC 的补充。经过统计，可以认为星表是个全集，即：凡是 R 星等在 16.2 等以内的恒星，全部

收集进来了，共收集 56 128 768 颗星。

3. 坐标及历元

（1）输入坐标作为图像中心

撇开历元谈坐标是无意义的，如图 1-16 所示，对话框中的赤经、赤纬、坐标历元是指用户拟定的图像中心，输出历元是指显示图像上的天体的历元。例如：

输入　赤经 2:00　（时分秒为单位，也可简写为 2）

　　　赤纬 3:00　（度分秒为单位）

　　　历元 2000　（年为单位）

输出　历元 2002.2（指实际观测日期）

如图 1-17 所示，图像上方显示中心坐标为　02:00:06.84　+03:00:38.2（2002.2）。

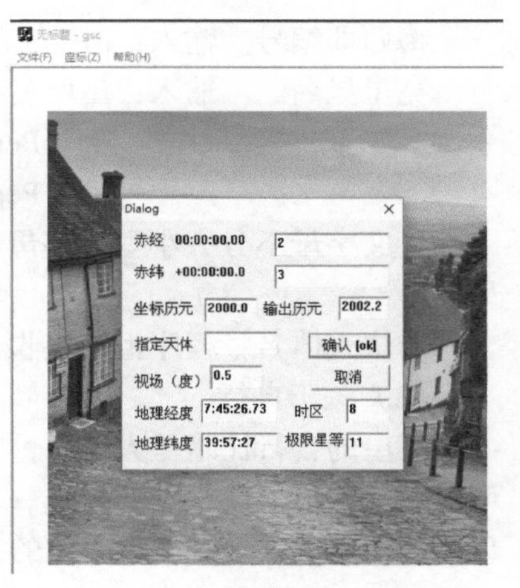

图 1-16　GSC 软件坐标输入界面

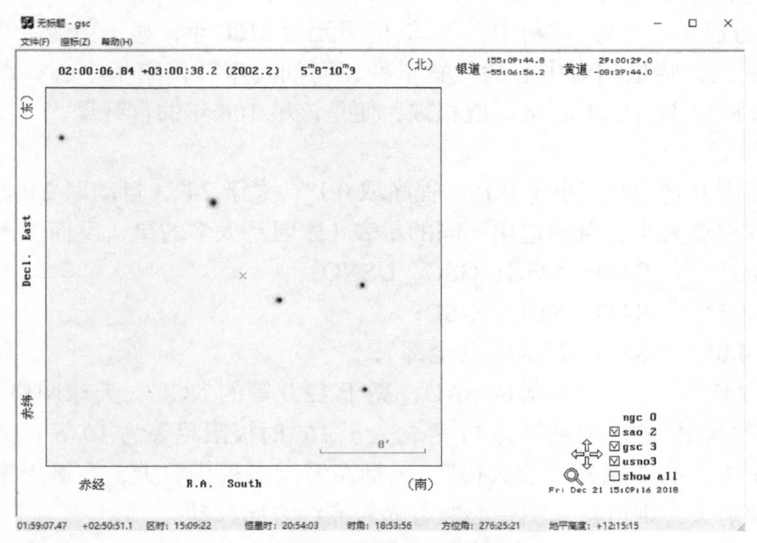

图 1-17　GSC 软件输出界面

天体没有位置变化（自行是小量，暂不考虑），参考系经过 2 年多有了变化，而且很大，赤纬方向达 38″。换句话说，2 小时 3 度 2000 年历元的天体，转化为 2002.2 历元后新的赤经赤纬为 02:00:06.84　+03:00:38.2，鼠标左键点星后显示的坐标，均以该参考系 2002.2 历元给出。

由于两天极为坐标奇点，没有经度，因此当用户输入 +90（或 −90），程序自动取值为 89:59:59.6，相差 0.4″，特此说明。

非法坐标，程序拒绝接收。

（2）输入特定天体名作为图像中心

合法的天体名有：

SAO　　输入：S？？？　　　　　　例　s54471　S123

NGC　　输入：N？？？或 I？？？　　例　n224

梅西耶编号 输入：M？？？ 例 m31

亮星星名 输入：星座名英文字母 例 And Bet （代表：仙女座β）

例 Peg Pi 2 （飞马 π2）

例 Peg 38 （飞马 38）

英文字母不分大小写，字母与数字之间，有无空格均可（见最后附表：星座名，希腊字母表）。

非法天体名，程序拒绝接收。

（3）关于自行

亮星的自行比暗星大得多，本程序的SAO星表给出了精确的自行值，达千分之一角秒。可以图示，也可以根据通过选一个参考点（可选天图中心），给出数字值。所以不同的历元，星体的相对位置是有微小变化的，例如：

1）选 And Bet 为特定天体名，输入输出历元均为2000.0，显示图像；

2）点击该星，作为下幅图的中心（等于选了天图中心为参考点）；

3）点击上方汉字“坐标”“新中心”，输出历元为2100年，显示图像。

我们可以看到，暗星相对中心的位置未变，而仙女座β偏离了中心。点击该星得到坐标值，与显示在图像上方的中心坐标值相减，便是该星100年的自行量。

4. 视场与星等

输入视场范围0.1°~24°，小于0.1°，程序取0.1°；大于24°，自动取24°。

输入不同的视场大小，自动选用不同的星表（原因是太多的星，反而看不清）：

（1）0.1°~0.5° SAO、NGC、GSC、USNO；

（2）>0.5°~1.5° SAO、NGC、GSC；

（3）>1.5°~4.0° SAO、NGC （全部）；

（4）>4.0°~24° 亮于7.0等的SAO、亮于12.0等的NGC、天球网格、黄道、银道、星座；大于8°时NGC的极限星等为11等；大于16°时极限星等为10等。

在星图右下方，有一图标“放大镜”，鼠标左键点击视场放大，右键点击视场缩小。鼠标左键点击移动箭头，则可将天图中心顺着赤经赤纬方向移动。

输入星等范围为5.5~16.2等，超出范围程序自取边界值。

5. 星图

星图中显示的黄线为黄道，绿线为银道。GSC所列出的星系的椭圆形状不代表真实情况，仅是示意。NGC、IC以圆形阴影画出，同样是示意，部分反映了视面大小（和星等无关），实际情况要大得多。

星图右上方显示的是图中心位置的银经银纬、历元（2000.0）以及黄经黄纬（当前历元）。

6. 地方恒星时

在图像的下方状态栏上，每秒跳动着机内时间、地方恒星时、时角和地平坐标。这些值可在对话框内设置（现行值为兴隆观测站的经纬度及北京时间的时区），其精确性取决于你所输入的观测站地理经纬度的精度及计算机的授时精度。

如果把光盘上的东西拷贝到硬盘上，并修改 \gsc\misc\longitud.dat 为观测点所在的地理经纬度以及时区，那么就不必每次进入程序，再做修改了。需要注意的是地理经度以小时为单位。

7. 鼠标

左键在天图上点星，将显示天体的详细资料，右键则可做标记。

鼠标在星图上滚动，右下方会显示赤经赤纬。

一次至多能用鼠标点中 27 颗星（显示区域有限）。在上方窗口的坐标栏中，“新中心”的意思是：以最后点击鼠标后产生的坐标，为下次显示图像的中心值。

如图 1-18 所示为鼠标功能界面。

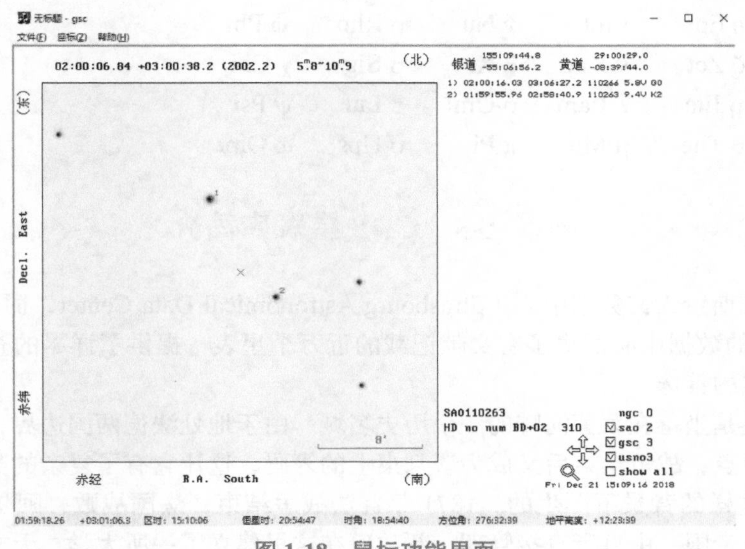

图 1-18　鼠标功能界面

8. 显示不同星表

图像的右下方（见图 1-18），有几个复选框用来选择显示的星表。一颗星往往在多个星表上出现，选中的优先级依次为：SAO、GSC、USNO。因此需要注意的是：它们的坐标不可能完全一样，却代表同一天体。尤其在小视场、大星像的情况下，星像没有很好地重叠，不可视为“双星”。存在局部系统位置偏差的原因是：所用底片不尽相同、参考系不同、Schmidt 底片畸变……有时想同时得到各个星表的数据，那么点亮“show all”，能得到多色星等值。要关闭某星表，去掉该星表框前对号即可。

（1）88 个星座名

AND 仙女	CAP 摩羯	CYG 天鹅	LEO 狮子	PAV 孔雀	SER 巨蛇
ANT 唧筒	CAR 船底	DEL 海豚	LMI 小狮	PEG 飞马	SEX 六分仪
APS 天燕	CAS 仙后	DOR 剑鱼	LEP 天兔	PER 英仙	TAU 金牛
AQR 宝瓶	CEN 半人马	DRA 天龙	LIB 天秤	PHE 凤凰	TEL 望远镜
AQL 天鹰	CEP 仙王	EQU 小马	LUP 豺狼	PIC 绘架	TRI 三角
ARA 天坛	CET 鲸鱼	ER 波江	LYN 天猫	PSC 双鱼	TRA 南三角
ARI 白羊	CHA 蝘蜓	FOR 天炉	LYR 天琴	PSA 南鱼	TUC 杜鹃
AUR 御夫	CIR 圆规	GEM 双子	MEN 山案	PUP 船尾	UMA 大熊
BOO 牧夫	COL 天鸽	GRU 天鹤	MIC 显微镜	PYX 罗盘	UMI 小熊

CAE 雕具	COM 后发	HER 武仙	MON 麒麟	RET 网罟	VEL 船帆
CAM 鹿豹	CRA 南冕	HOR 时钟	MUS 苍蝇	SGE 天箭	VIR 室女
CNC 巨蟹	CRB 北冕	HYA 长蛇	NOR 矩尺	SGR 人马	VOL 飞鱼
CVN 猎犬	CRV 乌鸦	HYI 水蛇	OCT 南极	SCO 天蝎	VUL 狐狸
CMA 大犬	CRT 巨爵	IND 印地安	OPH 蛇夫	SCL 玉夫	
CMI 小犬	CRU 南十字	LAC 蝎虎	ORI 猎户	SCT 盾牌	

（2）24 个希腊字母

α Alp	ε Eps	ι Iot	ν Nu	ρ Rho	ϕ Phi
β Bet	ζ Zet	κ Kap	ξ Xi	σ Sig	χ Chi
γ Gam	η Eta	λ Lam	ο Omi	τ Tau	ψ Psi
δ Del	θ The	μ Mu	π Pi	υ Ups	ω Ome

附录 1-5　CDS 星表库简介

法国斯特拉斯堡天文数据中心（Strasbourg Astronomical Data Center，简称 CDS），这个始建于 1972 年的数据中心汇集了有文献记载的近万个星表，提供了详尽的查询方式，是天文学家获取数据的首选。

斯特拉斯堡是坐落在莱茵河畔的一个历史名城。由于地处法德两国边界，在战事爆发时是双方攻守的焦点，战争结束后又成为谈判桌上的筹码，这让它有了复杂的身世。斯特拉斯堡天文台就在这样的背景下诞生的。1871 年普法战争结束，法国战败，阿尔萨斯地区被俾斯麦并入德意志帝国，由皇帝直接管理。新政府在这里建立了一所大学，天文台作为配套设施也在规划之中。著名俄国天文学家弗里德里希·斯特鲁维（最早的视差测定者之一）的孙女婿，德国天文学会秘书奥格斯·温尼克应邀从普尔科沃天文台回国担任第一任台长，负责筹备建造等事宜。

不久后，一个设备齐全，环境优美的天文台就成为这座古老城市的新景观。但是好景不长，1909 年第一次世界大战爆发，斯特拉斯堡又一次暴露在炮火之中，所有的观测计划都被迫中止，天文台也被征用，成为战时医院。一战结束后，德意志第一帝国解体，斯特拉斯堡重新进入法国的版图。来自波尔多大学天文台（Bordeaux University Observatory）的欧内斯特·埃斯克朗贡成为斯特拉斯堡天文台的第一任法国台长，他在授时方面的杰出工作使他在 1930 年升任巴黎天文台台长，斯特拉斯堡天文台则由安德列·丹戎接管。随后第二次世界大战爆发，德国人从比利时绕过马其诺防线，法国迅速沦陷，斯特拉斯堡完好无损地回到德国治下，德国天文学家也试图恢复天文台的部分功能，但是迅速变幻的战局让他们未能如愿。战争结束后，埃斯克朗贡已经到了退休年龄，丹戎被调往巴黎继任巴黎天文台台长的位置。斯特拉斯堡天文台则交给来自法国图鲁兹的皮埃尔·拉格劳负责。他这一干就是三十年。身世坎坷的斯特拉斯堡天文台也终于迎来了稳定发展的时期，得以物尽其用。拉格劳原本工作在光谱分析领域，在来到斯特拉斯堡之后，转而发展更适合天文台的天体测量技术。他很快发现由于大气的局限，地面仪器的性能根本无从发挥。20 世纪 60 年代前后，苏联一系列卫星的升空让他看到了新的希望。他大胆地提出了空间观测的设想，但由于技术超前，耗资巨大，迟迟未获批准。在他多年的不懈推动下，有越来越多的欧洲天文学家认同了空间

观测的价值，卫星的发射也被提上日程。

在筹备的过程中，巴黎天文台台长吉恩·德拉哈耶意识到星表数据的重要性，决定建立欧洲的星表中心。1972 年法国国家天文地理协会（French Institut National d'Astronomie et de Geophysique，简称 INAG）在斯特拉斯堡天文台成立了恒星数据中心（Centre de Données Stellaires，即 Center for Stellar Data，简称为 CDS），由德拉哈耶研究星表交叉认证的学生吉恩·荣格负责。当时 Intel 公司刚刚发布新的 8 位处理器 8008，主频不到 1MHz，IBM 公司的现代硬盘设计（Winchester）还未产品化，文字识别技术（OCR）也刚刚起步，结果惨不忍睹……要在这样的条件下将卷帙浩繁的星表资料数字化，难度可想而知。更何况他们的资料室中只有已出版的《AGK2 星表》，其他的经典星表还都尘封在各国天文台、研究所和图书馆的角落中。那时全世界唯一的数字化资料就是美国刚刚为阿波罗计划编好的 SAO 星表磁带。他们的工作就在此基础上展开了……荣格在完成了恒星证认表（Catalog of Stellar Identification，简称 CSI）后不久离开了天文界，那时他工作的价值还无法完全呈现……这是一个包括哈佛史密森星表、亨利·德雷珀星表、好望角照相巡天星表、德国天文学会星表、耶鲁分区星表等诸多重量级星表在内的交叉证认表，也是日后 Simbad 系统的原型。接替他负责数据中心的是来自阿根廷拉普拉塔（La Plata）天文台的卡洛斯·雅舍克，他的父母在 1937 年因为纳粹而移民阿根廷，而他又因为阿根廷动荡的政局在 1973 年回到欧洲，他在天文界广泛的合作关系为这个新兴机构注入了活力，他的天文学家妻子也为人手短缺的办公室提供了不小的帮助。随着技术的进步，星表库不断扩充，收录的数据不再局限于恒星，数据中心的名称也相应更改为斯特拉斯堡天文数据中心（Strasbourg astronomical Data Center）。

星表库共分为 9 大类，用罗马数字编号，分别是：

Ⅰ. 天体测量星表（Astrometric Data）：主要记录恒星的位置、坐标、自行、视差数据，包括 268 个星表。德国天文学会星表（AGK3，Ⅰ/61B）、波恩星表（Ⅰ/122）、耶鲁分区星表（Ⅰ/141）、依巴谷星表（Ⅰ/239）、第谷 2 星表（Ⅰ/259）、基本星表第 6 版（FK6，Ⅰ/264）、哈勃导星星表（GSC，Ⅰ/305）、美国海军星表（UCAC3，Ⅰ/315）等著名星表都在此目录下。

Ⅱ. 测光星表（Photometric Data）：记录天体各波段星等、测光数据，包括 265 个星表。有变星总表（Ⅱ/139B）、斯隆巡天测光数据 SDSS-DR7（Ⅱ/294），我国兴隆观测站施密特望远镜的大视场多色巡天（BATC）也在其中（Ⅱ/262）。

Ⅲ. 光谱星表（Spectroscopic Data）：记录天体光谱观测数据，有 226 个星表，比如最早的光谱星表——亨利·德雷珀星表及补编（Ⅲ/1）、斯隆巡天光谱数据（SDSS-DR6，Ⅲ/255）。

Ⅳ. 交叉证认星表（Cross-Identifications），包含 27 个星表，主要提供不同大型星表（比如 SAO、HD、GC、DM）之间的编号对照。

Ⅴ. 汇编星表（Combined data）（116 catalogues）基于文献和现有观测结果重新汇编导出的星表。比如根据耶鲁大学天文台巡天结果编制的耶鲁亮星星表（Ⅴ/25）、斯特拉斯堡天文台编制的银河系行星状星云表（Ⅴ/100）、古希腊天文学家托勒密的《天文学大成》（*Almagest*）中的星表也收录在此（Ⅴ/61）。

Ⅵ. 其他星表（Miscellaneous），不适合其他任何目录的星表就放在这里，有 106 个。有星座边界数据（Ⅵ/49）、元素谱线列表（Ⅵ/69）、帕洛马天文台二期巡天底片位置

（Ⅵ/114）等。

Ⅶ. 非恒星星表（Non-stellar Objects）含有 214 个星表，星云、星团、星系、星系团都可以在这里找到，也包括类星体、小行星等天体。比如著名的 NGC 星表（Ⅶ/1B 1973 年版本，2000 年版本在Ⅶ/118）、阿贝尔和茨威基的星系团表（Ⅶ/4A 1973 年版，1989 年版Ⅶ/110A）。

Ⅷ. 射电和红外星表（Radio and Far-IR data），射电和红外波段的观测，有 85 个星表，包括剑桥大学的 3C 射电源表（Ⅷ/1A）、北京天文台密云观测站 232MHz 巡天（Ⅷ/44）。

Ⅸ. 高能星表（High-Energy data），主要是 X 射线和伽马射线波段的观测，因为领域起步较晚，星表也最少，只有 30 个。涵盖了乌呼鲁卫星、ROSAT 卫星、Einstein 卫星的数据。

如果数据库对已收录的星表进行了格式上的改动或补充，会在原有目录后增加大写字母来区分，就像 NGC 星表和 3C 星表那样。如果原作者发布了新版，就作为新的星表加入。如果要向星表库提交资料，需要将星表数据转换成指定的文本格式，撰写说明文档，介绍星表特点，解释数据意义。星表被正式收录后，会被同步到美国、加拿大、日本、印度、中国等地的数据中心。从 1993 年开始，星表库也开始收录来自期刊文献的天体数据表，归入在目录 J 下，然后按期刊缩写卷号期数复分，现在这已经成为新资料的主要来源。

20 世纪 80 年代互联网出现后，星表库建立了一个交互查询系统用于检索 CSI 的数据，称作 Simbad（天文数据证认测量和记录系统，Set of Identifiers，Measurements and Bibliography for Astronomical Data 的缩写，同时也是《一千零一夜》中阿拉伯著名航海家辛巴达的名字），在 1990 年用 C 语言重写了全部代码将平台移植到了 Unix 上。到了 20 世纪 90 年代末，基于恒星位置和交叉证认设计的 Simbad 已经无法满足日益复杂的查询要求，CDS 又开发了更灵活强大的线上查询系统 VizieR，希望它就像故事中那个阿拉伯宰相一样，大权独揽，将所有星表各项数据统一处理；随着天文数据的迅速增长，数字化巡天（DSS）、斯隆巡天（SDSS）等各类专用数据库也日渐完善，要将所有数据集中到一起已经不再现实。为了整合各个数据库的资源，1999 年，他们又推出了跨平台的 Java 程序 Aladin，让无所不能的神灯来帮忙寻找需要的资源……

星表库建立三十多年来，完成了众多重要历史星表的数字化工作。传统星表已经同专业文献、观测记录、原始照片之间建立了完善的交叉链接和引用关系。当历代的知识重叠在一起，人类的经验不再彼此孤立。从恒星的名字，标定它的方位，看它在帕洛马底片中的星芒，在哈勃望远镜中的颜色，调出光谱，判断距离，划分星族，确认年龄，揣摩它自原始星云中诞生的历史；由一个星系的编号，就能穷尽红外、紫外、短波、长波、X 波段，欣赏它旋转的姿态、暗晕的辉光，聆听星风的呼啸，感受黑洞的脉搏，看氤氲的尘埃如何孕育星体，看暮年的恒星如何结束生命……

实验二　四季星空认知

实验目的

1. 了解四季星空的主要亮星与星座。
2. 了解星空变化的方式及原因。

实验原理

在晴朗的夜晚，每当我们看向天空，总是会看到满天的星星对着我们眨眼睛。但是，每次看到的星空几乎都不一样，星星像太阳一样从东边升起，又从西边落下，随着时间和季节在不断变化着。

天上的星星主要分为恒星和行星，恒星距离我们很遥远，从地球看过去，位置基本上不动；行星是在太阳系内的，距离我们很近，所以我们很容易感受到它们的运动。但实际上，我们看到的星空总是无时无刻不在变化当中。“不是说恒星是基本不动的吗？为什么我们看到的恒星都在不断运动着呢？”其实，只要搞清楚下面的两个问题，就很容易理解恒星在天空中的运动情况。

问题一：为什么不同季节同一时刻夜晚的星空不一样？

由于地球绕着太阳公转，我们在地球上只有晚上才能看到星空，并且只能看到与太阳方向不同的那片星空（见图 2-1 的地球阴影部分）。随着日期的变化，地球跟太阳的相对位置也在变化，我们看到的星空也随之变化。地球绕太阳转一圈需要一年的时间，对应的星空每天大概变化一度，也就是说，如果我们在相邻两天晚上的同一时间观测同一颗恒星的话，会发现它在天空上沿着黄经方向大约移动了 1°。这实际上并不是恒星在移动，而是地球相对太阳的位置在变化。

我们也可以换一个角度来理解这个问题，这就涉及太阳日和恒星日的区别。

太阳日的定义是日地中心连线连续两次与某地经线（子午线）相交的时间间隔，也就是太阳连续两次经过我们头顶的时间间隔。

1 太阳日 =24 小时（地球自转 360°56′）

恒星日的定义是某经线连续两次经过同一恒星的时间间隔，也就是同一颗恒星连续两次经过我们头顶的时间。

1 恒星日 =23 小时 56 分 4.09894 秒（地球自转 360°）

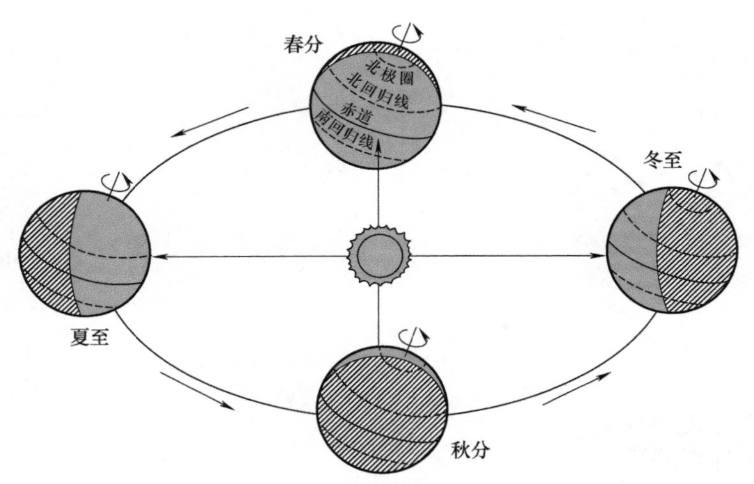

图 2-1　地球公转示意图

由于恒星距离我们非常远，它的光可以看作平行光。也就是说，在地球公转轨道上，面向同一方位看到的都是同一颗恒星。从图 2-2 可以看出，地球自转一周之后，就可以看到同一颗恒星，即过了一个恒星日。但这时，由于地球公转的原因，还没有第二次正对太阳，直到又转了 3 分 56 秒之后，才第二次正对太阳，这时，才是一个太阳日。

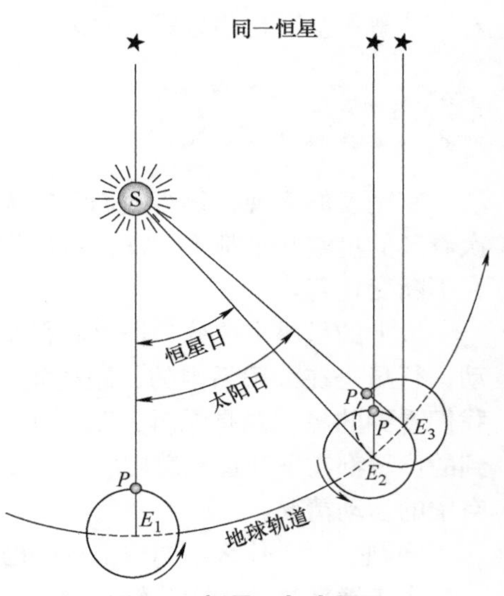

图 2-2　恒星日与太阳日

所以，恒星每天都要提前 3 分 56 秒升起，这就是夜空变化的一个原因。

问题二：为什么同一天晚上不同时刻的星空也不一样?

这个问题更好理解了，由于地球在自转，所以星空会以与地球自转相反的方向在移动，速率与地球自转相同（见图 2-3、图 2-4）。这不是星星在动，是我们观测者在随着地球转动。我们在网上经常看到的星轨的漂亮图片，就是这个原因造成的。

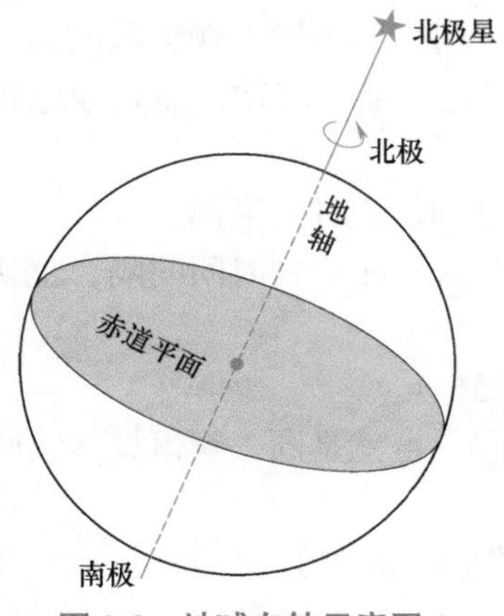

图 2-3　地球自转示意图 1

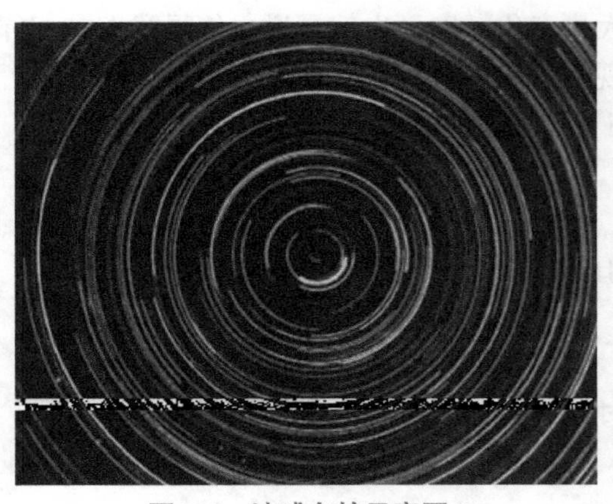

图 2-4　地球自转示意图 2

了解了星空的变化之后，我们就可以轻松地去认星了，认星的方法详见附录 2-1 四季星空。

实验器材

1. 天象厅（或投影屏）。
2. Stellarium 天文软件。

实验步骤

1. 进入天象厅，打开天象厅电源，控制电脑电源、投影仪开关，如图 2-5 所示，没有天象厅条件的可以直接在课堂上的投影幕布进行投影。
2. 在电脑中打开 Stellarium 天文软件（见图 2-6），设置时间为 4 月 21 日 21 点（春季），地点为当地的经纬度。

图 2-5 数字天象厅

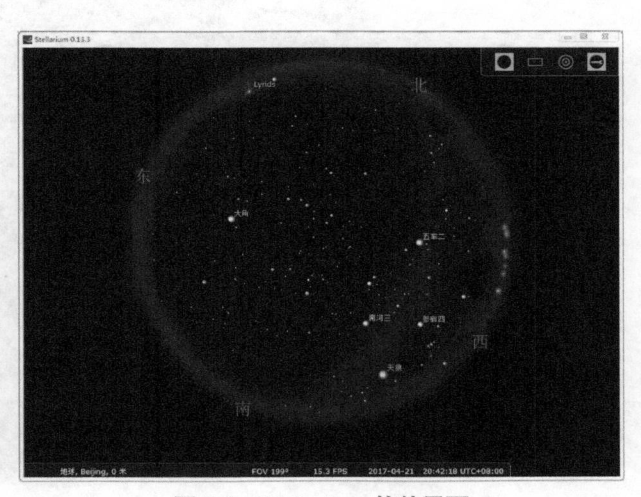

图 2-6 Stellarium 软件界面

3. 调节时间步长，让学生直观感受星空在同一个晚上随时间变化情况，说明原因。
4. 分别调节时间至夏季、秋季和冬季的晚上同一时间，让学生直观感受星空在一年中随时间变化情况，说明原因。
5. 将星空分别调回至春季、夏季、秋季和冬季，介绍四季星空的主要亮星和星座，以及寻找方法（见附录 2-1）。

作 业

1. 站到空旷并且四周黑暗（无光污染或少光污染，一般到郊外）的地方，抬头看天上的星空，识别出主要的亮星与星座。
2. 家住北京的小明某天 21 点看到猎户三星在正南方，一个月后也是 21 点，他看到的猎户三星最可能在哪个方向？写明理由。

3. 某年8月1日，在我国部分地区可以观赏到壮观的天象——日全食，请问8月16日那天，在北京地区月亮升起的时间大约是几点？

附录 2-1 四 季 星 空

下面以北半球星空为例介绍四季星空。

1. 春季星空

如图 2-7 所示为春季星空图，查寻规律如下口诀：

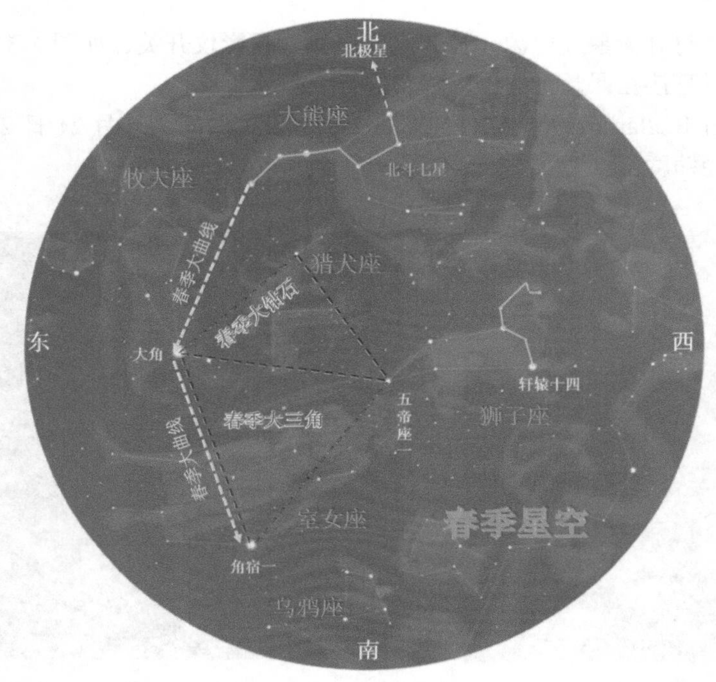

图 2-7 春季星空

春风送暖学认星，北斗高悬柄指东，斗口两星指北极，找到北极方向清。

狮子横卧春夜空，轩辕十四一等星，牧夫大角沿斗柄，星光点点照航程。

首先，我们面朝北方，抬头向上看（如果连东南西北都不知道，建议先找个手机 APP，例如 GPS 工具箱。打开 APP 后点击指南针功能，其他类似的 APP 还有很多，随便下载一个即可）。很容易看到类似勺子的北斗七星，它属于大熊座。沿着勺口的两颗星向外延伸大约5倍两星之间的距离，可以看到一颗比较暗的星，在这颗星的周围没有其他的亮星，这就是我们常说的北极星，它属于小熊座。天上所有的星星都要围着它来转，它就相当于古代的皇帝一样，所以在中国古代也叫帝星。

然后沿着北斗七星勺柄的两颗星，向东南方向划出一条大弧线，就可以找到一颗很亮的星，这是牧夫座的大角星；继续沿着大弧线向下划去，又找到一颗亮星，这是室女座的角宿一。再继续西南看，可找到由四颗小星组成的四边形，这就是乌鸦座。这条始于斗柄、止于乌鸦座的大弧线就叫作“春季大曲线”或“春季大弧线”。

由大角星和角宿一两颗星连线中点，向西方延伸，就可以找到狮子座的一颗亮星：五帝座一，它和大角星、角宿一组成了一个近似的等边三角形，被称为“春季大三角”，这也是判断是不是五帝座一的一个标准，因为，五帝座一要比大角和角宿一暗很多，找起来较为麻烦一点。由大角和五帝座一连线中心向北斗七星方向延伸，可以看到一颗更暗一些的星，是猎犬座的常陈一，它们四颗星组成了“春季大钻石”。

五帝座一并不是狮子座最亮的星，由五帝座一向西一点，可以看到几颗星组成了一个反问号形状，反问号的尾巴上是一颗比五帝座一更亮的星，这是狮子座最亮的星——轩辕十四。

2. 夏季星空

如图 2-8 所示为夏季星空图，查寻规律如下口诀：

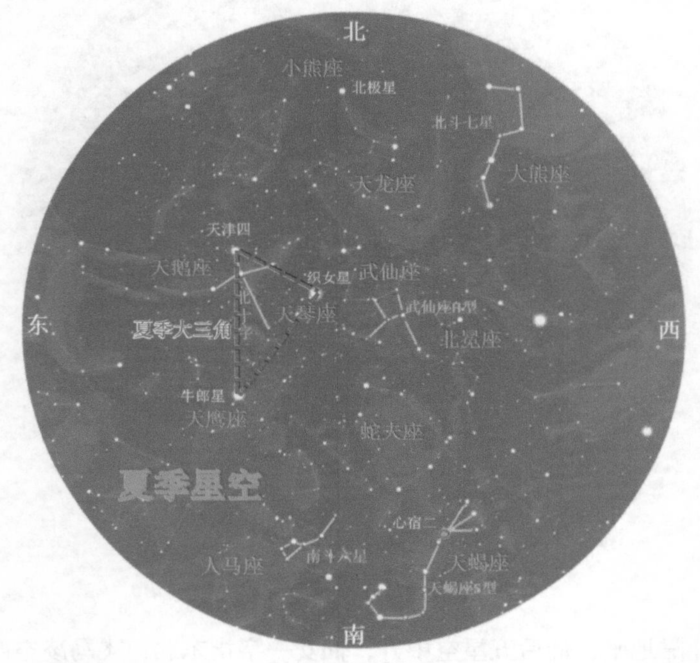

图 2-8 夏季星空

斗柄南指夏夜来，天蝎人马紧相挨，顺着银河向北看，天鹰天琴两边排。

天鹅飞翔银河歪，牛郎织女色青白，心宿红心照南斗，夏夜星空记心怀。

夏季星空最漂亮，因为可以观测到美丽的银河，从东北到南方，横跨了整个星空。抬头往头顶上看，在银河的西岸，有一颗很亮的星，是织女星，属于天琴座，它是天琴座最亮的星。隔着银河跟织女星相对的，是牛郎星，也叫河鼓二，牛郎星属于天鹰座，在它的两边各有一颗小星，像它用扁担挑的两个孩子。

从牛郎星和织女星连线中心，沿着银河向东北看去，就会看到一颗亮星，是天鹅座的天津四，它位于天鹅座的尾巴上。牛郎、织女和天津四这三颗亮星，组成一个直角三角形，这就是著名的“夏夜大三角”了，也是夏季星空最容易认出来的特征亮星。

从织女星顺着银河岸边向南找去，可以看到一个巨大的星座——天蝎座，这个星座由十几颗亮星组成一个非常逼真的蝎子形状，其心脏处有一颗红色的亮星在闪烁着，这就是著名的红巨星——心宿二，也叫大火星。在杜甫的诗里有言，“人生不相见，动如参与商”，其中的商，就是指天蝎座。

由牛郎星延着银河岸边向南看，可以找到人马座，其中有六颗星也组成了勺子形状，与北斗七星相对，叫作南斗六星。这里的银河是最明亮、宽阔的，因为这里是银河系的中心方向。

由织女星向西方看，就会看到牧夫座的大角，这是属于春季星空的亮星了。

3. 秋季星空

如图 2-9 所示为秋季星空图，查寻规律如下口诀：

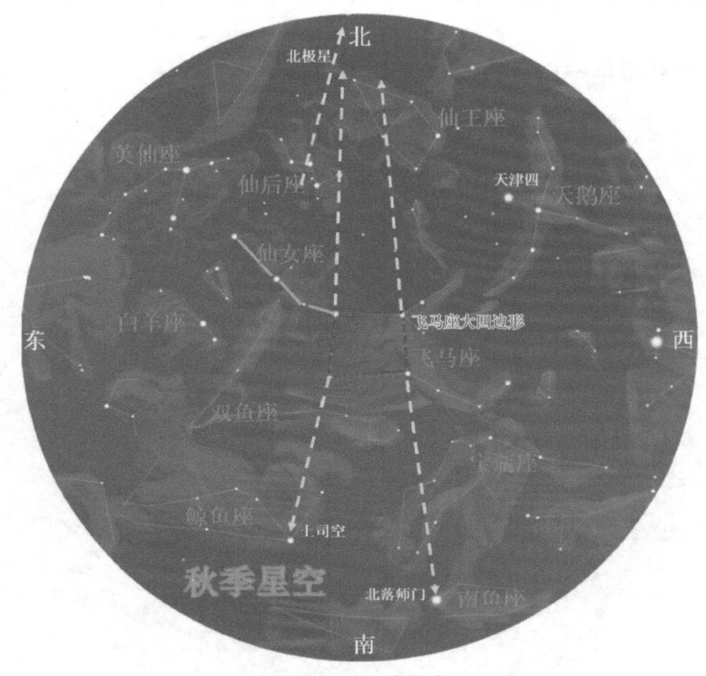

图 2-9 秋季星空

秋夜北斗靠地平，仙后五星空中升，仙女一字指东北，飞马凌空四边形。

英仙星座照夜空，大陵五星光会变，南天寂静亮星少，北落师门赛明灯。

秋季星空比较平淡，没有什么特别亮的星，让我们依旧从北方看起。好认的北斗七星已经跑到地平线附近了，有几颗星有可能已经跑到地平线以下了，长江以南地理纬度比较低的地区甚至都看不到北斗七星了。不过没有关系，这时北方天空还有一个好认的星座，就是呈 W 形的仙后座。

如图 2-10 所示，从仙后座 W 形两边延伸线交点，与 W 形中间那颗星连线，朝 W 形开口方向延伸，也是大概 5 倍的距离，就又可以找到北极星了。从北极星继续延伸 5 倍距离，就会发现竟然是大熊座的北斗七星，它们和仙后座以北极星为中心呈对称分布，当然，并不是严格的对称，差不多是在北极星的两边，距离相似。

看完北边的天空，我们抬头向上看，可以看到一个近似正方向的四边形（见图 2-9），这就是常说的“飞马座大四边形”，又称为“飞马 - 仙女大方框”，它由飞马座的三颗亮星和仙女座的一颗亮星组成。当它处于我们的头顶上方时，四边形的四条边恰好各代表一个方向。顺着这几颗星的连线方向，我们就可以方便地找到秋季天空中的亮星了。

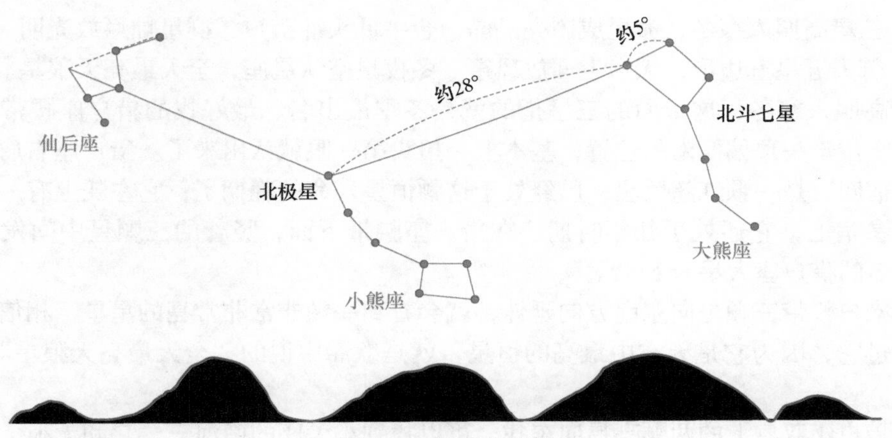

图 2-10　寻找北极星

顺着四边形的东侧边线向北方天空延伸，可以找到仙后座和北极星，沿此基线向南延伸，可以找到鲸鱼座的一颗亮星——土司空；顺着四边形的西侧边线向南方天空延伸，在南方天空可以找到秋季星空的著名亮星——北落师门，这是南鱼座最亮的星，沿此基线向北延伸，可找到仙王座。从秋季四边形的东北角沿仙女座继续向东北方向延伸，可找到由三列星组成的英仙座；从秋季四边形的西北角向西北延伸，可以看到夏季星空中天鹅座的天津四。

秋季星空的亮星较少，但秋季是比较适宜观测深空天体的季节，其中最著名的就是我们常说的仙女座大星云（M31）。

4. 冬季星空

图 2-11 为冬季星空图，查寻规律如下口诀：

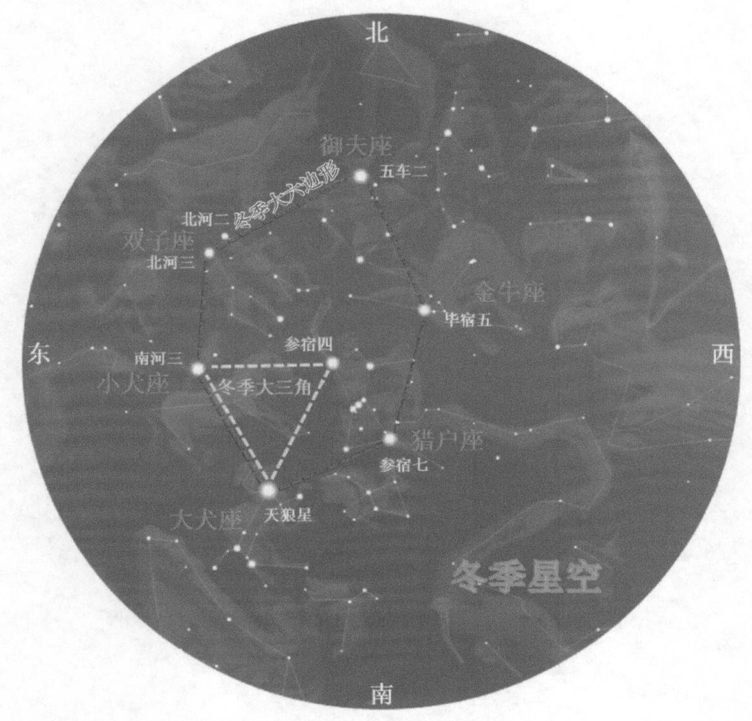

图 2-11　冬季星空

三星高照入寒冬，昴星成团亮晶晶，金牛低头冲猎户，群星灿烂放光明。

御夫五星五边形，天河上面放风筝，冬夜星空认星座，全天最亮天狼星。

三星高照入寒冬，这里面的三星指的就是冬季最出名、最好找的猎户座腰带上的三颗星。猎户座位于头顶偏西南的位置，基本上一抬头第一眼就认出来了。猎户座右肩上的红色亮星叫参宿四，是一颗红超巨星，已经处于这颗恒星寿命的晚期了；它左腿上有一颗偏蓝的亮星，叫参宿七，它还处于壮年时期。在猎户座腰带下面，竖着的三颗星中间发红色亮光的，是著名的猎户座大星云 M42。

顺着猎户腰带三颗星向东南方向延伸，就会看到一颗非常非常亮的星星，相信大多数人都不会错过它，因为它是天空中最亮的恒星，就是歌谣中说的“全天最亮天狼星”，它属于大犬座。

顺着猎户座双肩上的两颗亮星向东找，可以找到小犬座的南河三，它和天狼、参宿四连成一个等腰三角形，就是我们常说的“冬季大三角”。

顺着天狼星和猎户左肩（是左肩上的参宿五，不是上面说的那颗红巨星，那是右肩上的参宿四）上的亮星向西北方向找，可以找到金牛座的毕宿五；继续向西北看，可以找到模模糊糊的一团星，就是著名的“昴星团七姐妹”；把南河三、天狼、参宿七和毕宿五连成一个弧线，再继续画出一个椭圆，就可以在这个椭圆上认出另外几颗亮星——御夫座的五车二和双子座的北河二、北河三，这个大椭圆也被称为“冬季大六边形”。

实验三　简易天文望远镜的安装与使用

实验目的

1. 了解天文望远镜的基本结构。
2. 学习天文望远镜的一般安装步骤。
3. 学习简易天文望远镜的使用方法。

实验原理

天文望远镜按照机械结构划分，可以分为赤道式（见图 3-1）和地平式（见图 3-2）两种。赤道式和地平式望远镜各有两个相互垂直的轴，望远镜可以绕着这两个轴转动，以达到指向观测目标的目的。赤道式望远镜两个轴中，其中一个轴叫赤经轴，它是与地球自转轴平行的，因此又叫作极轴，它主要用来补偿地球自转的影响；另外一个与它垂直的轴叫作赤纬轴。地平式望远镜的一个轴是竖直向上的，另外一个轴是水平的。区分两种望远镜很简单，只需要看望远镜是否可以绕着一个竖直向上的轴转动，如果可以，就是地平式的，否则就是赤道式的。下面，以赤道式望远镜为例，介绍天文望远镜的基本结构。

图 3-1　赤道式望远镜

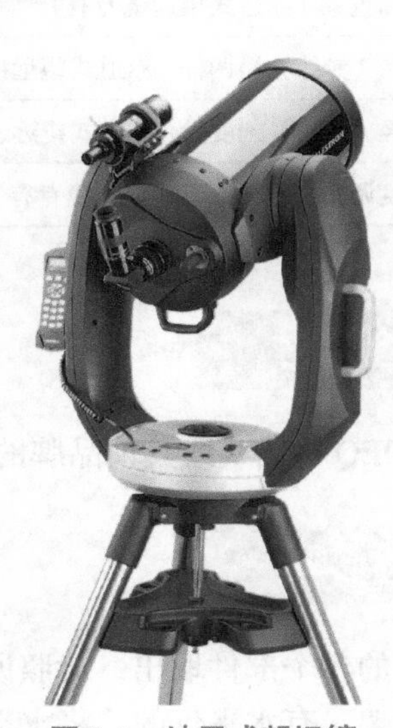

图 3-2　地平式望远镜

天文望远镜的基本结构如图 3-3 所示，主要组件的名称及作用见表 3-1。

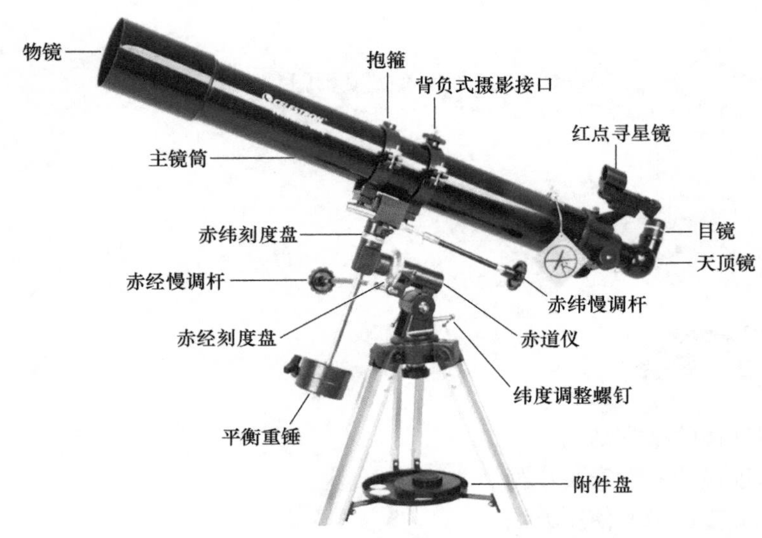

图 3-3 天文望远镜的基本结构

表 3-1 天文望远镜主要组件的名称及作用

序号	名称	作用
1	主镜筒（物镜）	观测的主体部件
2	红点寻星镜	配合主镜寻找观测目标
3	天顶镜	改变光线的方向，方便观测
4	目镜	观测的目视部分
5	赤道仪（赤道式望远镜专有）	控制望远镜指向，抵消地球自转
6	平衡重锤（赤道式望远镜专有）	平衡望远镜筒
7	赤经（赤纬）慢调杆（赤道式望远镜专有）	小范围缓慢调节赤经（赤纬）转动
8	赤经（赤纬）刻度盘（赤道式望远镜专有）	显示当前赤经（赤纬）的方位度数
9	纬度调整螺钉（赤道式望远镜专有）	调节赤经轴的地平高度（应与当地的地理纬度相同）

实验器材

星特朗 80EQ 一台（或其他品牌的赤道式望远镜）。

实验步骤

1. 将望远镜的各个部件取出，对照说明书，了解各个部件的名称与用途。
2. 支好三脚架，有水平仪的，将水平仪气泡调到中心位置。

3. 将赤道仪安装到三脚架上，调节极轴的方位与高度。极轴的方位冲北，高度角与当地地理纬度一致。（如果是用于星空摄影，要求调节精度比较高；如果是一般目视观测，精度可以适当放低。）
4. 先安装好重锤，再安装镜筒，打开经度锁紧阀门，调节重锤与镜筒的平衡。在任意角度基本上都平衡，就说明已调节完毕。然后锁紧阀门。
5. 安装天顶镜、目镜、寻星镜等配件。
6. 打开纬度锁紧阀门，调节望远镜两端平衡，调整完毕后，锁紧阀门。
7. 调节主镜与寻星镜平行。

   a）将主镜对准远处任意一个目标，调节焦距转轮，使得观测目标变得最清晰。

   b）调节寻星镜螺钉，使得寻星镜也指向同一个目标（需要耐心调节）。
8. 正式观测时，打开经度和纬度锁紧阀门，转动望远镜指向观测目标，使得观测目标和镜筒基本保持在同一直线上，然后从寻星镜中寻找目标。当在寻星镜中看到观测目标之后，锁紧经度和纬度锁紧阀门，调节赤经（赤纬）慢调杆，将观测目标移至寻星镜视场中心，这时，就可以在主镜中看到观测目标了。
9. 调节焦距，使得观测目标变得最清晰。

作　业

1. 在网络上找寻其他望远镜的图片，打印出来，将你知道的部件名称标在图上，并在纸上写出各个部件的基本功能。
2. 练习组装望远镜。
3. 回答问题：为什么在寻星镜中把观测目标调到视场中心，就可以在主镜中看到观测目标了？

实验四　望远镜光学性能的测试

实验目的

1. 了解天文望远镜的分类。
2. 了解望远镜的基本参数。
3. 测试光学望远镜的性能。

实验原理

天文望远镜按照观测波长的不同，可以分为光学天文望远镜、红外天文望远镜、射电天文望远镜、X射线天文望远镜等。我们平时实验中使用的天文望远镜一般都是光学望远镜，它的主要观测波长范围跟人眼可见波长范围基本相同。根据光学成像原理的不同，光学天文望远镜分为折射式、反射式和折反射式三种。天文望远镜简洁详细的分类描述如下：

- 天文望远镜
  - 射电天文望远镜
  - 红外天文望远镜
  - 光学天文望远镜
    - 折射式天文望远镜
    - 反射式天文望远镜
    - 折反射式天文望远镜
  - 紫外天文望远镜
  - X射线天文望远镜
  - γ射线天文望远镜

1. 光学望远镜的主要性能参数

（1）口径：一般指天文望远镜物镜的有效通光直径，常用符号 D 表示，表明光学天文望远镜的聚光能力。望远镜收集星光的能力跟其面积成正比，因此，口径越大越容易观测到更暗的天体。

（2）相对口径：也称“光力”，以符号 A 表示，定义为物镜的口径 D 和焦距 F 之比，即 $A=D/F$。相对口径的倒数（F/D）称为“焦比”（照相机上的光圈数），也常写为 $F/$(焦比)。在我们经常使用的科普级望远镜上，一般都会标出口径和焦比。如果口径不变，物镜焦距越长，焦比越大，容易得到越高的倍率；物镜焦距越短，焦比越小，放大倍率较低，但影像更亮，视野更大。物镜所成延展天体像的亮度跟其相对口径的平方（A^2）成正比，因此，观测暗的延展天体应当用相对口径大的望远镜。相反，对于恒星的研究，望远镜的口径大、光力

小（加大焦距，减弱背景光的亮度），才能观测到更暗弱的星。

（3）分辨角：两个天体的像刚刚能被分开时，它们在天球上所对应的两点的角距离。根据光的衍射原理，分辨角为

$$\delta（弧度）= 1.22\lambda/D$$

式中，D 为望远镜的口径；λ 为入射光的波长。若分辨角 δ 用角秒为单位（1 弧度 =206265″），波长用目视观测最敏感的 λ=555nm 代入，则有：$\delta'' = 140''/D$（mm）。

（4）放大率：目视望远镜的放大率等于物镜的焦距 F_1 与目镜的焦距 F_2 之比，即 $G=F_1/F_2$。一架望远镜配备多个目镜，就可以获得不同的放大率。显然目镜的焦距越短可以获得越大的放大率。但这样并不好，小望远镜用过大的放大率，会使观测天体变得很暗，像变得模糊。如果使用的是单反相机或 CCD，则放大率没有意义，取而代之的是底片比例尺。可以通过望远镜焦距和相机传感器的大小，计算所能拍摄到的天空范围（详见附录 4-1 底片比例尺）。

（5）极限星等：理想条件下，通过望远镜能看到的最暗的星等为望远镜的贯穿本领（极限星等）。它反映了望远镜观测天体的能力。

（6）视场：视场分为两种，一种叫作表观视场（AFOV），这是目镜固有的视场，一般用 $2\omega'$ 表示；另一种叫作望远镜视场（TFOV），是望远镜的成像良好区域所对应的天空角直径的范围，简单地说，就是通过望远镜能够看到的天空的范围大小，一般用 2ω 表示。它们之间的比例关系为

$$\tan\omega = \tan\omega'/G$$

所以在使用望远镜时会发现，放大倍数越大，则视场越狭窄。

2. 放大率测量的基本原理

令望远镜物镜焦距为 F_1，两个不同目镜的焦距分别为 F_2、F_3。根据放大率的计算公式：$G_1=F_1/F_2$，$G_2=F_1/F_3$，我们使用两个不同目镜观测目标，目标的放大倍数之比为 G_1/G_2，将放大率公式代入，可知 $G_1/G_2=F_3/F_2$，F_2、F_3 已知，可以利用这个公式验证放大率的放大倍数。

3. 视场测量的基本原理

地球的自转导致我们从地球上观测到的恒星都在绕着北天极转动。地球上过一天，恒星就绕着北天极转动一圈，即每 23h 56min，恒星在天空中运动 360°。这样，我们就可以通过记录恒星在天空中的运动时间计算其走过的角度（1s 对应 15″（角秒））。测量恒星从望远镜目镜视场一端移到另外一端的时间，就可以对应算出来目镜视场的范围大小。

实验器材

星特朗 80ED 一台 +CGEM 三脚架（或其他品牌的望远镜，建议带 goto 功能）、6mm 目镜、40mm 目镜、标尺（自制）、带十字丝的目镜。

实验步骤

1.　望远镜口径测量。

使用游标卡尺测量望远镜物镜的直径，与望远镜筒上标注的望远镜直径进行对比。为减小测量误差，采取多次测量取平均值的方法。

2. 分辨角测量（可选做）。

从目视双星星表（见附录 4-2）里选取角距离及星等合适的双星（需要根据所使用的望远镜、后端设备和实验当地的光污染、天气情况确定，由授课教师提前选好）。选取 40mm 目镜，按照角距离从大到小进行观测，直到分辨不出是两颗星为止。能够分辨的最小的双星的角距离，即为望远镜的实测目视分辨角。有条件的可以在望远镜后面接单反相机或 CCD，拍摄双星图像，找寻最小的分辨角。

3. 放大率测量。

制作一把等刻度线标尺（刻度间距根据使用的望远镜确定，建议授课教师实测后确定），将其放置在远处，转动望远镜使之指向这把标尺，选取 40mm 目镜，微调望远镜，使标尺刻度线位于望远镜视场直径上，查看刻度线长度；更换 6mm 目镜，重新调节望远镜，仍使直尺刻度线位于望远镜视场直径上，查看刻度线长度。计算两次刻度线长度的比值，看其与两次使用的目镜焦距之比是否相同。图 4-1 为标尺示意图，大圆为长焦距目镜的视场范围，小圆为短焦距目镜的视场范围。

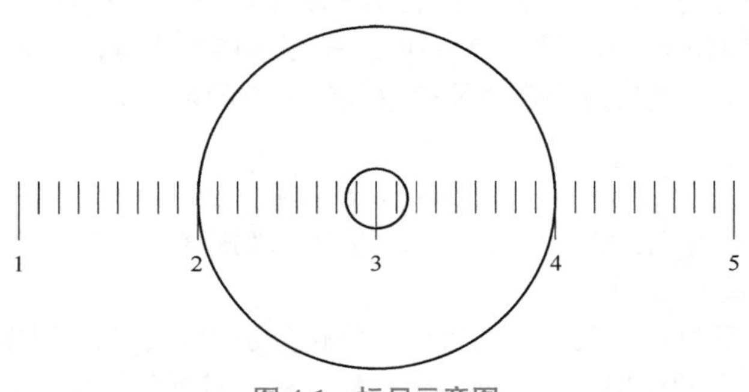

图 4-1 标尺示意图

4. 目视极限星等的测量。

在 Skymap 星图上（或其他星图软件）选取当晚天空中 2~15 等恒星各一颗，使用望远镜从 2 等星开始观测，直到使用目镜无法观测到对应的星等，记录下能够观测到的星，从星表里查出它的星等，即为该望远镜使用该目镜能够观测到的极限星等。如果条件允许，可以使用相机拍照的方式确定极限星等。

5. 视场的测量（使用带十字丝的目镜）。

控制望远镜指向天赤道附近的任意一颗恒星（不要太亮，以免影响观测效果），将该星移动到目镜视场的一端，调节望远镜赤经慢调杆，使其在目镜视场中运动，查看其运动轨迹。转动目镜，使恒星运动轨迹与目镜十字丝的一条线重合。调节望远镜赤经慢调杆，将恒星调至目镜一端，与十字丝一条线的一个端点重合，关闭跟踪，开始计时。等到该恒星移动到目镜十字丝的另外一端时，停止计时。根据恒星走过的时间计算恒星运动的距离，该距离即为望远镜视场的大小（跟使用的目镜有关）。计算公式为

$$\omega=15t\cos\delta \tag{4-1}$$

式中，ω（视场）以角秒为单位；t 以秒为单位；δ 为所选择的恒星的赤纬。

注：极限星等、分辨角的测量结果是跟当时、当地的观测条件密切相关的，如光污染情况、有无月亮等，不能类推。

作　业

1. 完成上述实验测量结果的处理。测量数据填入表 4-1~ 表 4-5 中。

表 4-1　口径

	测量一	测量二	测量三	测量四	测量五	平均值
测量直径						

表 4-2　分辨角

	双星名称	赤经	赤纬	星等	角距离	是否可以分辨
1						
2						
3						

按照公式 $\delta''=140/D$（mm）计算望远镜的理论分辨角，与观测结果进行比较。

表 4-3　放大率

	测量一	测量二	测量三	测量四	平均值
40mm 目镜刻度线长度					
6mm 目镜刻度线长度					

表 4-4　目视极限星等

星名	赤经	赤纬	星等	是否可以观测

表 4-5　视场

	测量一	测量二	测量三	测量四	平均值
计时起始时刻					—
计时结束时刻					—
视场直径					

2. 在实验报告中回答以下问题：

（1）光学天文望远镜几个参数中，哪个参数是最重要的？为什么？

（2）使用 6mm 目镜和使用 40mm 目镜观测时，哪个亮一些？哪个暗一些？为什么会这样？

（3）测量视场时，为什么要选择天赤道附近的恒星？

（4）为什么实测的分辨角要比理论的分辨角大得多？

附录 4-1 底片比例尺

照相望远镜在焦面获得天体的像，像平面上 1mm 对应天空的角直径（角秒），叫作“底片比例尺”，采用 ″/mm 为单位，光路示意图如图 4-2 所示。

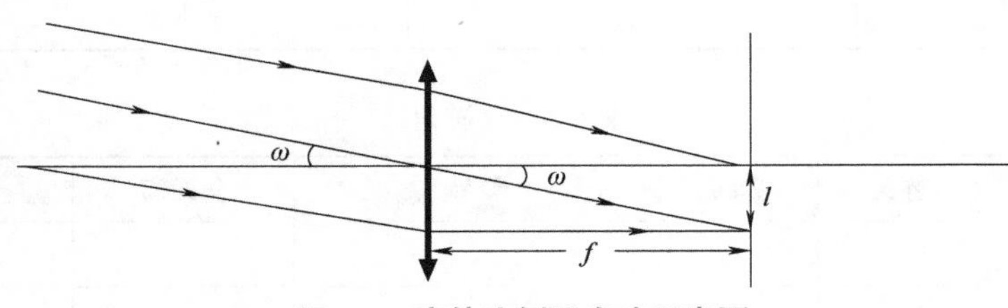

图 4-2 底片比例尺光路示意图

对于焦距为 f（单位为 mm）的望远镜，其焦面上的线尺寸 l 与对应的天空张角 ω 之间的关系为

$$l=f\tan\omega$$

当 ω 较小时，有

$$l\approx f\omega$$

由 1 弧度 $=\dfrac{180°}{\pi}=\dfrac{180\times60\times60''}{\pi}\approx206265''$，则底片比例尺 α 写为

$$\alpha=\omega/l=1/f\,(\text{rad/mm})=206265''/f\,(''/\text{mm})$$

式中，f 为物镜的焦距，以毫米为单位。

例 1 北师大科技楼望远镜的焦距 f=4000mm，则底片比例尺是多少？

解：$\alpha=206265/4000\text{mm}=51.56''/\text{mm}=0.5''/\text{pixel}$

例 2 某次火星大冲时，从地球上看，火星的视直径约为 25″，这时在口径 40cm、焦比 f/10 的望远镜的焦面上所成火星像的直径是多少？

解：焦距 400cm 的望远镜的底片比例尺为

$$\alpha=206265/f=206265''/4000\text{mm}=51.56''/\text{mm}$$

则火星像为

$$l=\omega/\alpha=(25/51.56)\,\text{mm}\approx0.48\text{mm}$$

附录 4-2 可供选择的目视双星

ADS	SAO 星号	赤经（2000）	赤纬（2000）	m_1，m_2	角距离 ρ/(″)	方位角
ADS 1 A	10937	00 02 36.09	+66 05 56	6.0，7.5	15.2	070
BDS 71 A	4062	00 14 02.61	+76 01 37	7.1，7.9	76.3	103
ADS 191 A	109087	00 14 58.82	+08 49 15	5.9，8.1	11.6	148
ADS 1563 A	75051	01 57 55.72	+23 35 45	4.8，7.6	37.4	046

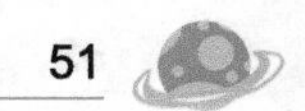

（续）

ADS	SAO 星号	赤经（2000）	赤纬（2000）	m_1，m_2	角距离 ρ/（"）	方位角
BDS 1116 AC	75171	02 09 25.34	+25 56 23	5.1，8.6	105.9	278
ADS 1683 A	55330	02 10 52.83	+39 02 22	6.0，6.7	16.6	035
BDS 1094 A	4594	02 12 49.91	+79 41 29	6.5，7.1	55.3	276
ADS 2582 A	75970	03 31 20.75	+27 34 18	6.5，6.9	11.3	270
ADS 2735 A	76122	03 44 37.18	+27 53 50	6.7，7.0	126.7	043
ADS 2984 A	13031	04 07 51.39	+62 19 48	7.0，7.1	17.9	304
ADS 3137 A	76558	04 20 21.22	+27 21 02	5.1，9.0	52.1	250
ADS 4200 AB	77313	05 36 26.38	+21 59 35	7.2，7.8	3.6	268
BDS 2867 A	112980	05 37 53.45	+00 5 807	7.2，7.9	80.1	031
ADS 5705 AC	134061	07 01 27.05	−03 07 03	7.9，9.0	23.2	005
HD 72965	97952	08 36 22.31	+13 45 55	7.7，8.4	43.5	133
ADS 6900	136111	08 37 50.4	−06 48 26	6.7，8.5	61.0	202
HD 73665	80333	08 40 06.4	+20 00 28	6.5，6.5	149.8	151
HD 76813	61177	08 59 32.6	+32 25 06	5.6，8.7	89.6	295
HD 78610	136612	09 09 08.6	−01 35 16	7.4，12.0	53.2	328
ADS 7260	80723	09 15 33.32	+27 55 19	7.9，10.3	8.0	061
HD 77600	27112	09 05 45.18	+50 16 36	8.1，8.3	79.2	258
ADS 7182	117428	09 06 44.43	+02 48 36	7.9，8.2	11.5	273
HD 88849	7099	10 17 50.55	+71 03 38	6.7，7.3	16.6	171
HD 90125	118278	10 24 13.18	+02 22 04	6.4，6.7	212.2	64
HD 90386	118299	10 26 09.20	+03 55 57	6.6，8.5	116.3	192
HD 90839	27670	10 30 37.58	+55 58 49	4.8，9.0	120.0	304
ADS 7979 A	81583	10 55 36.82	+24 44 59	4.5，6.3	6.5	110
HD 97334	62451	11 12 32.35	+35 48 50	6.3，7.9	138.7	070
ADS 8100 A	7320	11 15 11.90	+73 28 30	7.6，8.2	54.5	104
ADS 8162 A	118864	11 26 45.32	+03 00 47	6.2，7.9	28.7	149
ADS 8434 A	28253	12 08 07.07	+55 27 50	8.0，8.4	22.3	082
ADS 8450 A	28287	12 11 27.76	+53 25 17	7.5，7.7	12.7	221
ADS 9338 A	101138	14 40 43.57	+16 25 06	4.9，5.8	5.6	108
ADS 9728 A	140672	15 38 40.08	−08 47 29	6.5，6.6	11.9	188
BDS 7631 A	29607	15 38 54.58	+57 27 42	7.6，9.1	91.2	205
ADS 9737 A	64834	15 39 22.67	+36 38 08	5.1，6.0	6.3	305

（续）

ADS	SAO 星号	赤经（2000）	赤纬（2000）	m_1，m_2	角距离 ρ/(")	方位角
BDS 7480 A	65024	16 01 02.66	+33 18 12	5.5，9.9	89.6	071
BDS 7535 A	8415	16 04 48.96	+70 15 42	6.7，9.3	46.7	084
ADS 9922 A	101922	16 06 02.83	+13 19 15	6.7，8.5	36.6	323
ADS 9933 A	101951	16 08 04.53	+17 02 49	5.3，6.5	28.4	012
HD 149632	102259	16 35 26.29	+17 03 26	6.3，7.3	156.6	360
HD 157789	102807	17 24 54.70	+13 19 43	8.4，9.3	26.4	326
ADS 10562 A	102835	17 27 52.25	+11 23 25	7.0，8.6	27.3	283
ADS 10715 A	85310	17 41 05.49	+24 30 47	6.5，6.1	16.3	008
ADS 10759 A	8890	17 41 56.36	+72 08 55	4.9，6.1	30.3	015
ADS 11061 A	8996	18 00 09.22	+80 00 14	5.8，6.2	19.0	234
ADS 11086 A	103406	18 07 48.35	+13 04 16	6.5，10.2	42.3	138
ADS 11089 A	85753	18 07 49.56	+26 06 04	5.9，6.0	14.2	183
HD 184170	31711	19 30 12.25	+55 25 21	6.8，9.3	76.3	086
ADS 12540 A	87301	19 30 43.28	+27 57 34	3.2，5.4	34.3	054
BDS 9448 A	18395	19 33 10.07	+60 09 31	6.4，8.4	76.2	287
ADS 12750 A	105104	19 39 25.34	+16 34 16	6.6，9.4	28.2	302
ADS 12815 A	31898	19 41 48.95	+50 31 30	6.3，6.4	39.0	134
ADS 13092 A	18575	19 52 47.68	+64 10 33	6.8，8.9	27.8	184
ADS 13087 A	143898	19 54 37.65	−08 13 38	5.8，6.5	35.7	170
BDS 9825 A	69252	20 00 44.81	+36 35 23	6.7，8.4	70.6	202
ADS 13783 A	69929	20 22 57.65	+39 12 39	6.6，8.4	43.0	256
ADS 14710 A	89505	21 10 32.07	+22 27 16	6.9，7.7	17.9	300
BDS 10923 A	33323	21 19 40.77	+53 03 29	6.8，8.8	48.5	301
ADS 15493 A	127196	21 58 01.45	+05 56 25	7.3，7.6	10.68	55.23
ADS 15600 A	19827	22 03 47.45	+64 37 40	4.6，6.5	7.5	278
ADS 15670 A	34101	22 08 36.05	+59 17 22	7.2，7.4	21.6	316
ADS 16642	146605	23 16 35.40	−01 35 08	7.1，7.7	5.0	031
ADS 17020 A	20866	23 48 38.97	+64 52 34	6.4，8.5	50.4	351
ADS 17079 A	108883	23 52 59.94	+11 55 27	7.3，7.9	19.0	282

实验五　太阳黑子的投影观测及数据处理

实验目的

1. 学会太阳黑子的投影观测方法。
2. 运用太阳球面坐标，黑子分型的相关知识，学会太阳黑子相应观测资料的处理方法。

实验原理

在我们观测太阳时会发现，太阳光球上经常会出现一些暗黑的斑点（见图 5-1）。这些斑点的温度虽然也很高（4000℃以上），但由于它们的温度比周围部分低 1000~2000℃，看起来就像是一块暗淡的斑点，因此也被称为太阳黑子。

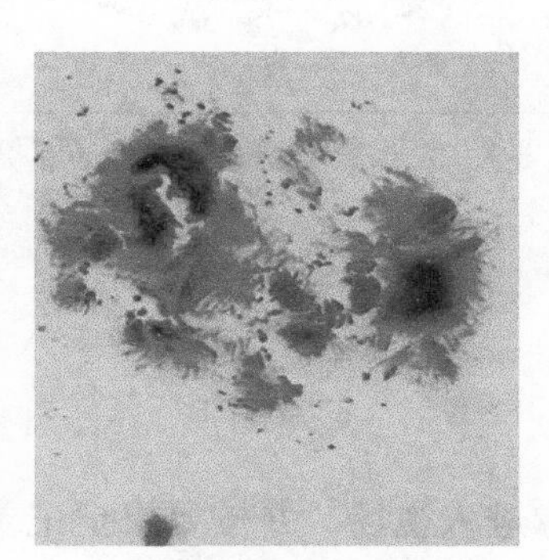

图 5-1　太阳黑子

黑子中心最黑的部分被称为本影，周围不太黑、纤维状的被称为半影。大黑子的周围经常会有一些小的黑子，形成黑子群落。

黑子的形成是由太阳的磁场造成的，是太阳活动剧烈的一个标志，其活跃程度通常以 11 年为一个周期。

实验仪器

教九楼 40cm 反射望远镜、太阳投影板、黑子观测记录纸（见图 5-2）。

注：① 没有太阳投影板的也可以通过拍太阳像的方式进行（望远镜 + 单反相机 + 巴德膜）。

② 可根据实际情况选择适用的望远镜。

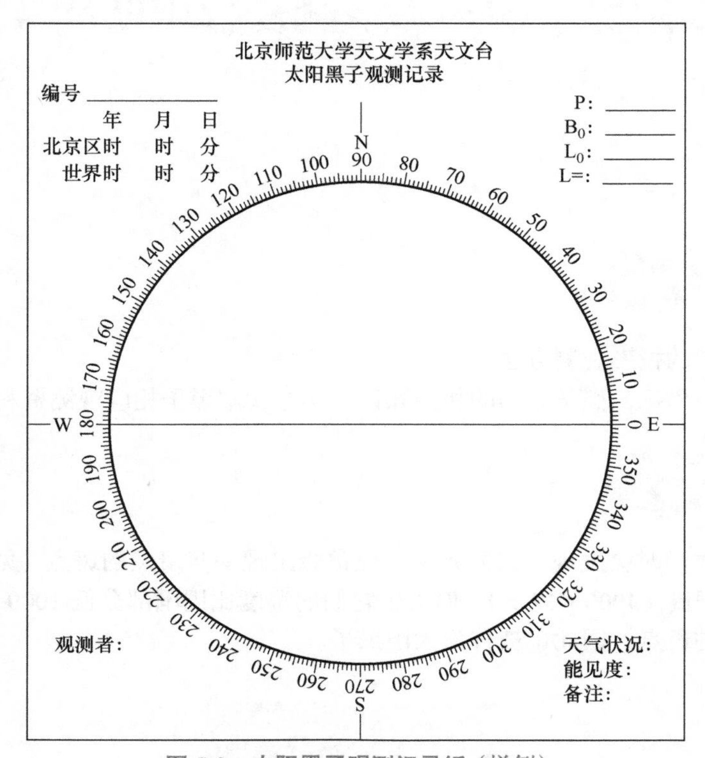

图 5-2　太阳黑子观测记录纸（样例）

实验步骤

1. 太阳黑子的投影观测。

（1）调节望远镜，使日面像进入视场，并按要求把记录纸固定在投影屏上，启动跟踪装置。

（2）调节望远镜的焦距，使日像最清楚。

（3）调整投影屏的前后位置，使日像大小与观测纪录纸上的圆重合。

（4）确定投影屏上图纸的东西方向：调节望远镜，使其沿着赤经方向来回微动（利用电钮控制或手动操作杆来实现），移动图纸，使黑子移动方向严格地沿图纸上的东西方向运动（即图纸上的东西线与黑子移动方向一致）。

（5）描绘黑子时要求大小、形状尽可能一致，位置要准确。下笔时先轻描，当位置准确后再重描。先描本影，后描半影，全部描完后，再检查一遍，看是否有遗漏的小黑子。

（6）最后记录观测完毕的时刻及观测当日世界时为 0^h 的 P（日轴方位角）、B_0（日面中心纬度）、L_0（日面中心经度）和天气状况等。

2.　观测资料的分析处理。

太阳黑子投影观测每日数据处理包括：

（1）黑子的分群、编号

一般相距极近的几个黑子常属于同一群，但也有仅一个单独黑子而相当于一群的。分群后，按黑子出现的先后，自西向东给黑子群一个顺序编号（见图 5-3）。依据黑子的分型标准，给各群黑子标出所属类型。

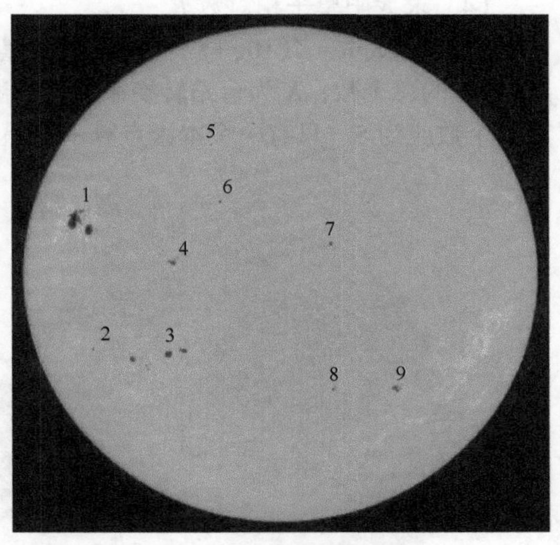

图 5-3　太阳黑子示意图

由于太阳是个球体，黑子群在日面边缘时形状会发生很大的变化，东西长度会大大缩短。因此对于刚从东面转出来的黑子群，等过两三天看到全貌后再确定类型比较妥当。

确定类型还要注意连续性，如果前后好几天都是 E 类，另有中间一天是 C 类，那么这一天也应记 E 类。当然，黑子群的类型有小的反复也是可能的，如从 C 类变到 D 类再回到 C 类等。

（2）黑子和黑子群日面位置的测定

1）日面坐标。

日面经度 L：从本初子午圈向西计量（0°~360°）。

日面纬度 B：从太阳赤道分别向南北两极量度 ±90°。

日轴方位角 P：太阳自转轴与地球自转轴夹角的投影，由 P 值可确定日面坐标的北点。范围：(–26.3，+26.3)。

2）日面位置的测定。

查天文年历中的太阳表，记录下观测日世界时为 0^h 的 B_0（日面中心纬度）、L_0（日面中心经度）和 P（日轴方位角）。因 B_0、P 值一天内变化不大，不必做改正，而 L_0 在一天内变化较大，要用线性内插法进行改正，求出观测时刻的日面中心经度 L 值。

3）根据 P 值，在黑子投影图上画出日期日轴，$P>0$ 时，日轴偏于北点之东。

4）根据 B_0 值选出合适的日面经纬网格图（见图 5-4，日面经纬网格图从 0°~ ± 7°，每隔 ± 0.5° 一张，共 15 张，光盘中只给出日面中心纬度 B_0 = ± 1.5°、± 5°、± 7° 的日面经纬网格图，其他纬度的日面经纬网格图请自查相关资料），将其按日面坐标套在描迹的黑子观测记录纸上。在黑子网格图上，读出黑子和黑子群的日面纬度、日面经度（先读出中经距，再加上日心经圈的经度）。测量日面经纬度时，对黑子群应选取其面积重心度量。

（3）黑子面积的测定

1）用毫米直尺量出黑子或黑子群至日面中心的距离 r（mm）。

2）用特制的毫米方格纸（见图 5-5），数出黑子和黑子群的毫米方格数 A（mm^2），计算出日面上的黑子面积

$$S_d=A\times 10^6/(\pi R^2)$$

式中，R 为日面半径（mm）；S_d 以太阳半球面积的百万分之一为单位。

3）考虑日面的投影效应，应对 S_d 进行改正，使其归化到球面面积

$$S_p=S_d\sec\left[\arcsin\left(r/R\right)\right]$$（太阳半球面的百万分之一）

4）对各黑子、黑子群分别归算，最后进行累计。

（4）求太阳黑子相对数 R

可按公式 $R=K(10g+f)$ 计算太阳黑子相对数。式中，g 为观测到的黑子总群数；f 为黑子的总个数；K 为台站转换系数，一般可取 $K=1$。注意：一个半影中有 5 个本影黑点，黑子个数应为 5。只有一个本影点算一个黑子。

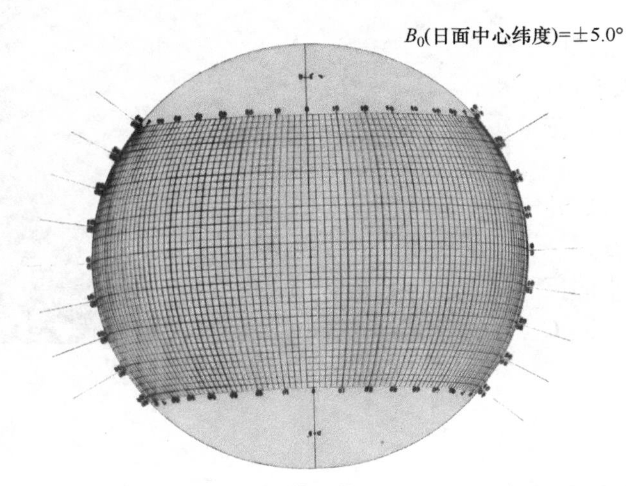

图 5-4　日面经纬网格图（B_0= ± 5.0°）

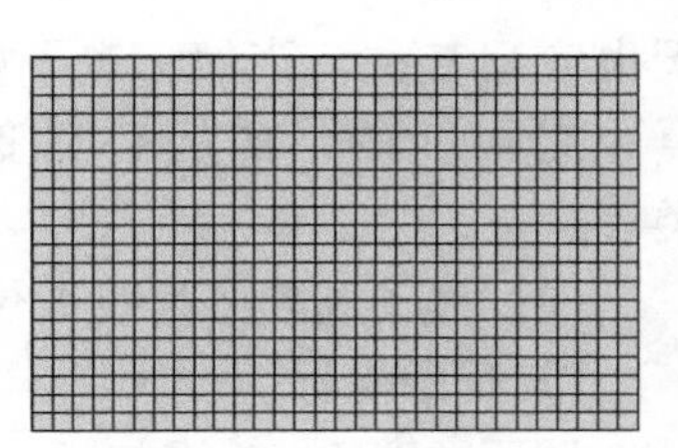

图 5-5　毫米方格纸示意图

作　业

1.　画出当天太阳黑子的投影图，填表 5-1，给出其投影观测资料的处理结果。

表 5-1　观测数据

年　　月　　日　　　　世界时：　　　　P：　　　　B_0：　　　　L：

编号	坐标			r/R	方格数		S_d		S_p		r	分型
	纬度	经度	中经距		全群	最大黑子	全群	最大黑子	全群	最大黑子		

相对数：S：——总：——　　　面积 S：——　　　总：——

　　　　N：——　　　　　　N：——

2.　将画出的太阳黑子图像与下面给出的网址中的实际太阳像做比较。

网址：http: //sohowww.nascom.nasa.gov/data/realtime/hmi_igr/512/

附录 5-1　太阳黑子分类

太阳黑子分类方法有很多，现在普遍采用的是瑞士苏黎世天文台分类法。现介绍如下：

A 型　无半影的单个小黑子，或几个密集的单极群黑子。

B 型　无半影的双极小黑子。可分前导和后随两部分，或前导与后随连接在一起。

C 型　类似 B 型的双极群，但在前导或后随中，至少有一个主要黑子具有半影。

D 型　类似 B 型的极群，前导和后随各有一个主要黑子具有半影。整个群体在东西方向的延伸小于 10°。

E 型　D 型在东西方向的延伸大于 10°，且结构复杂。

F 型　E 型在东西方向的延伸大于 15°，结构很复杂。

G 型　只剩下前导和后随的几个大黑子，E 型、F 型退化了，中间没有小黑子。

H 型　有半影的单极黑子，直径大于 2.5°，其周围也会有卫星小黑子。有时也会呈现复杂结构。

J 型　有半影的单极黑于，直径小于 2.5°，结构简单。

这个顺序是按照黑子的演变先后排列的，最强时是 E、F 型，演变到最后是 J 型。

苏黎世黑子分类及示意如图 5-6 所示。

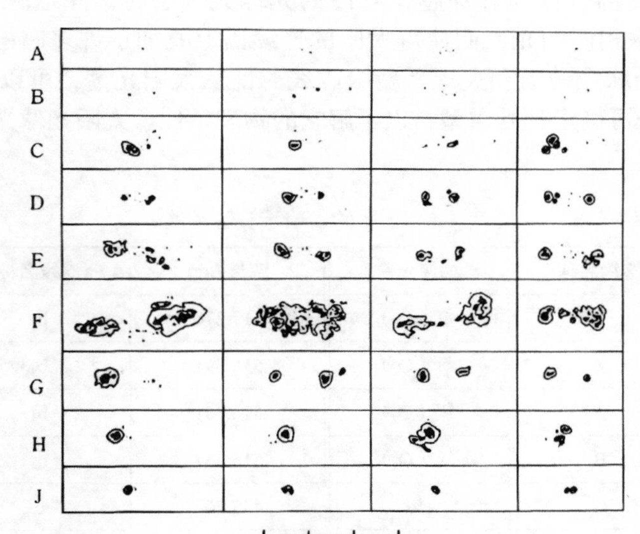

图 5-6　苏黎世黑子分类示意图

实验六　太阳光球光谱的拍摄与证认

实验目的

1. 拍摄低分辨率太阳光谱，掌握证认太阳光谱元素的方法。
2. 了解太阳大气中的元素成分。

实验原理

当太阳内部的高温气体向外穿越比它冷的光球大气层时，光球大气中的各种元素吸收了与它们各自频率相同的光，而使得太阳的连续谱上叠加了许多暗的吸收线，图 6-1 和图 6-2 分别为太阳光球光谱图和夫琅禾费吸收线。证认太阳光谱，可以研究太阳的化学组成，依据其谱线特征可确定其光谱型，以了解它的物理特性。太阳光球光谱中重要的吸收线见表 6-1。

表 6-1　重要的夫琅禾费吸收线

波长 /nm	谱线名称	相应元素	波长 /nm	谱线名称	相应元素
898.765	y	氧（O_2）	517.270	b_2	镁（Mg）
822.696	Z	氧（O_2）	516.891	b_3	铁（Fe）
759.370	A	氧（O_2）	516.751	b_4	铁（Fe）
686.719	B	氧（O_2）	516.733	b_4	镁（Mg）
656.281	C	Hα	495.761	c	铁（Fe）
627.661	a	氧（O_2）	486.134	F	Hβ
589.592	D_1	钠（Na）	466.814	d	铁（Fe）
588.995	D_2	钠（Na）	438.355	e	铁（Fe）
587.5618	D_3（or d）	氦（He）	434.047	G′	Hγ
546.073	e	汞（Hg）	430.790	G	铁（Fe）
527.039	E_2	铁（Fe）	430.774	G	钙（Ca）
518.362	b_1	镁（Mg）	410.175	h	Hδ

（续）

波长 /nm	谱线名称	相应元素	波长 /nm	谱线名称	相应元素
396.847	H	钙（Ca^+）	336.112	P	钛（Ti^+）
393.368	K	Ca^+	302.108	T	铁（Fe）
382.044	L	铁（Fe）	299.444	t	镍（Ni）
358.121	N	铁（Fe）			

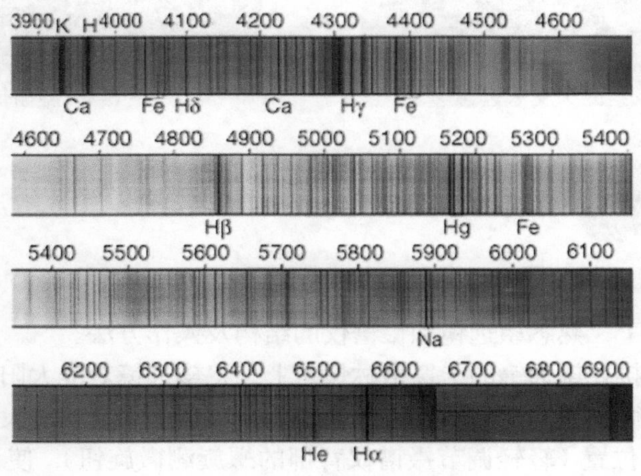

图 6-1　太阳光球光谱图

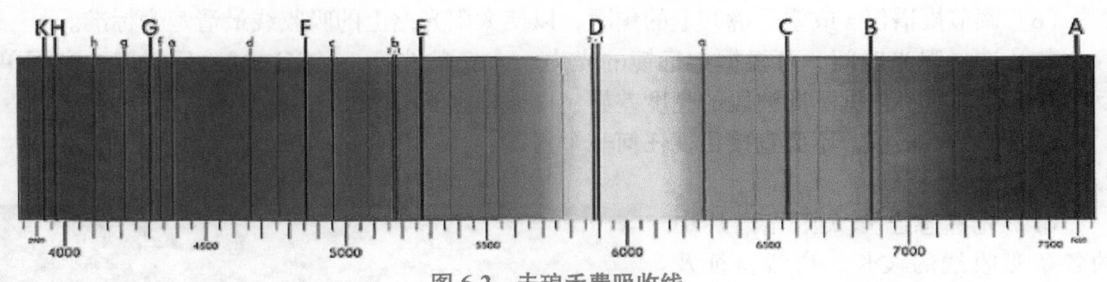

图 6-2　夫琅禾费吸收线

实验器材

40cm 反射式天文望远镜（见图 6-3）、摄谱仪与单反相机（尼康 D40）（见图 6-4）。

注： ① 本实验以日本西村公司的摄谱仪为例，也可以选用其他品牌的，例如 Shelyak Instruments 公司的 Lhires Ⅲ摄谱仪等。

② 本实验后端选用了单反相机，也可以使用行星摄像头，为方便证认太阳光谱，建议使用彩色。

图 6-3 40cm 反射式天文望远镜

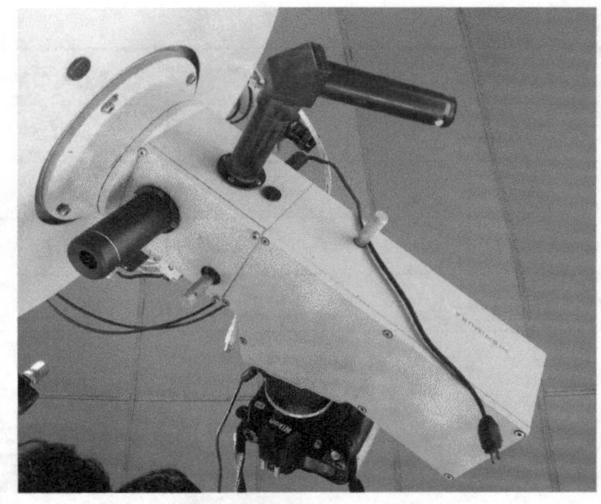
图 6-4 摄谱仪与单反相机

实验步骤

1. 拍摄太阳光谱。

（1）在教师指导下，熟悉望远镜和摄谱仪的结构及操作方法。

（2）将摄谱仪连接在望远镜的卡塞格林焦点上，将望远镜对准太阳。

（3）调节螺旋测微旋钮，用力不要过大，改变摄谱仪的入射狭缝大小。

（4）调节棱镜的位置（轻轻调节摄谱仪背部的螺旋测微旋钮），使计划拍摄的谱线波长范围进入视场。

（5）将单反相机安装到摄谱仪上，调节相机光圈，使之最大。

（6）调节摄谱仪（或望远镜）上的焦距，以使太阳光谱上的吸收线最清楚为标准。

（7）选择曝光时间，可根据望远镜的光力、大气条件等，经多次试验后确定。利用单反相机进行拍照，依据不同波段的亮度差异，可选择曝光时间为 1/40~1/10s。

注意：除了相机，不要直接目视任何一个目镜！

2. 光谱线的证认。

（1）先熟悉已知太阳光谱片中的各条吸收线的波长、谱线特征及形成这些谱线的元素。

（2）根据图 6-1 中太阳光球光谱图标明的各吸收线波长和图 6-2 给出的夫琅禾费吸收线，去证认自己所拍得的太阳光谱片上的各条暗线（吸收线）的波长，并详细标明在光谱片上。

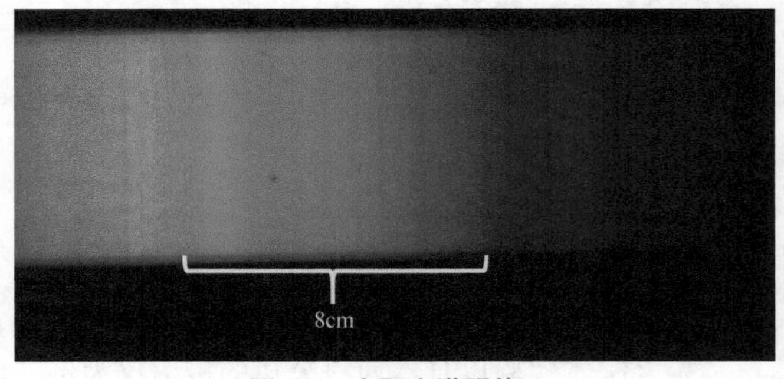

图 6-5 太阳光谱照片 1

1）找出曝光合适的照片，确定光谱大概的分辨率，即单位距离对应了多少波长范围。例如，图 6-5 中，绿色部分用尺子量出来大概 8cm（这个长度由于图像的放大缩小每个人量出来是不一样的，需要实际测量），从图 6-2 夫琅禾费吸收线，可以知道绿色部分对应了大

约 500~580nm 的波长范围，那么，大概图像的 1cm 对应了 10nm 的范围。

2）找出一条容易确定的谱线，作为基准，根据这条基准谱线以及测量出来的距离，确定其他谱线。例如，图 6-6 中，Na 的双黄线是最容易确定的（由于分辨率没那么高，所以看起来像一根谱线），以 Na 为基准，它左边的两条线距离它大约 7cm 和 10.2cm，可以估算出这两条谱线波长约为 658nm 和 690nm，对应了 C（Ha）和 B（O_2）两条谱线，同理可找出其他谱线对应的波长。

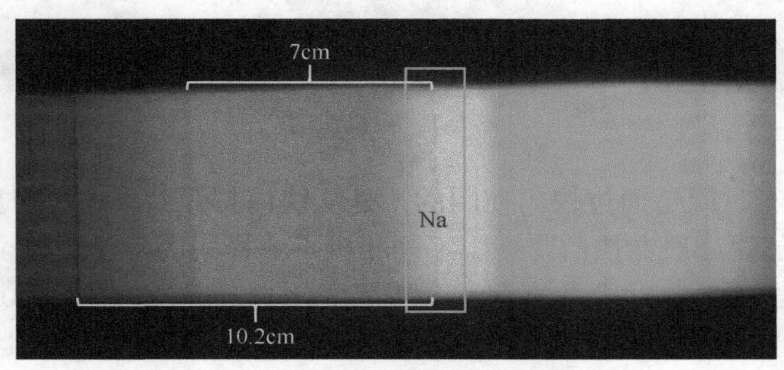

图 6-6　太阳光谱照片 2

3）如果发现计算出的波长与夫琅禾费吸收线图明显不符合，则说明基准谱线找错了，需重新确定基础谱线，再重复上面步骤。

1. 写出拍摄太阳光谱的简要步骤及注意事项。
2. 证认太阳光谱（不得少于 6 条）。
3. 对观测结果进行比较分析，说明对太阳光谱的认识。
4. 在网上查询资料后回答：太阳光谱中的暗线是太阳光穿过太阳大气时被对应元素吸收形成的。我们在地球上拍摄得到的太阳光谱，太阳光不仅穿过了太阳大气，还穿过了地球大气层，那么太阳光谱中的吸收线包含地球大气中的元素吗？

附录 6-1　单反相机的使用简介

现在，单反相机基本上已经是一般家庭常备的一种摄影、摄像设备。使用单反相机不仅可以进行日常拍摄，还可以用于天文上拍摄一些漂亮的星空照片。下面，就单反相机的一般设置和功能，做一个简单介绍，以方便大家使用。

使用单反相机，必须要了解几个概念：快门、曝光时间、光圈和感光度（ISO）。

快门：快门是摄像器材中用来控制光线照射感光元件时间的装置。快门的时间越短，曝光时间越短。如图 6-7 所示为相机快门的实物图。

不同的单反相机，快门的位置和样式有些许不同，但一般都是在右手边，食指容易够到的地方，通过说明书一般都可以找到。

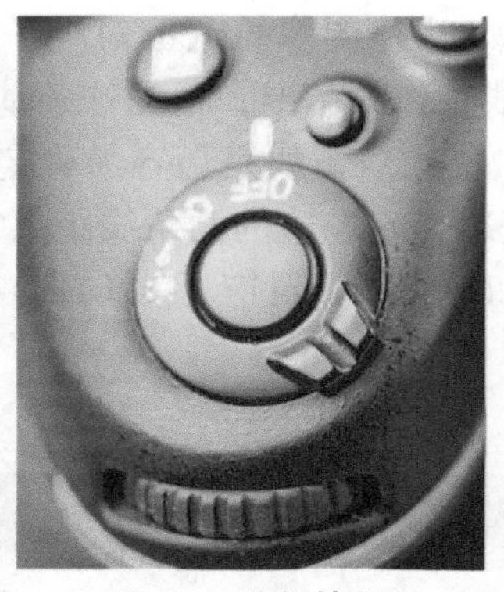

图 6-7　相机快门

曝光时间：曝光时间是通过快门控制的，是从快门打开到关闭的时间。它的设置一般是通过一个滚轮（位置一般在快门附近，不同相机不一样）的拨动进行设置。拨动滚轮时，会看到在小窗左上方看到有一个数字在变，数字变化为：…, 60, 80, 100, 125, 200, …，这就是曝光时间。这些数字的倒数表示曝光时间，单位为秒，例如图 6-8 上显示为 125，表示曝光时间是 1/125s；如果数字右上角有 ″ 标志，表示曝光时间就是数字（秒），例如，如果图上显示为 1″6，表示曝光时间就是 1.6s；另外，还有一种特殊的，显示的不是数字，而是 "bulb"，表示 B 门，即曝光时间为你按下快门，到你松开快门的时间，这种模式，一般是用于长时间（大于 30s）曝光时的设置。

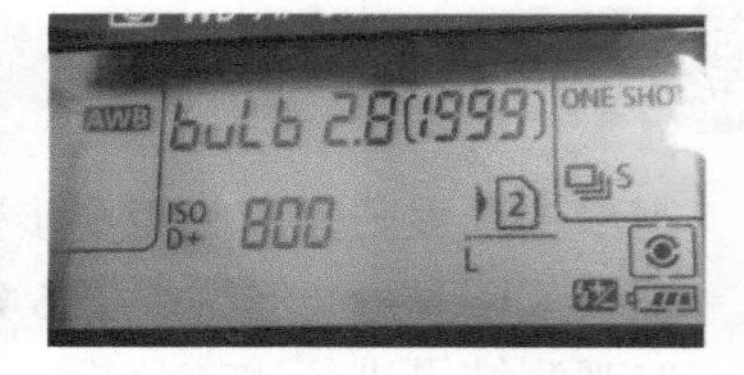

图 6-8　曝光时间

光圈：光圈是用来控制光线透过镜头，进入机身内感光面光量的装置，一般用 *f* 值表达光圈大小。*f* 值越大，表示光圈越小，进光量越少；*f* 值越小，表示光圈越大，进光量越多。

光圈的大小影响了拍摄的景深程度，光圈越大，景深越浅；光圈越小，景深越深。

光圈一般也是通过一个滚轮设置的，滚轮的具体位置不同相机不一样，可以看一下相机的说明书。通过转动滚轮，就可以调节光圈的大小，可以在小窗内看到其变化。例如，图 6-9 中的 4.5，就表示光圈是 *f*4.5。

图 6-9　ISO 设置示意图

ISO：ISO 表示了感光元器件的感光能力。其数值一般是：100, 200, 400, 800, …，ISO 值越高，照片的颗粒感（噪点）越强，拍照所需的曝光时间越短；ISO 值越低，照片画面越细腻（噪点越少），拍照所需的曝光时间越长。一般在光线不好的情况下才会调高 ISO 数值。图 6-9 中的 800 就表示 ISO 是 800。

除了以上讲的概念之外，单反相机当然还有使用设置与技巧，可以参考相机的说明书。了解以上内容，基本上就可以进行简单的天文方面的实验了。

附录 6-2　夫琅禾费线

1666 年，英国的大科学家牛顿首先发现白光是由各种颜色的光组成的，这是人类第一次开启了对光谱的研究。

1802 年，英国的科学家沃拉斯顿让太阳光先通过一个竖长的狭缝，再通过棱镜，得到了更加清晰的太阳光谱，并在这条彩带上发现了几条黑色的线。但当时他以为这不过是各种颜色的分界线，并没有做深入的研究，以至于同这个重大的发现擦肩而过。

1814 年，德国的物理学家约瑟夫 · 夫琅禾费，在用自制的望远镜重复牛顿的“棱镜”实验和沃拉斯顿的“狭缝”实验时，发现观测到的并不是沃拉斯顿说的只有几条黑线，而是几百条黑线。他用自制的千分尺测量这些黑线之间的距离，将所观测到的黑线画在了图纸上，共 576 条，并将其中 8 条最明显的用 A，B，C，…，H 加以编号，这便是我们所说的“夫琅禾费线”。当然，我们现在知道，太阳光谱中的吸收线不止 576 条，实际上有 3 万多条，统一被称为“夫琅禾费线”。

不过，夫琅禾费并没有解开黑线之谜。直到 1859 年，德国的化学家、天文学家基尔霍夫和本生才确认了每一条谱线所对应的化学元素，推断出太阳光谱中的黑线是由于太阳大气的低温气体吸收了相应的元素而造成的，解开了“夫琅禾费线”之谜。

实验七　赤道式小型望远镜的使用

实验目的

1. 熟悉赤道仪的主要结构和功能。
2. 学习极轴校准方法。
3. 学习两星（多星校准）方法。
4. 熟悉赤道仪手柄的功能。

实验原理

在使用天文望远镜进行天文观测的时候，如果观测目标是一颗肉眼可见的亮星，那么，我们就可以直接使用手柄控制望远镜指向目标；但是，如果观测目标是我们肉眼看不到的，就需要使用望远镜自动找星的功能，而想要让望远镜自动找星，就需要对望远镜进行校准。校准就是利用天空中可见天体的坐标位置信息，建立一个天空的模型，通过这个模型建立坐标系来帮助定位任何天体。校准的方法有很多，这与望远镜的赤道仪以及用户所能提供的相关信息有关。但无论什么方法，都需要提前在望远镜手柄控制器中输入基本信息，如日期、时间以及当地的地理经纬度。

最常使用的是两星校准（Two-Star Alignment），它要求用户自己根据当时天空中可见的星从望远镜的手柄控制器菜单中选择两颗校准星，然后控制望远镜转向它们进行校准。多星校准是在两星校准的基础上再增加校准星，这样可以使得校准结果更加准确。一般最多增加到五颗星。这是我们本次实验最主要的学习内容。

部分赤道仪还提供其他一些校准方式，例如：

一星校准（One-Star Align）：和两星校准相同，但只需要使用一颗恒星用来校准。虽然一星校准没有其他校准方法准确，但它是使用地平式望远镜寻找并跟踪明亮行星和天体最快的方法。

太阳系天体校准（Solar System Align）：能列出一些白天可见的天体（行星或者月亮）来进行天文望远镜的校准。

星空校准（Sky Align）：星空校准是最简单的校准方法，只需要将望远镜指向天空中任意三颗明亮的天体即可，甚至都不需要知道这三颗天体的名字，行星和月球也可选择。

还有的望远镜自带 GPS 系统，可以自己定位时间和位置，校准时可以跳过这些设置，

直接进行两星（多星）校准。

对于赤道式望远镜来说，无论哪种校准方式，一个准确的极轴是必不可少的，所以赤道式望远镜在校准之前，都需要精细地调望远镜的极轴。各个厂家出产的赤道仪，调极轴的方式也略有不同，需要详细研究其说明书。通用的漂移法对极轴，可以将极轴调得比较准确，但操作麻烦，需要一定的经验，不适合初学者。另外，现在有一些对极轴使用的手机 APP，可以实时显示北极星相对极轴的位置（见图 7-1，Polar Align 手机 APP），可以通过北极星的位置来调节极轴方向。

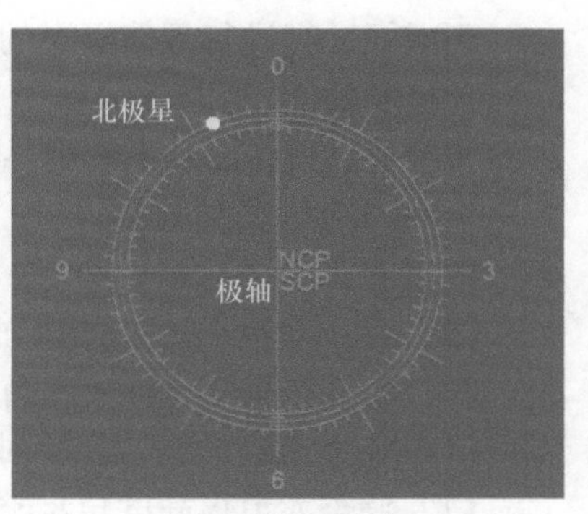

图 7-1 北极星与极轴的相对位置

实验器材

赤道仪（本实验以星特朗 CGEM 赤道仪为例）。

赤道式望远镜的基本结构如图 7-2 所示。

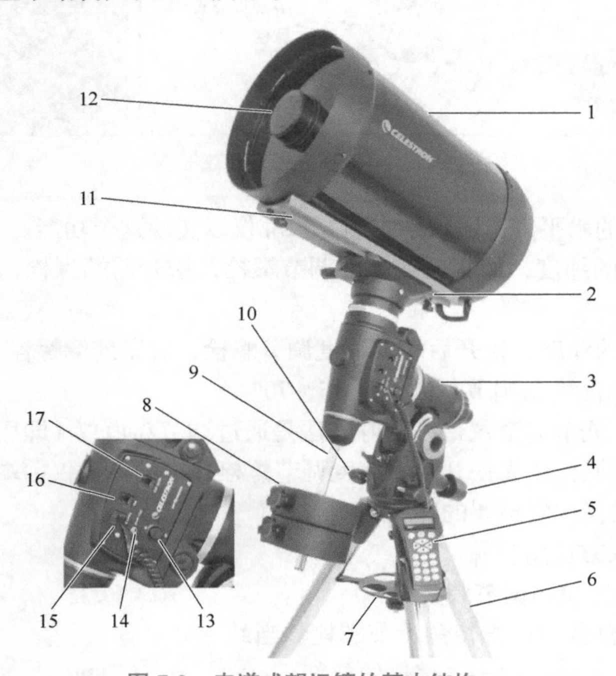

图 7-2 赤道式望远镜的基本结构

1—主镜筒 2—望远镜赤道仪平台（鸠尾槽） 3—赤道仪 4—纬度调节螺栓 5—手控器 6—三脚架
7—三脚架支撑 / 附件盘 8—平衡锤 9—平衡锤杆 10—方位角调节螺栓 11—鸠尾板 12—施密特改正镜
13—开关 14—12V 电源输入插孔 15—手控器接口 16—辅助接口 17—Auto Guider 接口

实验步骤

1. 按照说明安装望远镜（每个望远镜的安装都不尽相同，按照使用说明书安装即可）。

2. 调节赤道仪的赤经轴和赤纬轴平衡。赤经轴和赤纬轴平衡，会使赤道仪所承受的压力得到减轻。当进行天体摄影的时候，将对特定天区进行长时间跟踪，这样的平衡过程是非常重要的。
3. 校准寻星镜（如果不使用寻星镜，该步骤可以省略）。

步骤 2 和 3 具体过程详见“实验三简易天文望远镜的安装与使用”。

4. 调整赤道仪（对极轴）。为了使望远镜跟踪准确，需要将赤经轴调节到与地球的自转轴平行，即我们所知的极轴校准过程。极轴校准并不是通过调整赤经或赤纬轴来实现的，而是在垂直方向上（高度角）和水平方向上（方位角）调整赤道仪。下面以星特朗 CGEM 赤道仪为例，介绍对极轴的过程（其他型号的赤道仪类似）：

（1）调整赤道仪高度角步骤

如图 7-3 所示为高度角调节装置。

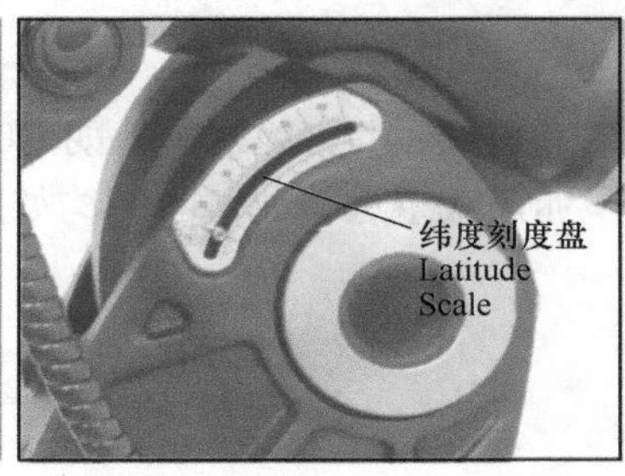

图 7-3　高度角调节装置

1）调整三脚架的水平，赤道仪中安装有水准仪以实现这个功能。

2）要增加极轴的纬度，旋紧后端纬度调节螺栓，松开前端螺栓，使刻度盘指向北京的地理纬度。

3）要降低极轴的纬度，松开后端的纬度调节螺栓，旋紧前端螺栓。

CGEM 赤道仪的高度角调节范围约为 15°~70°。

通常，在高度上调节赤道仪最终的好方法是通过调节赤道仪（即用纬度调节螺栓）来抬高赤道仪。要进行该操作请先松开两颗纬度调节螺栓并推动赤道仪前端使其降低。然后旋紧后端调节螺栓使赤道仪达到想要的纬度。

（2）调整赤道仪方位角步骤

如图 7-4 所示为方位角调节装置。

1）旋转方位角槽两边的方位角调节螺栓。当站在望远镜后面的时候，螺栓位于赤道仪的前部。

2）顺时针旋转右部的调节螺钉使赤道仪向右移动。

3）顺时针旋转左部的调节螺钉使赤道仪向左移动。

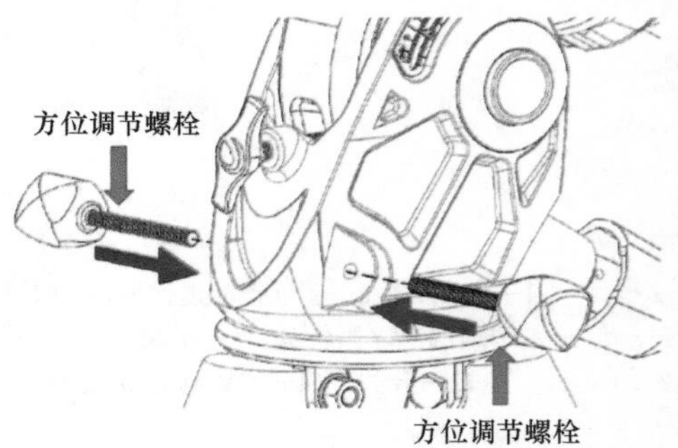

图 7-4　方位角调节装置

两颗螺钉都能推动三脚架云台上的榫头，这意味着必须在旋紧一颗之前松开另一颗。固定赤道仪到三脚架的赤道仪固定螺栓需要稍微松开些。如果需要大范围地调整方位，可以通过移动三脚架解决。

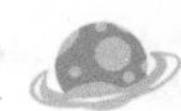

（3）指北极

极轴装置如图 7-5 所示，极轴校准的方法是利用北极星作为北天极的引导。因为北极星距离北天极不到 1°，只要将望远镜指向北极星就可以认为是指向北天极。尽管校准得不完美，但是误差就在 1° 以内，适合观测和短曝光背负式摄影。这必须要在晚上北极星可见的时候操作，可以使用极轴窥管（极轴孔）或者使用极轴镜来帮助定位。

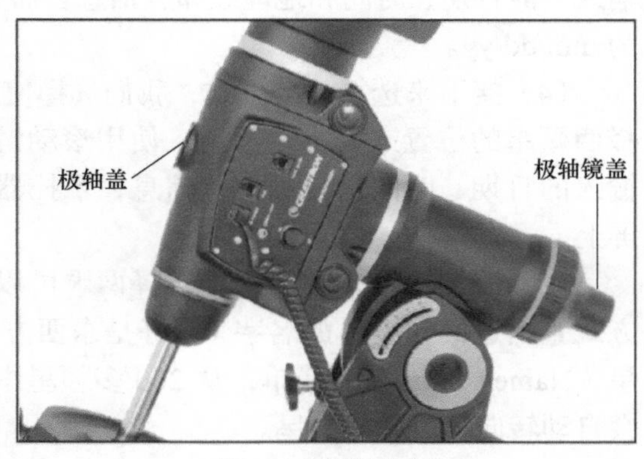

图 7-5　极轴装置

1）组装好望远镜，并使极轴朝向正北方向，纬度刻度盘指向当地的地理纬度。

2）移除两头的极轴镜盖和极轴盖。极轴镜盖从赤道仪的后端旋转移除，极轴盖则从赤道仪前端摘下即可。

3）松开赤纬轴锁紧夹，转动望远镜，直到主镜筒和极轴成互相垂直的状态，即主镜筒朝向东方或者西方。这时，通过极轴窥管（极轴孔）或者通过极轴镜的目镜端观察，能够看到一小块天区。

4）调整赤道仪的高度角和方位角调节螺栓直到北极星在极轴窥管中可见。将北极星尽可能精确地置于十字丝的中心。

注：只能在进行极轴校准过程中对赤道仪进行调节。一旦完成了极轴校准，请勿再移动赤道仪。只能通过赤道仪在赤经及赤纬方向上的转动使望远镜指向目标。如果不小心碰到赤道仪，使赤道仪移位，应重新进行极轴校准。

以上只是极轴的粗略校准，CGEM 赤道仪还可以对极轴进行精细校准，见附录 7-1。

5.　望远镜校准。

（1）打开望远镜电源后，等待望远镜自检。当赤道仪手控器上显示 CGEM Ready 时，表示自检完毕，按确认键（ENTER）开始校准。

（2）手控器会显示并要求使用者先设置赤道仪的基准位置，即给望远镜设置一个基本指向。手动或者使用手控器转动赤道仪，使赤经轴和赤纬轴的指针标记（Index Marks）（见图 7-6）分别对齐，按确认键继续。

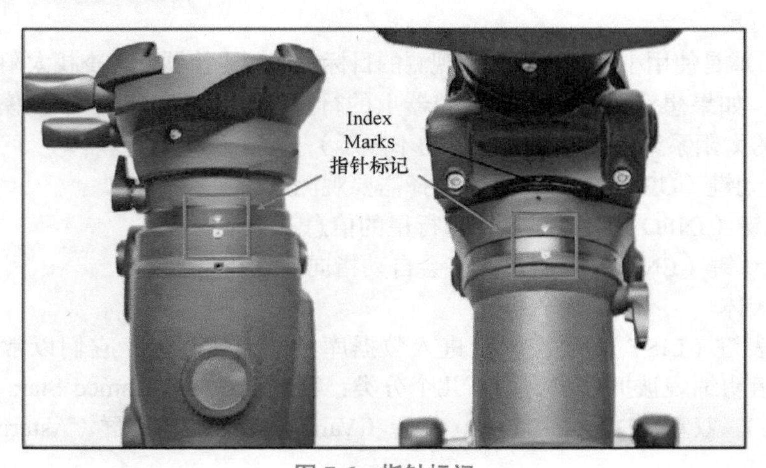

图 7-6　指针标记

（3）操作完上步后，手控器会显示上一次输入的时间、时区和日期等参数，如果不需要更改的话，直接按确认键继续；如果需要更改，按撤销键（UNDO），然后按照指示重新输入当前日期、时间和地理经纬度信息。需要注意的是日期的输入方式是月、日、年，显示为 mm/dd/yy。

（4）接下来选择校准方式，我们选择使用两星校准（Two-Star Align），两星校准需要选择两颗星的位置来校准望远镜。使用滚动键（UP/Down）从菜单中选择两星校准，基于已输入的日期、时间信息和位置信息，手控器会显示出位于地平线以上的亮星并显示在显示屏上。

（5）观测天空，在天空中选择两颗可以看到的恒星作为校准星，通过星图软件或其他方式查出这两颗亮星的名字（最好是东西方向各有一颗星）。使用滚动键浏览整个已命名恒星（Named Stars）的清单，从 200 多颗星中找到选定的第一颗校准星，按确认键，望远镜会自动转向第一颗校准星。

（6）在转动停止后，显示屏会提醒使用方向键将该星置于望远镜的中心。通过手柄将第一颗校准星调到望远镜视场中心之后，按下确认键。

（7）接下来显示屏会告知要将该星置于目镜视场的中心，这是一个更加精细的调节，手柄速度会自动降到一个较低的速度。确认调节完毕后，按下校准键（ALIGN），第一颗校准星即校准完毕。

（8）在第一颗校准星校准完毕之后，手控器会自动选择第二颗校准星，然后重复上述过程。

（9）当望远镜两颗星都校准完之后，显示屏上会询问是否要添加定标星（Calibration Stars）。定标星通过补偿望远镜光学部分和基座之间的细小的光学 - 机械不重合误差，来改进望远镜的指向精度。因此这是一个很好的方法，建议添加至少一颗定标星来改进望远镜的全天指向精度，最多可以添加三颗定标星。

（10）定标星的校准与前两颗星相同，完成后可以按确认键选择继续添加定标星或者按撤销键完成校准。

6. 望远镜使用。

校准完毕后，就可以使用望远镜手控器来自动寻找目标了。望远镜手控器所包含的功能很多（详见附录 7-2 望远镜手控器按钮说明），这里介绍几种常用的功能。

（1）寻找行星

大行星和月球是使用小型望远镜经常观测的目标。使用手控器可以查找太阳系中的大行星、月球以及太阳。如果想定位行星，按手控器上的行星键（PLANET），手控模块将会显示所有在地平线上的太阳系天体（地平线以下的不显示）：

1）使用滚动键（UP/DOWN）可以选择需要观测的行星；

2）按信息键（INFO）可以显示所选行星的信息；

3）按下确认键（ENTER）望远镜将会自动指向所选行星。

（2）查找天体

按下明细表键（LIST），手控器会进入数据库中的天体列表，它们以常见名称或者以类型显示。每组明细表被拆分成为如下几个分类：已命名恒星（Named Stars）、已命名天体（Named Object）、双星（Double Stars）、变星（Variable Stars）、星群（Asterisms）、CCD 天

体（CCD Objects）等。选择它们中的任何一个将会在它们的选项下显示一份按照数字 - 字母顺序排列的天体清单。按下滚动键（UP/DOWN）可以在列表目录中选择需要观测的天体。

按下任何其他目录键（M、CALD、NGC 或者 STAR）将会在所选分类的名称下显示闪烁的光标。在这些标准化分类中可使用数字键盘输入任何天体的编号。例如，如果要查找猎户座大星云，可以先按下 "M" 键再输入 "042"；当输入一个 SAO 恒星序号时，仅需要输入六位数字 SAO 序号的前四个数字，手控器就会自动列出所有以这四个数字为起始数的 SAO 天体，便于在数据库中浏览 SAO 恒星。例如，查找 SAO 恒星 040186（五车二），前四个数字将会是 "0401"。输入这 4 个数字就会显示数据库中最符合要求的 SAO 天体。

当滚动浏览天体较多的星表时，长按上键或下键就会迅速地滚动浏览这个目录来查找需要观测的目标。

（3）输入坐标

天文中的观测，通常知道的是观测目标的赤经、赤纬，也可以通过在手控器中输入赤经、赤纬的方法来寻找目标。先按手控器上的菜单键（Menu），再在出现的列表里选择"GOTO RA&DEC"（可以用滚动键（UP/DOWN）上下寻找），然后输入赤经、赤纬，最后按下确认键（ENTER），望远镜将会自动指向所输入的位置。

作　业

1. 练习校准望远镜，直至能够在不查看使用说明的情况下，完整且正确地完成极轴校准过程与两星校准过程。
2. 使用手控器，通过查询恒星名字（例如织女星 Vega），控制望远镜指向观测目标。
3. 使用手控器，通过查询梅西耶天体（例如 M31），控制望远镜指向观测目标。
4. 使用手控器，通过输入恒星的坐标（赤经、赤纬），控制望远镜指向观测目标。

附录 7-1　校准望远镜详细步骤

1. 望远镜的调整

（1）调整三脚架的水平，赤经、赤纬平衡。

在 CGEM 赤道仪的下部，与三脚架连接处，有一个水准仪。在观测前需要将气泡调整至中心，此时三脚架水平。为了不让赤道仪的蜗轮蜗杆受到损伤，同时为了保持之后的跟踪精度，在使用望远镜前要调整赤道仪的赤经赤纬平衡。

（2）调整高度角（即纬度）和方位角，大致对准北天极。

使用指南针找到北方，将极轴朝向北方。将赤经轴和赤纬轴的两个 Index Mark 分别对准，这样会使得主镜筒与极轴的方向保持一致。使用高度角调节螺栓，调整到当地的地理纬度。此时与北天极相距不远，如果天气足够晴朗，可以在极轴镜所在的窥管中看到北极星；如果精度更高些，可以在寻星镜或者主镜筒的视场中看到北极星。

2. 手控器的使用

注：为了防止按钮按得过快而导致校准无效，请务必看清 LCD 的字幕显示，在显示完全并读懂之后再做按钮选择。菜单上翻或下翻的选择用 UP 或 DOWN 键。在每一个需要用

到4个方向键的步骤中，最后按的按键为向上和向右的，这是为了消除齿隙。

（1）打开电源，手控器显示 CGEM Ready，按 ENTER 键开始 ALIGN（校准）。

（2）将赤经赤纬轴调整到 Index Mark（箭头在赤道仪上，各自对齐）。

（3）设置时间。

（4）选择标准时。

（5）选择东八区。

（6）设置日期。

（7）请选择两星校准。

（8）选择一颗明亮的星（图中为随便选择的一颗，实际与此不同）。

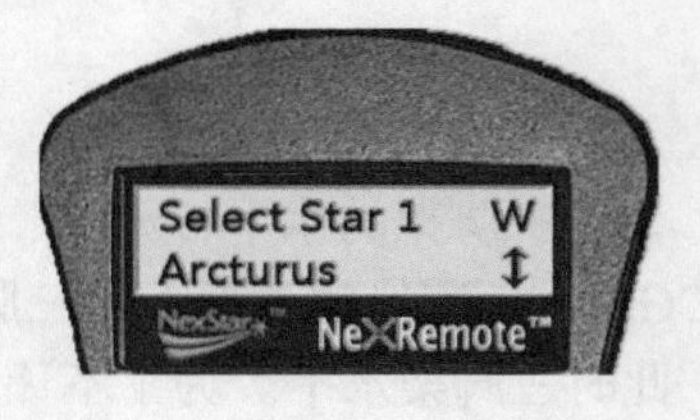

（9）将校准的星置于寻星镜视场中心，按 ENTER 键进入下一步。

（10）将校准的星置于目镜视场中心，按 ALIGN 键进入下一步。

接着校准第二颗星，步骤同上，完成两星校准。

（续）

（11）之后屏幕上出现以下提示：是否要添加 Calib Star（定标星）。  请务必选择至少两颗 Calib Star，最好是三颗，最多四颗，使用三颗定标星会使得跟踪非常精确。	（12）选择 Calib Star。从 LIST 键中选择任意一颗星。（但是，实际操作时建议选择南方的、有一定高度角的，最好位于天赤道上的亮星。不建议选择东方地平线、西方地平线以及北方的星星，因为大气会影响东方地平线的星星，西方地平线的星星有可能未校准完就会下落到地平线下，北方的星星靠近北天极，运动不明显。需要认识几颗南方天空著名的星星，并知道其英文名。）
（13）按手控器上的 MENU 键可以切换东南西北方位的星。手控器屏幕的右上角有显示，E 代表东方。  	（14）选择一颗定标星（图中为随便选择的一颗，实际与此不同）。
（15）将定标星置于寻星镜视场中心，按 ENTER 键进入下一步。  	（16）将定标星置于目镜视场中心，按 ALIGN 键进入下一步。
（17）此时出现如下提示：  之后定标完成。	（18）继续添加 Calib Star，再重复两次，总共完成三颗 Calib Star。 
（19）定标星校准完毕后，可以进入 Align 键选择查看赤经赤纬的误差情况。（此步骤也可以跳过，不用查看误差情况。）按手控器上的 ALIGN 键，有如下显示：  	（20）进入 Polar Align，选择 Display Align。 

（续）

（21）屏幕上会显示误差。

（22）下面开始选择极轴校准星。按手控器上的 LIST 键，选择 Named Stars。

（23）选择一颗较亮的星作为极轴校准星（图中为随便选择的一颗，实际与此不同）。

（24）此时望远镜开始转向这颗星。等望远镜的电机停止运转之后，按 UNDO 键回到主显示页。按 ALIGN 键进入：

（25）选择 Polar Align。

（26）选择 Align Mount，此时望远镜会轻微转动一点，微调选中的极轴校准星的位置。

（27）将极轴校准星置于寻星镜视场中心，按 ENTER 键进入下一步。

（28）将极轴校准星置于目镜视场中心，按 ALIGN 键进入下一步。

（29）此时屏幕上会显示：同步到此颗极轴校准星，很快消失。

（30）然后会提示开始校准天极的过程，按 ENTER 键开始。

（续）

（31）之后屏幕会显示如下：	（32）此时回头查看 Display Align，则显示近似为 0。这样，精调极轴就完成了。
 这里不能使用手控器上的 4 个方向键来调整极轴校准星在目镜中置中。而需要使用高度角和方位角调节螺栓，稍微移动一下进行微调即完成极轴校准（不然需要重新校准）。	

附录 7-2　望远镜手控器按钮说明

如图 7-7 所示为望远镜手控器面板，各功能键说明如下：

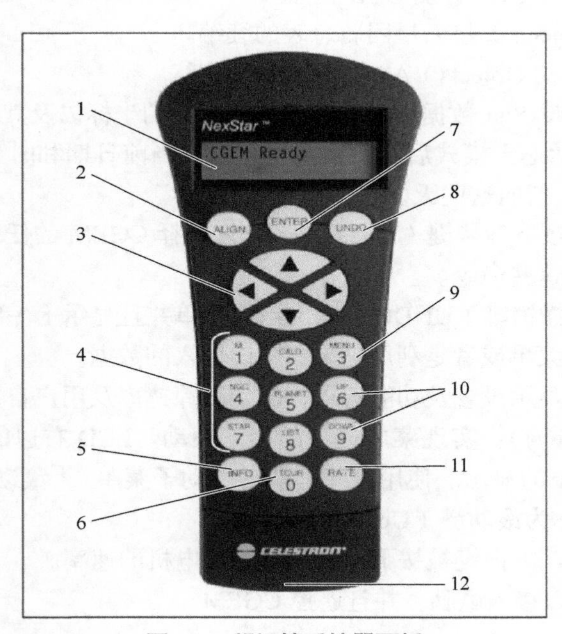

图 7-7　望远镜手控器面板

1. 液晶显示器（LCD）窗口：上下两行、16 个字符显示屏，舒适的背光用来阅读望远镜的说明和滚动文本。
2. 校准键（ALIGN）：命令 CGEM 利用一颗星或者一个天体作为校准位置。
3. 方向键（Direction Keys）：能够完全控制 CGEM 指向任何方向。使用方向键能够使望远镜指向一开始的校准星或者使天体位于目镜中。
4. 目录键（Catalog Keys）：NexStar 手控器有几个按键能够直接在数据库里选择需要的目

录。手控器包括数据库里的以下几个目录：

（1）梅西耶（Messier）——梅西耶天体的完整清单。

（2）星云星团新总表（NGC）——修订版深空天体新总表的完整清单。

（3）科德韦尔深空天体表（Caldwell）——NGC 星表和 IC 星表中的最佳深空天体合集。

（4）行星（Planets）——太阳系的 8 大行星再加上太阳和月亮。

（5）恒星（Stars）———份 SAO 目录里的最亮恒星的汇集清单。

（6）明细表（List）——用于快速访问，NexStar 数据库中所有最佳以及最著名的天体都基于它们的类型或者是常用名，分别细分为：

1）已命名恒星（Named Stars）天空中最亮恒星的常用名清单。

2）已命名天体（Named Objects）按字母表顺序的超过 50 个最著名的深空天体清单。

3）双星（Double Stars）按数字 - 字母顺序的天空中最常见的双星、三合星和四合星的清单。

4）变星（Variable Stars）经过选择的最亮且星等变化周期最短的变星清单。

5）星群（Asterisms）一份独一无二的清单，含有天空中最容易辨别的星群。

6）CCD 天体（CCD Objects）一份自定义的包括许多有趣的双重星系、三重星系以及星团等，这些天体适合于 CGEM 加 CCD 拍照。

7）IC 天体（IC Objects）星云星团新总表的续编。

8）Abell 天体（Abell Objects）Abell 深空天体星表。

5. 信息（Info）：从 NexStar 数据库中显示选择的天体的坐标以及其他有用的信息。
6. 巡天（Tour）：激活巡天模式后，此模式将会查找当前日期和时刻最佳的观测天体并会自动地调整 CGEM 指向这些天体。
7. 确认键（Enter）：按下确认键（ENTER），允许选择 CGEM 的任意功能，接受输入的参数，且望远镜执行这些命令。
8. 撤销键（Undo）：撤销键（UNDO）退出当前菜单并且显示上一级菜单。重复或者长按撤销键可以退回主菜单或者是利用它来删除误输入的数据。
9. 菜单键（Menu）：显示设置及功能选项，例如跟踪速率及用户自定义目标及其他。
10. 滚动键（Scroll Keys）：实现菜单选项的上下滚动。LCD 右边的双箭头符号表示滚动键能够查看子菜单的显示。使用这些键能够滚动子菜单。[滚动键即上下滚动键（Up/Down），以下都称为滚动键（Up/Down）。]
11. 速率键（Rate）：当方向键被按下时能迅速改变电机的速率。
12. RS-232 接口：可以接入电脑，并且遥控 CGEM。

实验八　月球的数字照相

实验目的

1. 拍摄月球的白光像，掌握利用单反相机进行天体照相的基本方法。
2. 熟悉月面结构。

实验原理

月球是距离地球最近的自然天体，人们对其观测也是最多的。古代的人们利用月球的运动规律制定历法。在天文望远镜发明之前，人们对于月球的认识有限，“小时不识月，呼作白玉盘”(李白,《古朗月行》)，人们用肉眼只能看到“白玉盘”一样的形状，并不能观测到上面的细节。直到伽利略第一次把望远镜指向夜空，对准月亮，才发现月球表面是坑坑洼洼的，并没有人们想象的那么光滑。

由于月球距离地球非常近，看起来它的亮度非常高，因此，拍摄的时候所需要的拍摄时间是非常短的，需要选择具有短时间曝光功能的相机，例如单反相机、行星摄像头以及高速拍摄 CCD 相机（EMCCD）等。本次实验中，使用单反相机接到望远镜后面进行拍摄。

在实验之前，需要计算一下月亮像的大小，以及所使用的单反相机的拍摄视场大小，判断一下一张照片内是否可以把一个完整的月亮包含在内。

（1）月亮像大小

设月球在望远镜物镜后端所成像的直径为 d，可利用如下公式计算得到：

$$d=2f\tan(\theta/2) \tag{8-1}$$

式中，f 为望远镜的焦距（单位：mm）；θ 为月球的视角直径，平均为 $31'$。若使用焦距为 1980mm 的折射望远镜，可以得到的月亮像的直径约为 17.82mm。与所使用的单反相机传感器的大小进行比较，小于传感器的短边边长就表明一张照片可以包含完整的月亮像，否则无法包含在内。

（2）单反相机的拍摄视场大小

如果望远镜后端接单反相机，则可以利用底片比例尺公式（参见实验四附录 4-1）计算拍摄视场的边长 D，即

$$D=206265''/f\cdot l(或\ w) \tag{8-2}$$

式中，f 为望远镜的焦距（单位：mm）；l 和 w 分别为单反相机传感器的大小（单位：mm）；

D 的单位为角秒。若使用焦距为 1980mm 的折射望远镜，后端接单反相机尼康 D70，其传感器大小为 23.5mm × 15.6mm，代入上面的公式，即可得到拍摄出的最大范围为 2448″ × 1625″，转化为角分约为 40.8′ × 27′。月球的角直径为 31′，根据上面的计算结果，可以知道，无法在底片上拍出完整的月亮相（见图 8-1），如果想要完整的月亮相，需要多拍摄几张进行拼接（见图 8-2）。

图 8-1 未拼接的月亮像

图 8-2 拼接后的完整月亮像

以上两种方法原理上是一致的，任选一种进行判断即可。

实验器材

1. 天文望远镜，本实验以星特朗 100ED 折射式望远镜为例，其参数为：
   口径：100mm 焦距：900mm
2. 单反相机，本实验以佳能 600D 为例，其参数为：
   传感器大小：22.3mm × 14.9mm

实验步骤

1. 在教师指导下，熟悉望远镜和单反相机的结构。
2. 安装望远镜（详细步骤见实验七）。
3. 将望远镜的目镜拆下，单反相机连接在望远镜上。
4. 调节望远镜的平衡装置，使其达到平衡。
5. 使用手柄控制望远镜对准月球（由于拍摄时间非常短，这里不要求对望远镜进行校准）。
6. 调节望远镜焦距，直到取景器中的月亮像最清楚为止。
7. 把月亮像位置调至视场中央，选定曝光时间，进行拍照。

注：曝光时间无严格标准，它取决于望远镜的光力、月相、月球的地平高度、照相底片的灵敏度以及当时的天气情况等。可利用单反相机经过反复多次试验后，确定曝光时间。一般情况下，当望远镜的光力为 1/15，曝光时间约为 1/15s。在上、下弦月时拍照，曝光时间为满月时的 4 倍；在新月残月时拍照，曝光时间为满月时的 12 倍。

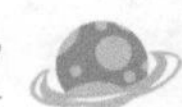

作　业

1. 在拍摄的所有照片中，选出曝光时间最合适的一张照片。对照月球正面结构图（见图 8-3），熟悉月球表面的主要结构，在拍摄的照片上标出主要环形山和月海的名称（见图 8-4）。
2. 如果需要拼接，使用 Photoshop 的自动拼接功能进行图像拼接，熟悉 Photoshop 的同学还可以调一下锐度、对比度等。

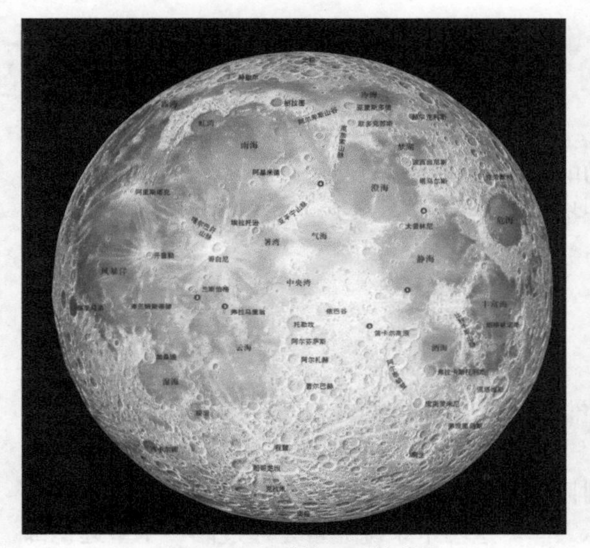

图 8-3　月球的正面结构图

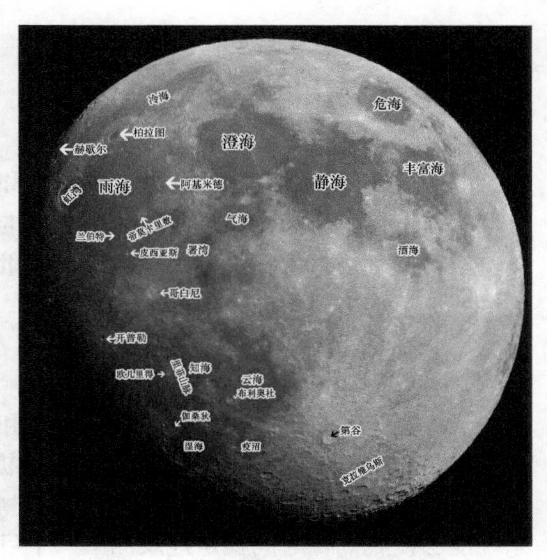

图 8-4　学生实际拍摄的月球表面

实验九　望远镜指向与跟踪精度测试

实验目的

1. 熟悉日本高桥系列望远镜的主要结构和功能，学习其安装与使用。
2. 学习使用电脑操作高桥望远镜进行校准和指向。
3. 学习望远镜指向精度和跟踪精度的测量与数据处理方法。

实验原理

天文望远镜是综合应用了光学、机械和控制技术与成果的精密仪器。所以，它除了要有好的光学系统外，还要有稳定、高精度的机械与控制系统，即通常所说的指向和跟踪系统。指向系统能够使我们更准确、更方便地观测到目标源，尤其是肉眼看不到的暗弱天体；跟踪系统能够使我们长时间稳定地观测某一个目标天体。这两个系统通常是通过同一个望远镜部件实现的，对于赤道式望远镜来说，这个部件是赤道仪；对于地平式望远镜来说，这个部件是地平经纬仪。

指向精度：望远镜作为天文观测的主要设备，其位置精度是实现目标高精度观测的基本保障。因此，指向精度是衡量望远镜对目标观测位置精度的基本指标。天文望远镜的指向误差是由很多因素造成的，包括校准不精确、大气折射、望远镜的制造和装配误差、望远镜的结构误差（包括轴系的误差、镜筒的弯沉、叉臂或轭架的变形、望远镜重力形变以及因为温度变化引起的形变误差）等。这些因素都会影响其指向误差。

指向精度的测量方法：在天空的不同方位及高度区域选择好待测试的亮星（由于地球自转，同一颗恒星的地平高度是在不断变化的，可以测完一颗星再选择下一颗星，不需要开始就把所有星选好），东南西北各个方向分布尽量相对均匀，地平高度（选择地平高度 20° 以上）从低到高分布也尽量均匀。控制望远镜自动指向某恒星后记下其方位角、高度角、赤经、赤纬，然后再通过控制望远镜，将恒星调整到望远镜视场的中心，记下此时的赤经赤纬，与之前的赤经赤纬相减便是望远镜在某一方位、某一高度的指向误差。

注：对于天文观测来说，由于地平高度比较低的观测目标受大气和光污染影响比较大，所以特别低的源一般不进行观测，只观测 30° 以上的。本实验扩大一些范围，选择地平高度 20° 以上的源。

跟踪精度：由于地球自转，天体表现出东升西落的周日视运动。天文望远镜通过编码

器和传动装置能够实现对天体的跟踪，但是由于望远镜传动装置是一个复杂的机电系统，同时由于望远镜在运转中力矩的变化以及极轴指向的偏差等因素，做不到严格地跟踪天体的周日视运动。因此，跟踪精度是望远镜另一个重要的性能指标，是影响成像质量的一个重要因素。所谓跟踪精度是指望远镜以跟踪模式运行，在视场中，单位时间内天体位置的偏移量，它反映了望远镜跟踪天体周日视运动的精确程度。对需要长时间曝光的暗弱天体进行观测时，这一指标尤为重要。如果跟踪精度差，曝光时间较长，恒星的星像会弥散，或呈现不规则的形状，严重影响观测效果。

跟踪精度的测量方法：首先把某恒星调整到望远镜视场的中心，然后在某一段时间（例如 Δt=30s，1min，2min，…）后，再查看星像在望远镜视场中的新位置。利用两次观测可以得到星像移动的距离，再结合望远镜视场的比例关系，就可以得到其所对应的角距离。

实验器材

1. 赤道仪：高桥 EM200 Temma2M 赤道仪 +SE-M 三脚架（见图 9-1）。
2. 镜筒：高桥 TOA130 折射式望远镜（见图 9-2），参数如下：

（1）光学设计：3 群 3 枚完全分离式萤石复消色差物镜

（2）镜筒口径：155mm

（3）有效口径：130mm，全面多层镀膜

（4）焦距：1000mm，焦比：F/7.7

（5）分辨力：0.89″

（6）极限星等：12.3 等

（7）集光力：345 倍

（8）照相视野：2.3°

（9）影像范围：ϕ 40mm

（10）调焦座：2.7 英寸

（11）镜筒全长：约 1145mm（遮光罩收起时 1015mm）

（12）重量：11kg（连寻星镜）

（13）寻星镜及支架：7×50mm

图 9-1　EM200 Temma2M 赤道仪 +SE-M 三脚架

图 9-2　高桥 TOA130 折射式望远镜

3. 目镜：高桥 LE5，LE18，LE30 目镜
4. CCD 相机：SBIG-STF8300，主要参数如下：

（1）CCD 芯片大小：17.96mm×13.52mm

（2）图像阵列：3326 × 2504 pixels

（3）像素大小：5.4 μm × 5.4 μm

实验步骤

1. 安装望远镜。

（1）将三脚架架好，让带有凸起小铁棒的方向冲北；调节三脚架三条腿的高度，使得三脚架平台上的水平珠保持在中心。

（2）将赤道仪安装在三脚架上，注意将方位挂钩冲北。

（3）安装重锤，安装完毕后锁紧安全阀。

（4）将赤经和赤纬阀锁紧，安装望远镜抱箍和镜筒。

（5）打开赤经阀，调节赤经平衡，使望远镜在任意位置均可保持不动；同理，调节赤纬方向平衡。（调节赤经平衡，可移动重锤位置；调节赤纬平衡，可调节镜筒前后位置。）

（6）安装控制手柄，连接赤道仪与电脑的控制数据线。

（7）调节地平高度和方位角，使得北极星出现在望远镜极轴镜内的中心。

（8）将望远镜调节到初始位置（镜筒位于赤道仪西边，指向天顶）。

2. 校准望远镜。

（1）在计算机上安装驱动和望远镜控制软件（高桥自带 PEGASUS21 软件）。

（2）打开软件，点击“initial setting”，填入观测地点的地理经度与地理纬度，勾选“adjust the zenith too”，点击“OK”，可以在软件上界面看到，望远镜当前指向赤纬约为当地的地理纬度。

（3）在软件星图界面上选择一颗亮星，右键点击这颗亮星，选择“goto”选项，望远镜会自动指向那颗亮星。

（4）待望远镜停止后，使用手柄将目标星移动到视场中心，在软件界面上右键点击这颗亮星，选择这颗星的名字，将出现这颗星的具体信息，点击“adjust”，会发现表示望远镜当前指向的十字回到了目标星上，至此校准完毕。

3. 连接 CCD。

（1）将望远镜的目镜卸下来，换上 SBIG-STF8300 CCD 相机。

（2）连接电脑与 CCD 相机。

（3）使用 MaxIm DL 软件（或其他相机控制软件），采用 focus 模式，调节望远镜焦距，使得 CCD 上星点成像最小。

4. 测试指向精度。

（1）在软件星图界面上任意选一颗亮星，右键点击这颗亮星，选择“goto”选项，望远镜会自动指向那颗亮星。新建一个名称为“数据 .xlsx”的 Excel 文件，记录下所选亮星的名称，当前望远镜指向的方位角、地平高度、赤经、赤纬（见图 9-3 样例，赤经 0 与赤纬 0）。

（2）使用手柄将目标星调至 CCD 视场中心，再记录下当前望远镜的赤经与赤纬（见图 9-3 样例赤经 1 与赤纬 1）。如果 CCD 视场中没有目标星，可以先把 CCD 换成目镜，使用目镜将目标星调至目镜视场中心，然后再换成 CCD。

（3）运行 matlab 程序 point_plot.m（考虑到学生一般为本科一年级学生，该程序由教师提供，有能力编写程序的同学也可以自己编写），画出望远镜指向误差图（横坐标为方位角，纵坐标为高度角，误差以误差棒的形式标出，在图上注明误差大小以及误差方均根，见图 9-4）。

	A	B	C	D	E	F	G	H
1	**观测源**	**方位角**	**高度角**	**赤经0**	**赤纬0**	**赤经1**	**赤纬1**	
2	Bharani	121.330604870888	69.2819180990438	02 49 58.966	+27 15 37.50	02 49 59.076	+27 15 21.37	
3	Gienah Cygni	285.860598494238	37.9375020048029	20 46 12.433	+33 58 13.60	20 46 12.320	+33 58 32.54	
4	HIP3786	195.007872303279	56.9390979121663	00 48 40.900	+07 35 06.49	00 48 41.144	+07 35 01.86	
5	HIP18673	147.699763204830	18.8405614645173	03 59 055.520	-24 00 58.91	03 59 55.009	-24 00 29.29	
6	HIP20789	101.450173678678	49.7287246768338	04 27 17.434	+22 59 46.61	04 27 17.535	+22 59 27.73	
7	HIP21763	136.574490194892	17.6527607410817	04 40 26.576	-19 40 18.24	04 40 26.083	-19 39 57.09	
8	HIP25247	119.670411797885	20.1220473842832	05 23 56.884	-07 48 29.93	05 23 56.636	-07 48 24.44	
9	HIP29850	95.775594083571	22.3271953138230	06 17 06.695	+09 56 31.67	06 17 07.057	+09 56 32.08	
.0	HIP31066	91.873230105961	19.8898774322649	06 31 09.643	+11 15 03.83	06 31 10.168	+11 15 04.46	
.1	HIP37391	3.959598717255	39.9673728530258	07 40 39.319	+87 01 17.28	07 40 30.859	+87 01 09.58	
.2	HIP44901	38.333554775104	19.7175234824631	09 08 52.281	+51 36 15.88	09 08 50.311	+51 36 54.05	
.3	HIP50933	20.581670006037	22.6442993747939	10 24 07.950	+65 33 57.94	10 24 05.424	+65 34 58.41	
.4	HIP59504	5.960162933273	28.4363392749184	12 12 12.281	+77 36 58.07	12 11 59.027	+77 38 14.41	
.5	HIP80650	346.389834940510	22.0743583995153	16 27 58.943	+68 46 04.91	16 27 58.868	+68 45 04.39	
.6	HIP98543	285.629651772782	25.9469398847083	20 01 05.981	+27 45 13.45	20 01 05.901	+27 45 21.32	
.7	HIP114971	224.894375402145	44.2776803358173	23 17 09.873	+03 16 56.68	23 17 11.519	+03 16 55.24	
.8	Kitalpha	254.013419521311	26.1209753388835	21 15 49.386	+05 14 53.02	21 15 50.136	+05 14 57.80	
.9	Kullat Nunu	176.073130896212	65.4733813936810	01 31 28.913	+15 20 45.41	01 31 28.952	+15 20 36.61	
:0	Meissa	102.232062725812	29.3215687157473	05 35 08.298	+09 56 02.46	05 35 08.671	+09 55 50.47	
:1	Mekbuda	79.150871347397	19.5489995816615	07 04 06.624	+20 34 11.73	07 04 07.013	+20 34 12.26	
:2								

图 9-3 数据格式样例

程序下载地址：链接：https://pan.baidu.com/s/1VBFHCd6tprUMDHy1V1cHdQ，提取码：abcd，请将文件夹下所有程序下载后，与所记录的数据文件放到同一目录下。

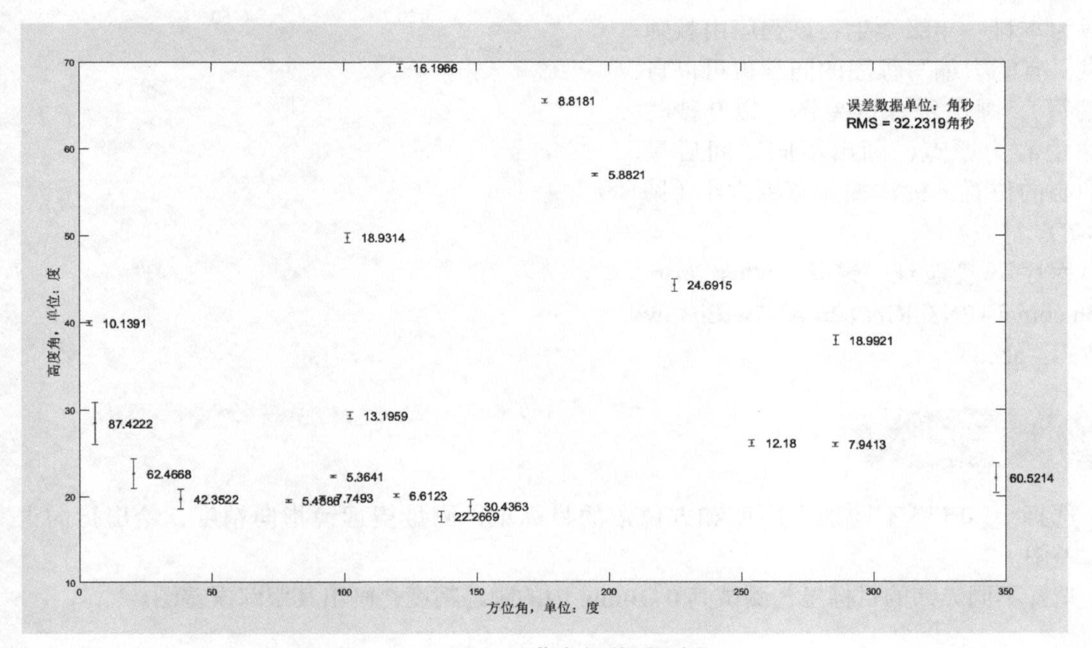

图 9-4 指向误差图示例

5. 测试跟踪精度。

（1）寻找一颗亮星，将其移动到 CCD 视场中心，使用曝光模式，拍摄一张照片。

（2）分别等待 30s、1min、5min、10min 后，各拍摄一张照片。

（3）使用 MaxIm DL 软件，分别打开不同时间拍摄的图像，将目标星放大到最大，鼠标放置于星像中心，读取并记录星像中心点 X, Y 坐标。

（4）根据 CCD 像素大小和望远镜焦距参数，利用计算底片比例尺的方法（见实验四中附录 4-1），计算不同时间长度的跟踪误差。

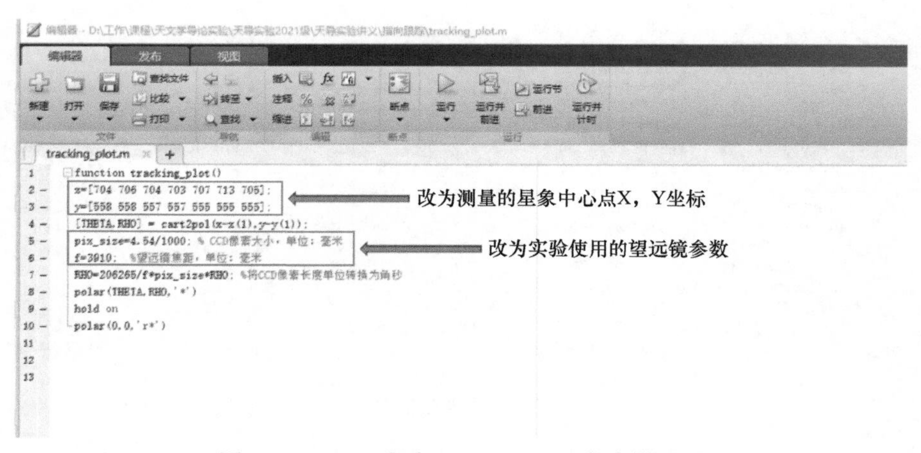

图 9-5 matlab 程序 tracking_plot 程序界面图

（5）图 9-5 为 matlab 程序 tracking_plot 程序界面，运行程序（考虑到学生一般为本科一年级学生，该程序由教师提供，有能力编写程序的同学也可以自己编写），画出跟踪误差图，以 0 秒时星像中心为原点，画出不同时间后星像中心的位置，标注偏差范围大小（见图 9-6）。

程序下载地址：链接：https://pan.baidu.com/s/1PN3dlGn582rkAN7wtEg3Sw 提取码：abcd

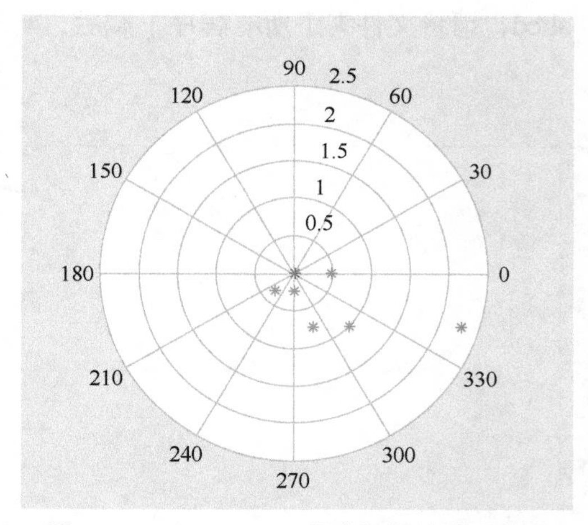

图 9-6 tracking_plot 程序运行结果示意图

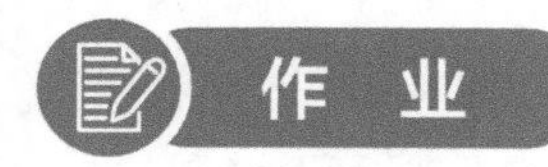

作 业

1. 选择 10~15 颗不同地平高度和方位角的目标星，测量望远镜指向精度，绘出指向误差图。
2. 选择不同赤纬的目标星，测试其 0~10min 内的跟踪精度，画出其跟踪误差图。

实验十　CCD 性能指标测试（一）

实验目的

1. 了解 CCD 相机的基本知识。
2. 学习 CCD 相机的基本使用方法。
3. 测试在不同温度、不同曝光时间下 CCD 暗流的变化。

实验原理

CCD 是电荷耦合器件（Charge Coupled Device）的简称，它是目前天文观测中最常用的一种后端设备，它的主要功能是把光信号转换为电信号，从而使我们可以在电脑上看到其图像。相比于以往观测中使用的成像设备（如电子倍增管、照相底片等），CCD 具有非常明显的优势，这主要表现在：

（1）量子效率高：这是它最大的优点，平均量子效率为 30%~50%，最高可达 95% 以上，大约是一般照相底片的 100 倍。

（2）分光响应范围宽：CCD 的分光响应范围为 400~1100nm，比一般照相乳剂的灵敏波段范围（400~700nm）向近红外波段延展了很多。对于红敏或蓝敏方面的特殊要求，还可以通过镀特殊膜层的办法增强其红端或蓝端的透过率。

（3）线性好：成像强度与入射光流量成正比，而且有很好的线性关系。

（4）动态范围宽：动态范围是指可探测的最暗星与最亮星的星等差。CCD 的动态范围可达 10^5，远远优于普通照相底片。

（5）分辨本领高：像素的尺度越小分辨率越高。目前生产的 CCD 其像素尺度为 9~25μm，这与细颗粒的底片分辨本领相当。

CCD 成像原理：

（1）CCD 是电耦合器件：组成电耦合器件的基本元件（光敏元件）是电荷贮存电容器，它与电子线路中的金属氧化物半导体电容器（MOS）电路非常相似（见图 10-1）。MOS 是由金属 - 氧化层（绝缘层）-P 型半导体三层材料组成的器件。电耦合器件的基本单元内金属层做成电极，在 P 型半导体上加上正电压（VG）并达到某个特定值（Vh）后，在半导体层内会形成一个电荷贮存区（也叫位阱），这时，如有光照，则该区内会有电荷积累，且其电荷数量与光辐射强度成正比。每一个电荷贮存电容器中电荷贮存区所积累的电荷，与相应像元

的光强相对应成正比，那么所有元件电荷贮存的分布情况便对应于观测对象的一个二维电子潜像。

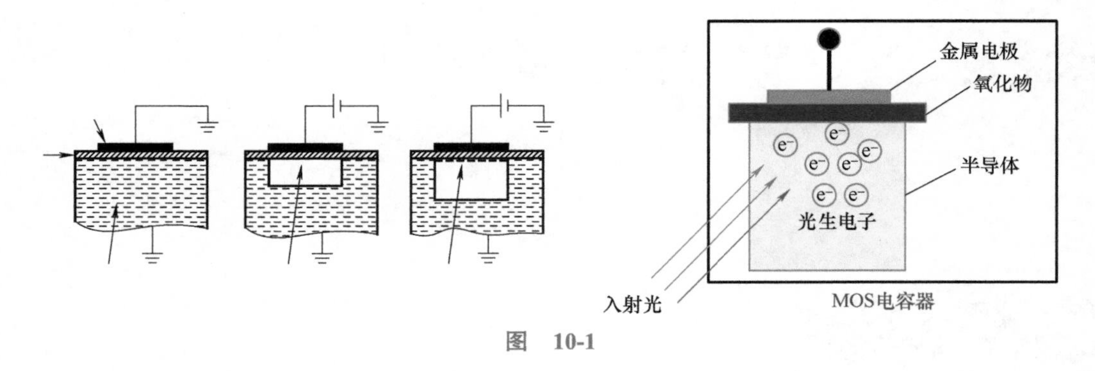

图 10-1

（2）CCD的信号读出：如何将二维电子潜像读出并重建观测图像呢？在CCD器件中信息的读出，是采用了一种电荷耦合的方法。假定图10-2是CCD器件中某列的一组MOS管，在该图所示的偏压情况下，MOS管处于工作状态。但因第二个电极上电压为+10V，无疑该电极下的表面位阱的深度要远远大于其他电极，光生电荷（电子）将被储存在这一深位阱之中。但是，若我们把第三个电极电压由2V增加到10V，那么其电极下的表面位阱的深度就会和第二电极下的位阱一样，并且由于相距很近使两个位阱相互耦合贯通，这样，第二电极位阱中的电荷就会流向第三电极的位阱，如图10-2所示。如果此时把第二极的偏压由10V降到2V，那么所有信号电荷就会完全转移重叠在第三电极下的深位阱之中。这样，连续改变电极的电压，就会把信号电荷包连续传递下去，直到输出电极被读出并放大记录下来。这种电荷耦合输送效率很高，一般CCD可以达到99.999%。

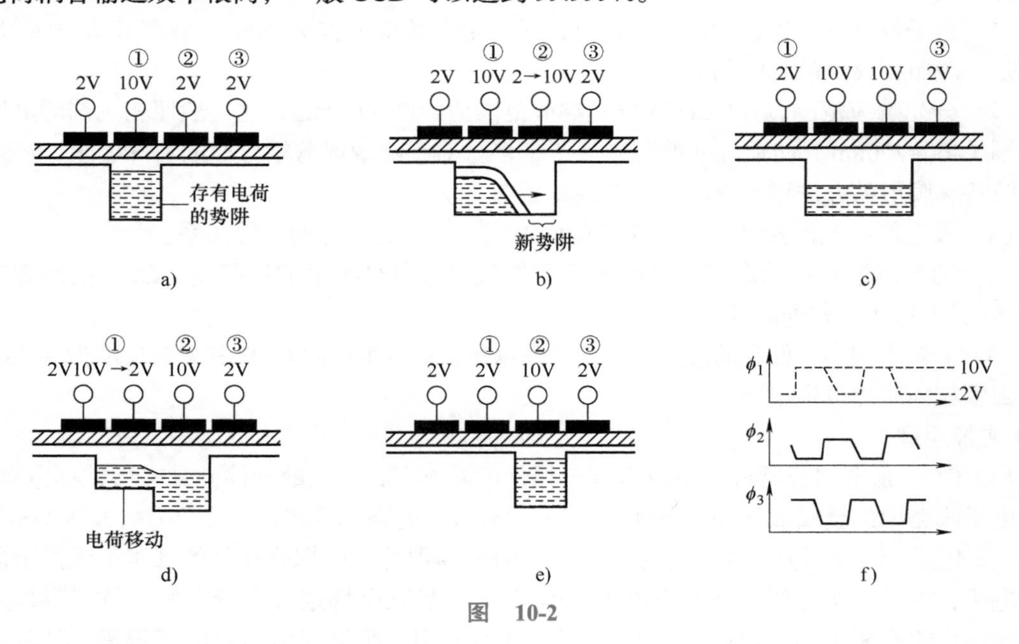

图 10-2

CCD使用中也存在一些需要注意解决的问题和困难：

（1）CCD成像面积越大技术制造上越困难，采用小面积拼接的办法也需要尖端技术的支持。

（2）在不露光的情况下，由于栅偏压而引起的电子潜像也存在，叫零秒曝光，也称作本底（Bias）。CCD作为半导体材料，由于制作工艺的精度限制，不同的像元不完全一致，即使有相同的启动栅偏压，也有不同的预加电荷数，CCD启动后背景就不是均匀的了。从数学上来讲，无信号时像元的光子计数值应均为0，如果计数零点不同（0, 1, 2, 3, …都有可能），则要在计数结果中减去初始值，才是真实获得的光子数。这是CCD的固有属性，与温度、时间无关。在CCD的观测资料处理中要扣除本底。

（3）CCD与光电倍增管一样，由于电子的随机运动（随温度升高而加剧，故称热运动），在无光照时也有输出，被称作暗流（Dark）。暗流随温度而改变，一般每降低5~7℃，暗流就减小一半。所以观测时应将器件冷却到足够低的温度。专业应用的CCD常用液氮（装在杜瓦瓶内）制冷，使温度低于 –110℃；我们观测使用的CCD系统，采用的是半导体制冷。观测时需要单独测定暗流，并在资料处理中加以扣除。

（4）CCD每个感光元件的灵敏度是有差异的，即使是对均匀光源面的反应也会出现差别。因此观测天体之后，还要拍摄均匀光源作为比对标准，称作平场（Flat）。天文上最常使用的是黄昏或晨光中的天光背景（即在黄昏太阳刚落山或早晨太阳即将出地平时，用望远镜对着与太阳位置相反的方向拍摄），如果这两个时间段没有条件拍摄，也可使用室内平场（即在室内使用白炽灯均匀照射一块白布，望远镜对着白布进行拍摄）。选择合适的曝光时间拍摄多幅图像，叠加平均便得到平场。在CCD的观测资料处理中要扣除平场。

实验器材

CCD相机：本实验以SBIG-STF8300 CCD相机为例，主要参数如下：

（1）CCD芯片大小：17.96mm × 13.52mm。

（2）图像阵列：3326 × 2504 pixels。

（3）像素大小：5.4μm × 5.4μm。

（4）暗电流：0.02e-/pixel/sec @ –15℃。

实验步骤

1. 连接CCD与电脑，插好CCD电源线，会听到CCD风扇的声音，表明已经连接上了。
2. 连接MaxIm DL软件与CCD，进行初始设置：

（1）如图10-3所示界面，打开“View（视图）”选项，选择其中的“Camera Control Window（摄像机控制窗口）”选项出现CCD控制窗口（见图10-4）：

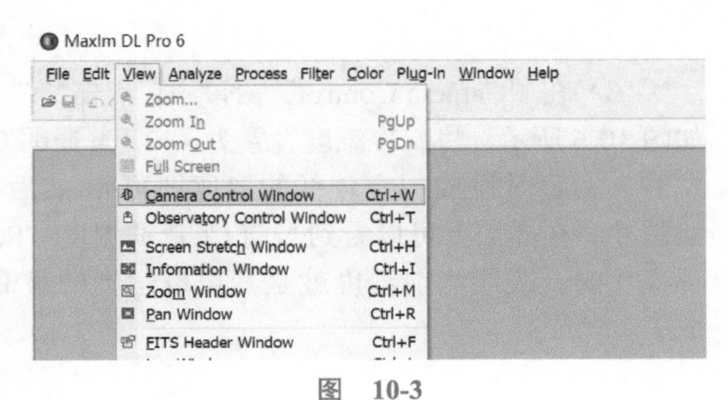

图　10-3

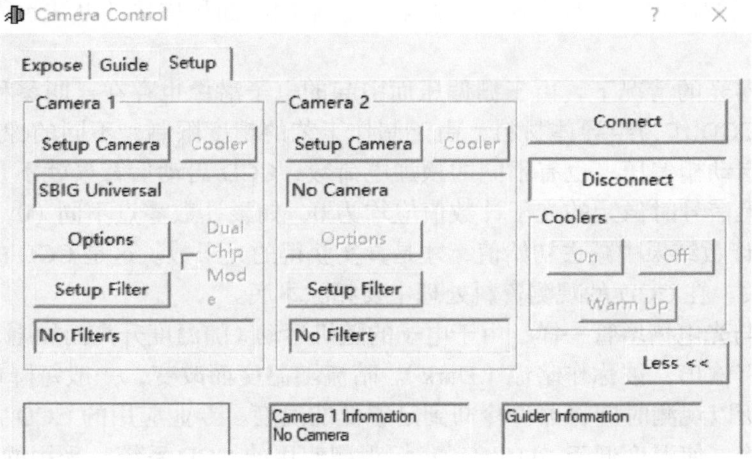

图 10-4

（2）“Camera 1”中，点击“Setup Camera”。在弹出的界面中（见图 10-5），选择“Camera Model”中的“SBIG Universal”，在“Connect To”中选择所使用的 CCD“STF-8300”，然后点击“OK”。（需要根据所使用的 CCD 品牌型号选择对应的 Camera Model）

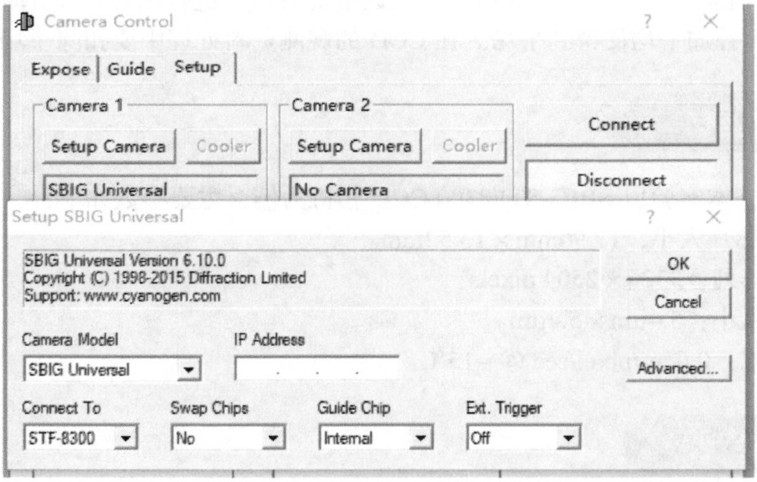

图 10-5

（3）在“Camera Control”窗口中，点击“Connect”；在“Camera 1”中点击“Cooler”，如图 10-6 所示，将制冷温度设置为 –40（普通的 CCD 能够达到的制冷温度可比室温低 40℃左右，实验时设成一个较低的温度即可），然后在“Coolers”下面点击“On”，CCD 即开始制冷。在界面上可以看到当前 CCD 的温度“Sensor Temp”，当它达到一个稳定的温度不再变化时，表明当前温度就是其可以达到的最低制冷温度。这样，CCD 的初始设置就完成了。

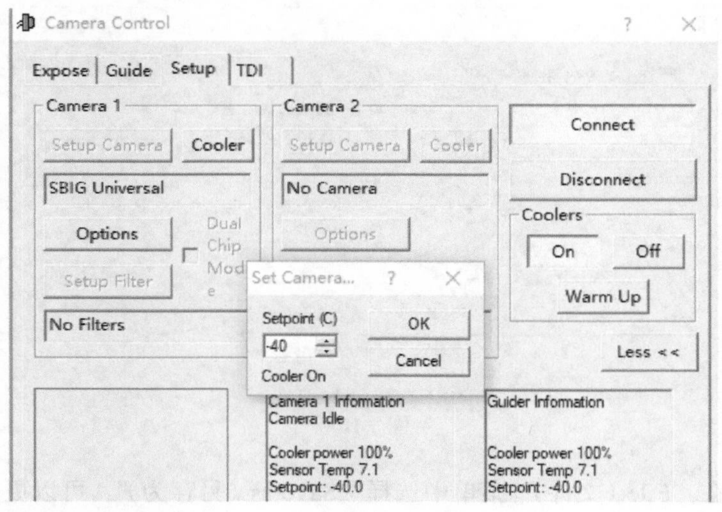

图　10-6

3.　将界面由“Setup”切换至“Expose”，这是控制 CCD 进行曝光的界面（见图 10-7）。

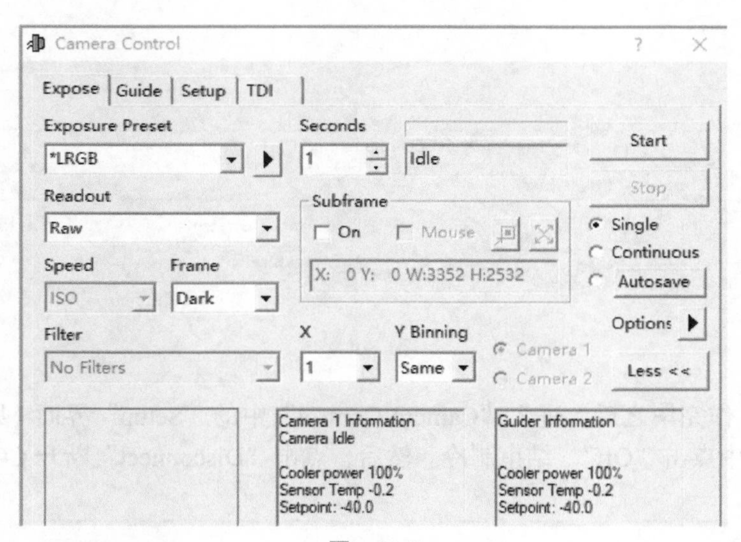

图　10-7

“Expose”界面主要有以下几个功能选项：

（1）“Exposure Preset”：选择曝光模式，常用的是“Focus”（调焦）和“LRGB”（拍照），调焦模式一般用于望远镜调节焦距，或者将目标星导入视场中心；拍照模式用于正式拍照。

（2）“Seconds”：设置曝光时间，单位为秒。

（3）“Frame”：拍摄模式，包含“Light”（曝光）、“Bias”（本底）、“Dark”（暗流）和“Flat”（平场）。

4.　在“Expose”界面，选择“Dark”，根据需要设置好时间，点击“Start”按钮进行拍摄，界面上会显示拍摄时间的进度条（见图 10-8）；拍摄完毕后，会出现拍摄好的图像。

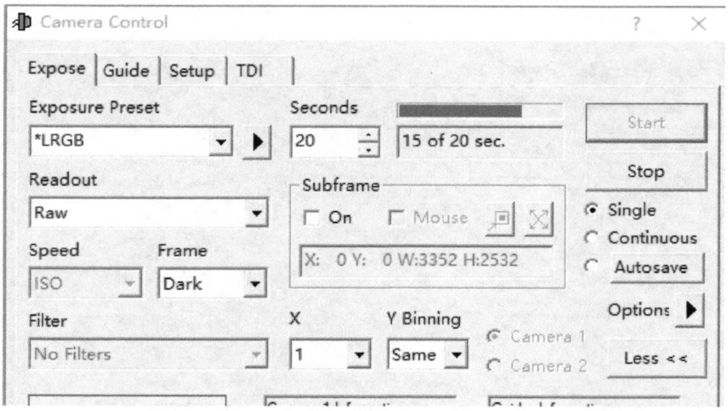

图 10-8

5. 拍摄完毕，在“File（文件）”菜单中选择“Save as（另存为）”，可以更改文件名称、类型和路径进行保存，天文观测一般要求存为“FITS Images”（见图 10-9）。

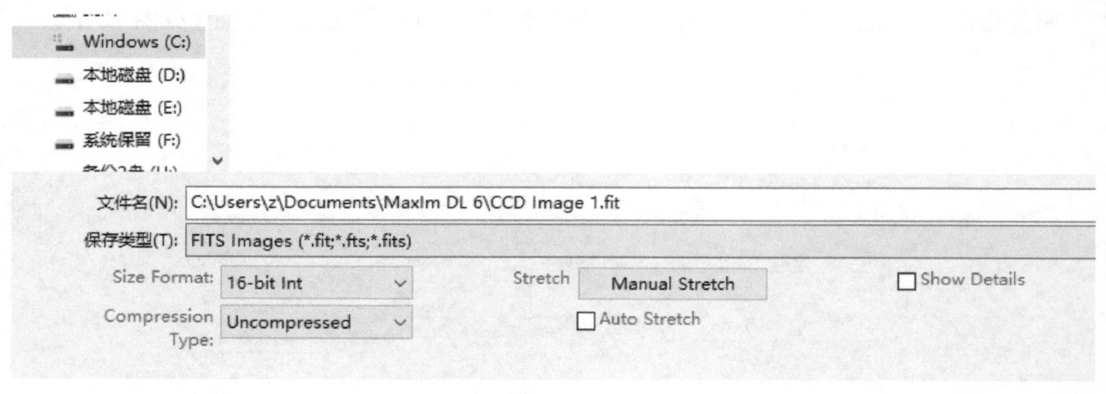

图 10-9

6. 所有拍照工作完毕之后，进入“Camera Control”中的“Setup”界面（见图 10-10），在“Coolers”中点击“Off”，结束制冷。然后，点击“Disconnect”断开 CCD 连接。

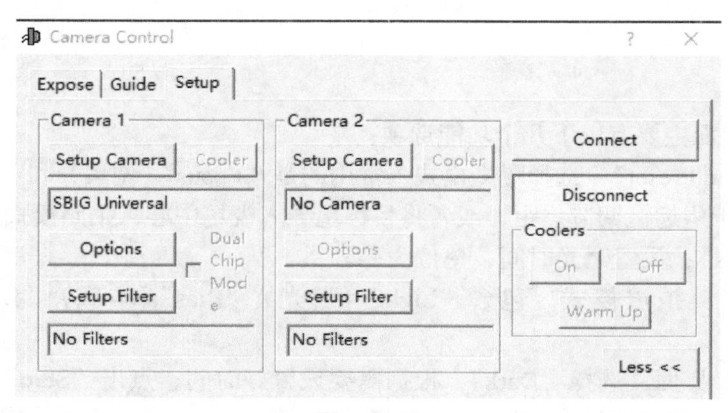

图 10-10

7. 拔下 CCD 电源及其与电脑的数据连接线，装箱收好。

8. 读取数据

（1）在 MaxIm DL 下，用“File（文件）”菜单项下的“Open（打开）”选项打开一个已存好的暗流文件。

（2）用“View（视图）”菜单项下的“Information Window（信息窗口）”选项可弹出信息窗口（见图 10-11），选择“Area”模式后，Average 显示的就是图像平均 ADU 值。

（3）用“View（视图）”菜单项下的“FITS header（FITS 标题窗口）”选项可弹出头文件窗口，其中 CCD-TEMP 和 EXPTIME 分别为 CCD 的温度和曝光时间（见图 10-12）。

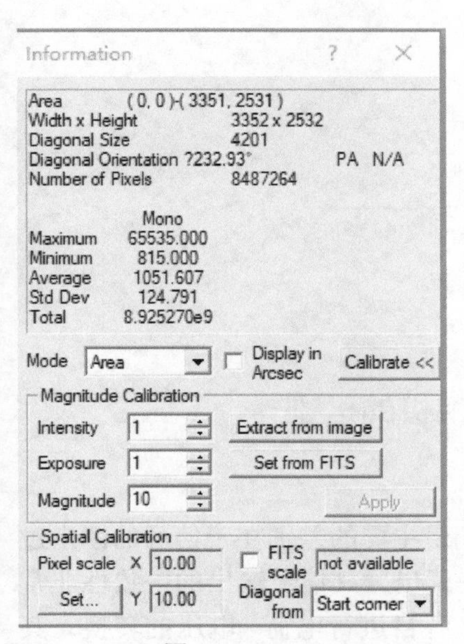

图 10-11

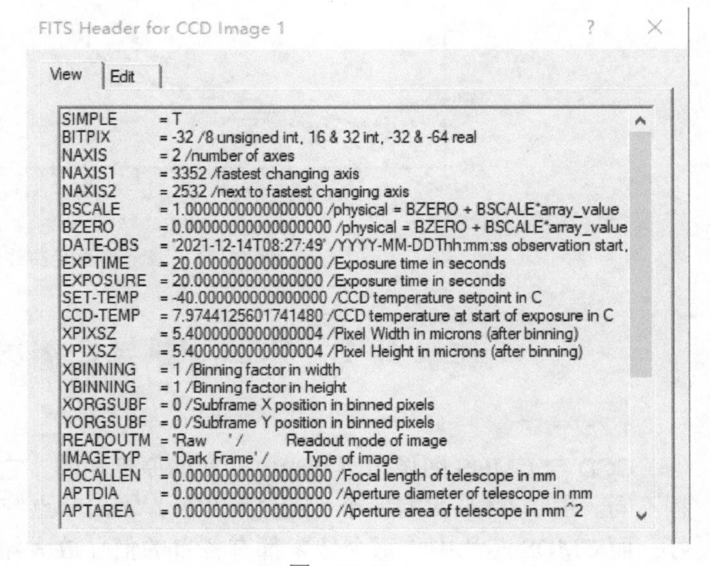

图 10-12

作 业

1. 读出不同曝光时间、不同温度拍摄的 CCD 图像的温度、曝光时间及平均 ADU 值。
2. 画出相同温度下，以 ADU 为纵坐标，以曝光时间为横坐标的时变曲线图，观察 ADU 随时间的变化（见图 10-13）。
3. 画出相同曝光时间下，以 ADU 为纵坐标，以温度为横坐标的温变曲线图，观察 ADU 随温度的变化（见图 10-14）。

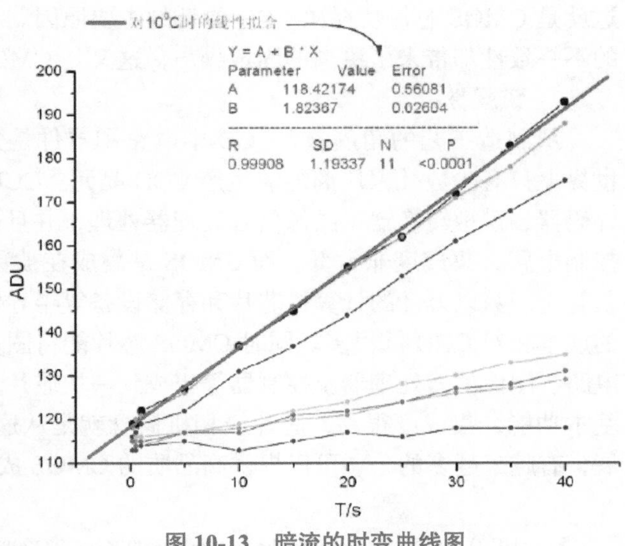

图 10-13 暗流的时变曲线图

4. 写出结果分析。

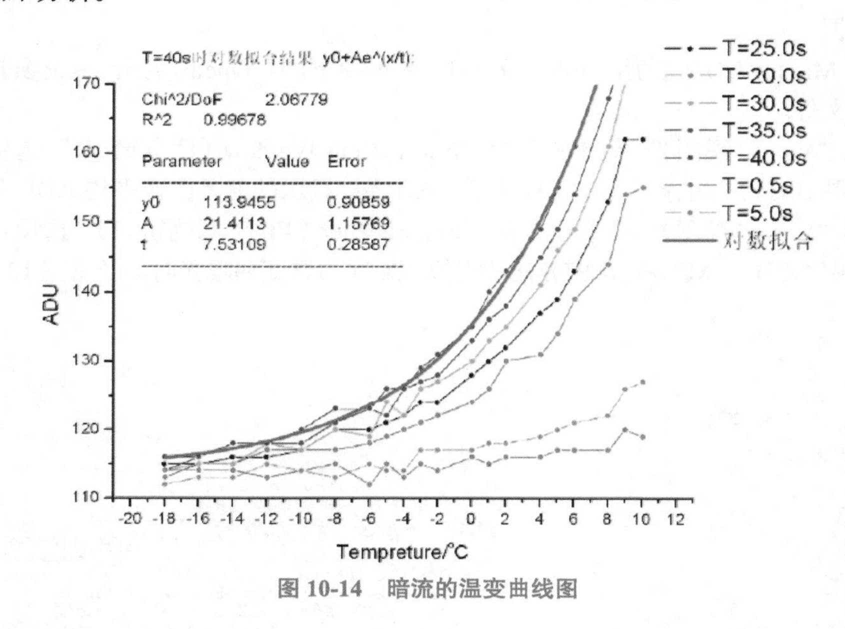

图 10-14　暗流的温变曲线图

附录 10-1　CCD 相机与 CMOS 相机的区别[⊖]

1. 成像过程

CCD 与 CMOS 图像传感器光电转换的原理相同，它们最主要的差别在于信号的读出过程不同。由于 CCD 仅有一个（或少数几个）输出节点统一读出，其信号输出的一致性非常好；而 CMOS 芯片中，每个像素都有各自的信号放大器，各自进行电荷 - 电压的转换，其信号输出的一致性较差。但是 CCD 为了读出整幅图像信号，要求输出放大器的信号带宽较宽，而在 CMOS 芯片中，每个像元中的放大器的带宽要求较低，大大降低了芯片的功耗，这就是 CMOS 芯片功耗比 CCD 要低的主要原因。尽管降低了功耗，但是数以百万的放大器的不一致性却带来了更高的固定噪声，这又是 CMOS 相对 CCD 的固有劣势。

2. 集成性

从制造工艺的角度看，CCD 中电路和器件是集成在半导体单晶材料上，工艺较复杂，世界上只有少数几家厂商能够生产 CCD 晶元。CCD 仅能输出模拟电信号，需要后续的地址译码器、模拟转换器、图像信号处理器处理，并且还需要提供三组不同电压的电源同步时钟控制电路，集成度非常低。而 CMOS 是集成在被称作金属氧化物的半导体材料上，这种工艺与生产数以万计的计算机芯片和存储设备等半导体集成电路的工艺相同，因此生产 CMOS 的成本相对 CCD 低很多。同时 CMOS 芯片能将图像信号放大器、信号读取电路、A/D 转换电路、图像信号处理器及控制器等集成到一块芯片上，只需一块芯片就可以实现相机的所有基本功能，集成度很高，芯片级相机概念就是从这产生的。随着 CMOS 成像技术的不断发展，有越来越多的公司可以提供高品质的 CMOS 成像芯片。

⊖ 引用于 360 百科，https://baike.so.com/doc/2204864-2332987.html，访问时间：2021 年 12 月 14 日。

3. 速度

CCD 采用逐个光敏输出，只能按照规定的程序输出，速度较慢。CMOS 有多个电荷 - 电压转换器和行列开关控制，读出速度快很多，大部分 500fps 以上的高速相机都是 CMOS 相机。此外 CMOS 的地址选通开关可以随机采样，实现子窗口输出，在仅输出子窗口图像时可以获得更高的速度。

4. 噪声

CCD 技术发展较早，比较成熟，采用 PN 结或二氧化硅（SiO_2）隔离层隔离噪声，成像质量相对 CMOS 光电传感器有一定优势。

实验十一　CCD 性能指标测试（二）

实验目的

1. 了解 CCD 的基本性能参数。
2. 测试 CCD 的制冷温度、读出噪声、增益、满阱电荷、暗电流、线性度。

实验原理

CCD 相机是天文观测中常用的一种后端设备。虽然每台 CCD 相机在出厂前都做过严格的性能测试，提供 CCD 的性能参数。但那是在实验室理想环境下测出的，使用者的实际使用环境与实验室环境相差很大，因此，在使用前最好能够对它进行一些力所能及的测试，以便掌握其更加精准的性能指标。本实验就是对部分性能指标做一个粗略测试，包含制冷温度、读出噪声、增益、满阱电荷、暗电流和线性度。

CCD 的噪声有很多种，如光子散粒噪声、像元不均匀噪声等，再如在实验十中测的暗电流就是噪声的一种。一种常见的噪声就是读出噪声，读出噪声与 CCD 的读取速度有关，读取速度越快，所产生的读出噪声也越高。由于读出噪声主要是由 CCD 上放大器等造成的，因此只能通过改善 CCD 的生产工艺来加以改进。天文科学级 CCD 相机是通过在电路上的改良来减小读出噪声的，例如通过减小放大器尺寸来减小其电容，使其灵敏度增加，在快速读取模式下，仍可以有效地避免读出噪声的影响。

CCD 的读出噪声一般以电子 e- 为单位，但我们实际拍摄的图像中常用 DN（或 ADU）为单位。测量以电子为单位的读出噪声需要将以 DN（或 ADU）为单位的噪声换算为以 e- 为单位的读出噪声，即需要计算图像上每个 DN（或 ADU）值对应多少个电子数，这个数通常称之为 CCD 相机的增益常数，单位是 e-/DN（或 e-/ADU）。

测试增益的方法通常有 X 射线方法、光子转移曲线方法和四幅图像方法三种，本实验中主要介绍第二种——光子转移曲线方法。用均匀光照射 CCD，若 s 为一定曝光时间下减掉暗流后的平场图像上一定区域内的 CCD 信号输出，p 为每个像素入射光子产生的电子数，k 为增益，则有 $s=p/k$；根据误差传递公式又有

$$\mathrm{var}^2(s)=(\mathrm{d}s/\mathrm{d}p)^2\mathrm{var}^2(p)+(\mathrm{d}s/\mathrm{d}k)^2\mathrm{var}^2(k)+\mathrm{var}^2(r) \tag{11-1}$$

式中，var 表示各个量的标准偏差；$\mathrm{var}^2(r)$ 表示读出噪声的方差（标准偏差平方）。由于 k 的变化很小，因此认为 $\mathrm{var}^2(k)$ 为 0，又由于入射光子噪声服从泊松分布，即 $\mathrm{var}^2(p)=p$。

式（11-1）最后可以变为

$$k=s/(\text{var}^2(s)-\text{var}^2(r)) \tag{11-2}$$

由式（11-2）知，通过测量信号和噪声的方差，即可计算增益。

实际测量时，在相同条件下拍摄两幅平场，扣除暗流后，将其平均值相加作为 s；为了避免因光源不均匀导致平场图像不平，而造成读取信号强度方差时带来的误差，一般将两幅平场相减，构建一幅差图像，将其方差作为 $\text{var}^2(s)$；将对应两幅暗流相减，将其方差作为 $\text{var}^2(r)$。

在不同曝光时间下均获取相同的两幅平场及暗流图像，将这些图像按上述方法处理后，以信号 s 为横坐标、噪声方差为纵坐标，绘制方差（噪声平方）- 信号平均值曲线，得到光子的转移曲线。对线性段进行线性拟合，拟合直线斜率的倒数即为增益，光子转移曲线在纵轴的截距的平方根就是读出噪声。

拍摄平场时，可以逐渐加长曝光时间，直到信号强度基本不变为止，读取此时信号的平均值，乘以增益，即为满阱电荷。

实验器材

CCD 相机：本实验以 SBIG-STF8300 CCD 相机为例，主要参数如下：

（1）CCD 芯片大小：17.96mm × 13.52mm

（2）图像阵列：3326 × 2504 pixels

（3）像素大小：5.4μm × 5.4μm

（4）暗电流：0.02e-/pixel/sec　@–15℃

（5）满阱电荷：约 25500e-

（6）A/D 转换器：16bits

（7）A/D 增益：0.37e-/ADU

（8）读出噪声：约 9.3e-（rms）

实验步骤

1. 将CCD安装到望远镜后端，连接好电源与数据线，打开 MaxIm DL 软件，连接 CCD，详细步骤见“实验十　CCD 性能指标测试（一）”。

2. 测试制冷温度。

（1）在“Camera Control”→“Setup”选项中，点击“Cooler”，设置制冷温度（一般填入 CCD 指标中给出的最低温度），设置完毕后，点击“OK”。

（2）点击“Coolers”→“On”，记下当前的 CCD 温度，作为室温条件下的 CCD 温度（见图 11-1）。

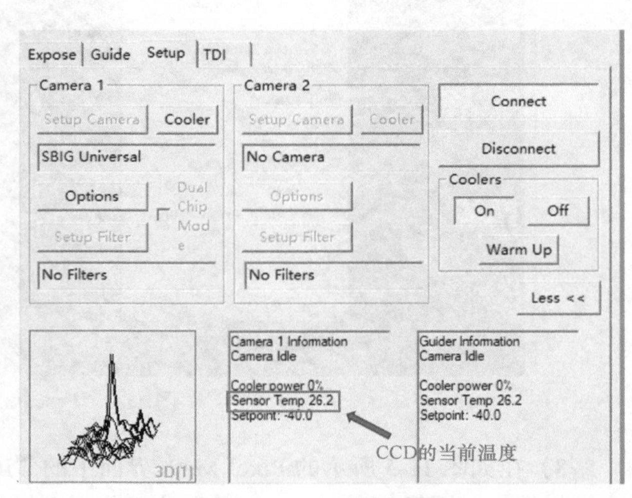

图 11-1　CCD 温度显示

（3）等待 CCD 当前温度达到一个稳定的值不再变化，记录下当前 CCD 的温度。把室温条件下的 CCD 温度与 CCD 制冷达到的最低温度相减，即可得到相对室温。

（4）查看制冷温度是否稳定：在 2min 内每隔 5s 记录一次温度，将结果记录下来，画出温度随时间的变化图，从而判断 CCD 制冷温度是否稳定。

3. 测试参数。

（1）利用室内平场，拍摄不同曝光时间的平场图像和暗流图像，绘出噪声方差 - 平均值曲线（即光子转移曲线），转移曲线在纵轴的截距的平方根就是以 ADU 为单位的读出噪声；曲线的斜率的倒数即为增益（e-/ADU）；曲线的直线段开始出现拐点时对应的信号水平就是 CCD 的满阱电荷。

1）使用白炽灯均匀照射一块白布，将望远镜对准这块白布。

2）在 MaxIm DL 软件中，打开“Camera Control”→“Expose”界面。

3）在“Exposure Preset”中选择“LRGB”；在“Frame”中选择“Flat”。

4）在“Seconds”中填入合适的曝光时间，进行拍摄（可以多次尝试，使得拍摄出来的图像平均 ADU 值在 1 万左右）。

5）增加曝光时间，使得拍摄出来的图像平均 ADU 值比上幅图像增加 5000 左右，存储图像；每个曝光时间拍两幅平场图像以及对应时间长度的暗流图像。

6）多次重复步骤 5），直到拍摄出来的平场图像 ADU 值基本不再增加为止。

7）打开同一曝光时间下获取的两幅图像，在 MaxIm DL 中，选择“Process”→“Pixel Math...”（见图 11-2）。

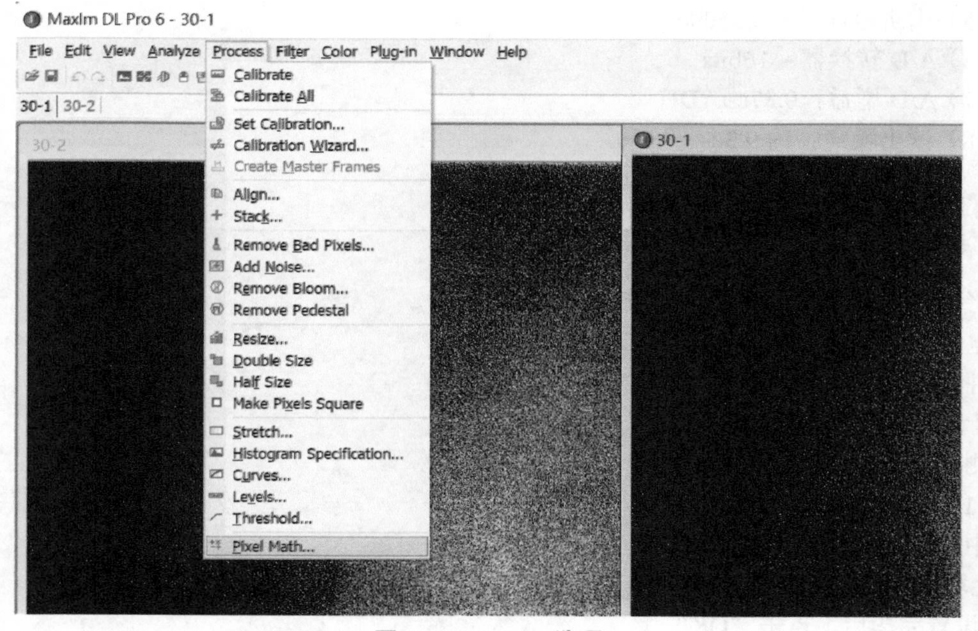

图 11-2 Process 选项

8）在如图 11-3 所示的 Pixel Math 界面中的“Image A”中选择第一幅图像，“Image B”中选择第二幅图像。在“Operation”中选择需要做的操作：“Add”（相加），“Multiply”（相乘），

“Subtract”（相减），“Divide”（相除）。

9）根据需要导入拍摄的平场、暗流图像并进行处理（见实验原理部分），处理结果默认会覆盖第一幅图像。

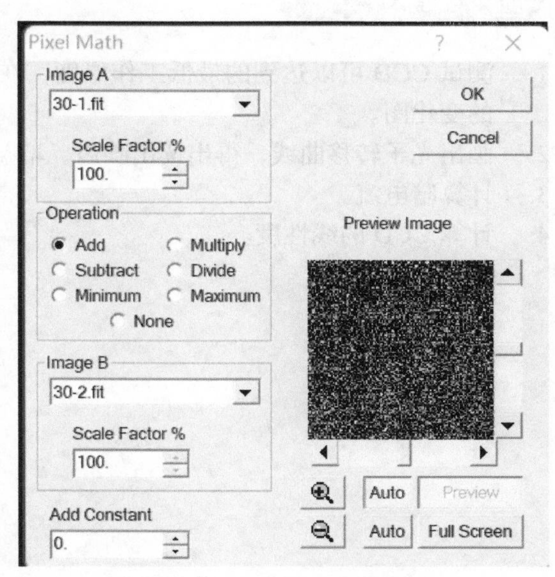

图 11-3　Pixel Math 界面

10）打开处理好的图像，选择“View”→“Information Window”（见图 11-4），在“Mode”中选择“Area”，图 11-5 中“Average”后面的数字为图像的平均值，“Std Dev”为图像标准差，平方后即为方差。

11）重复 9)、10)，得到一系列的平均值和方差，画出方差 - 平均值曲线（光子转移曲线）。

（2）使用 excel 对线性部分做线性拟合，根据拟合直线得出读出噪声、增益。

（3）采集较长时间和较短时间的 Dark 图像，相减后并与曝光时间差相除。Dark 图像的采集确保不要漏光和制冷温度恒定。

1）在 MaxIm DL 软件中，打开“Camera Control”→“Expose”界面。

2）在“Exposure Preset”中选择“LRGB”；在“Frame”中选择“Dark”。

3）在“Seconds”中填入合适的曝光时间，进行拍摄（短时间暗流图像可以选择 10s，长时间可以选择 300s）。

4）将不同曝光时间的 Dark 图像，相减后并与曝光时间差相除，得到暗电流（单位：e-/pixel/sec @ 制冷温度下）。

（4）采集平场图像，逐渐增加曝光时间，计算 CCD 一定像素区域的平均信号，得到信号 - 曝光时间曲线，计算该曲线的线性度即为 CCD 的线形度。

注：在采集图像时观测图像是否有亮点或暗点、亮线、暗线出现。

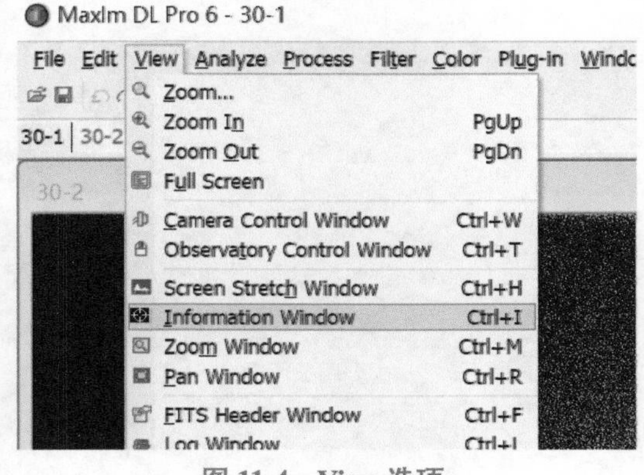

图 11-4　View 选项

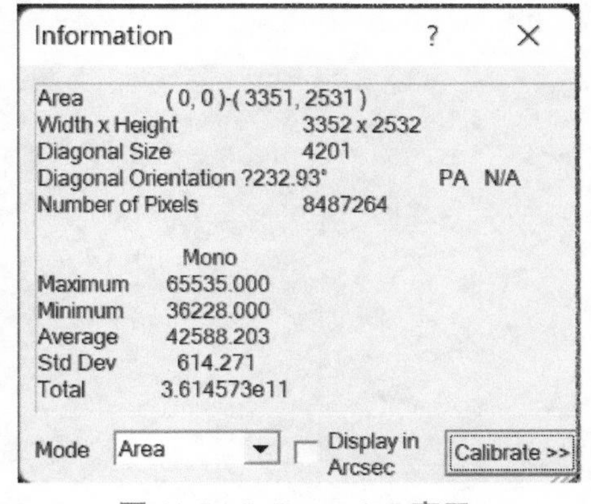

图 11-5　Information 窗口

作 业

1. 测试 CCD 可以达到的最低工作温度，在最低温度时，测试其稳定性，画出温度随时间的变化图。
2. 画出光子转移曲线，得出读出噪声、增益、满阱电荷。
3. 计算暗电流。
4. 计算 CCD 的线性度。

实验十二　目视双星的 CCD 成像观测

实验目的

1. 熟悉 CCD 相机的基本使用方法。
2. 利用已学过的望远镜和 CCD 相机的操作知识，完成对目视双星角距的测量。
3. 测量双星的仪器星等及星等差。

实验原理

目视双星是指能用肉眼或望远镜分辨开两个子星的物理双星。目视双星的轨道周期较长，一般在 1 年半以上，且子星角距越大，轨道周期越长。观测目视双星，主要是测量两个子星间角距离的大小和方位角。本实验是通过对双星的 CCD 成像，直接用计算机软件来确定双星的角距离，这比传统的用动丝测微镜来测量更加简单，且精度也较高。

CCD 是二维成像系统，我们在 CCD 中直接得到的是 CCD 像素值，需要将其转换为直角坐标 x、y 的值，再将直角坐标转换为角秒。下面公式中的 x_1、x_2、y_1、y_2 分别表示的两颗星（x_1, y_1）、（x_2, y_2）在 CCD 上的像素值读数；12×10^{-6} 表示一个 pixel（即一个像素值）对应的长度（以米为单位），可从所使用的 CCD 参数中查到；f 表示望远镜焦距（以米为单位）；ρ 表示两颗星的角距（以角秒为单位）：

$$\rho=\sqrt{(x_1-x_2)^2+(y_1-y_2)^2}\times12\times10^{-6}\times\frac{206265}{f} \qquad (12\text{-}1)$$

孔径测光（Aperture）指对焦平面上所选取的圆形小天区进行测光处理，天文上通常使用孔径测光来处理 CCD 图像上的星，得到其仪器星等。

在 MaxIm DL 软件中，孔径测光包含有三个同心圆，如图 12-1 所示。三个圆的大小可以自己设定。内层圆需要刚好把目标源包含在内，用来统计目标源所含有的流量；内层圆和中层圆中间的部分是框住源的流量外溢，目的是为了隔开天光背景与目标源，以便得到较为纯粹的天光背景；中层圆和外层圆之间的部分是用来测天光背景的，所以里面不能有其他的源或干扰，需要

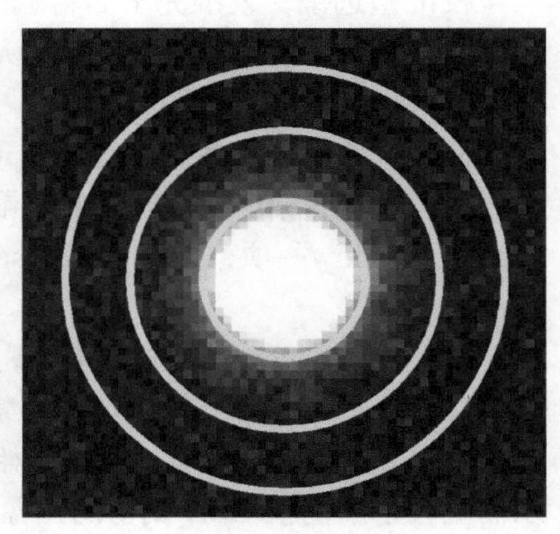

图 12-1　孔径测光

是一个纯粹的天光背景。如果是离得很近的双星或者目标星旁边有其他源干扰，则不能使用孔径测光的方法。

如果测得的天光背景平均值为 *Back*/pixel，内环中含有的总的像素（pixel）为 A_p，内环中总流量为 S_f，则内环中的净流量 P_f 为

$$P_f = S_f - A_p \times Back \tag{12-2}$$

仪器星等则为

$$Mag = Zmag - 2.5 \times \lg(P_f/t) \tag{12-3}$$

式中，*Zmag* 为自己定义的测算零点；*t* 为曝光时间。

由此可见，仪器星等只是一个相对星等，如果想要表征天体实际的亮度，还需要标准星进行校准。

根据目视双星星表（参考附录 4-2)，自行选择观测目标，选择双星的原则为：

（1）根据望远镜的性能以及观测环境，选择两个子星的星等，一般范围在 4 等到 9 等之间；

（2）角距相对较大（一般在 5 个角秒以上，以方便分辨)。

实验仪器

1. 北京师范大学教九楼反射望远镜（也可以实际条件使用其他望远镜)。
   口径：40cm　焦距：6m
2. STF-8300 CCD 相机（具体相机参数见“实验十一　CCD 性能指标测试（二)”)。

实验步骤

1. 连接望远镜与 CCD，并进行基本设置。

方法参见“实验十　CCD 性能指标测试（一)”，主要包括 CCD 与计算机相连，启动 CCD 与计算机，启动 MaxIm DL 软件连接 CCD 并给 CCD 制冷。

2. 控制望远镜指向所要拍摄的天体。

校准望远镜，校准完毕后将选中的双星坐标输入电脑控制软件，控制望远镜指向目标。使用 GSC 软件进行对比证认，确认望远镜指向无误。（GSC 软件使用参见“实验一　天文年历、星表、星图和星图软件”。)

3. 使用对焦模式对系统进行对焦（如果焦距已经调好，可略过此步)。

（1）在 MaxIm DL 软件中，鼠标单击“View”菜单项，在下拉菜单中选择“CCD Control Window”项，选择“Expose”，在“Exposure”选择框选择“Continuous”，如图 12-2 所示。

（2）在“Seconds”框内填入曝光时间，对于较亮的天体可在 1s 内。

（3）在“X”“Y”框中填入像素合并数目，来提高图像生成和读出时间。

（4）单击“Start”，CCD 即开始按曝光时间进行曝光，并不断将图像传回计算机，在显示器上会不断刷新 CCD 拍得的图像。

（5）把要观测的天体移动到 CCD 图像中央，且转动望远镜调焦旋钮使星像最集中。

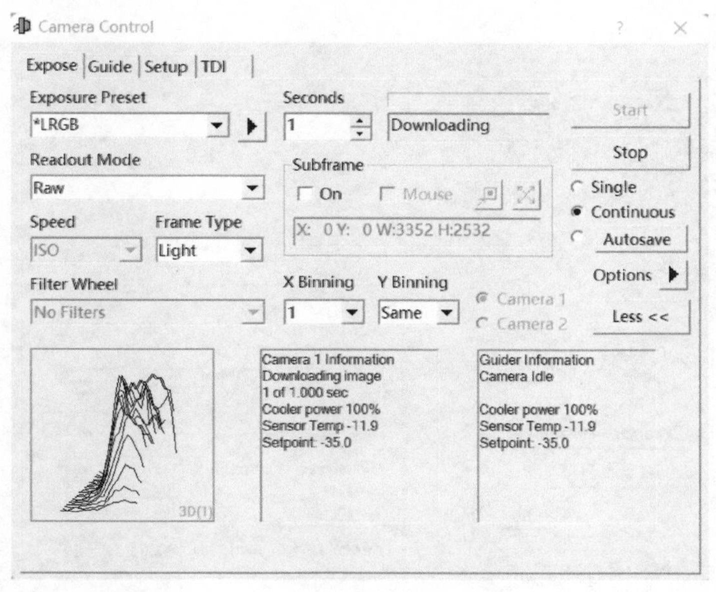

图　12-2

注意：由于 CCD 视场比较小，操作时选择合适的速率移动望远镜指向，每次移动不要太多，以免天体跑出 CCD 视场。

4. 拍照。

（1）单击“Expose”选项卡，“Exposure”选择框选择“LRGB”，“Frame”中选择“Light”选项。

（2）在“Seconds”框中输入合适的曝光时间（可以多次尝试，使得拍摄的目标星的 ADU 值一般在 2 万到 5 万之间）。点击“Start”，即开始曝光。

（3）曝光结束后，将拍得的图像保存起来。保存格式有几种，如ST9格式、Fits格式等，可根据需要保存。天文上一般使用 Fits 格式。

注意：在曝光期间应保持观测室内的黑暗，关闭大门，将计算机显示器亮度调暗，并不要在室内走动。

5. 使用 MaxIm DL 软件读取双星角距。

（1）单击“View”菜单项，选择“Information”选项，可弹出窗口，如图 12-3 所示。将“Mode”选为“Area”。

（2）在“Spatial Calibration”中，单击“Set...”按钮，出现“Pixel Scale Editor”窗口，如图 12-4 所示，点选“Calculator”，在“Pixel Size”的 X、Y 后分别填入 CCD 像素的大小，单位：微米；在“Focal Length”中，填入望远镜焦距，单位：毫米。然后点击按钮“Calculate scale”，则“Pixel Scale”中的“X，Y”会变为计算后的值。单击“OK”按钮，返回“Information”窗口。

（3）滚动鼠标滚轮，放大所要处理的图片，使得要处理的双星尽可能占满屏幕。从一颗星的中心，点鼠标左键，拖出矩形框到另一颗星的中心。之后，在“Information”窗口中勾选“Display in Arcsec”，这时“Information”窗口中的“Diagonal Size”后显示的即为双星的角距（见图 12-5）。

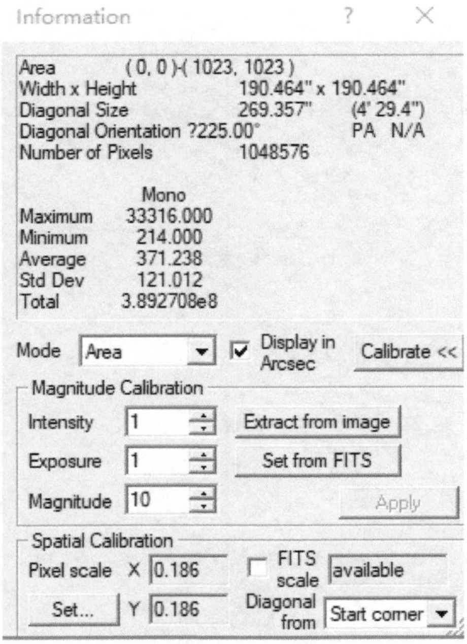

图 12-3 “Information”窗口

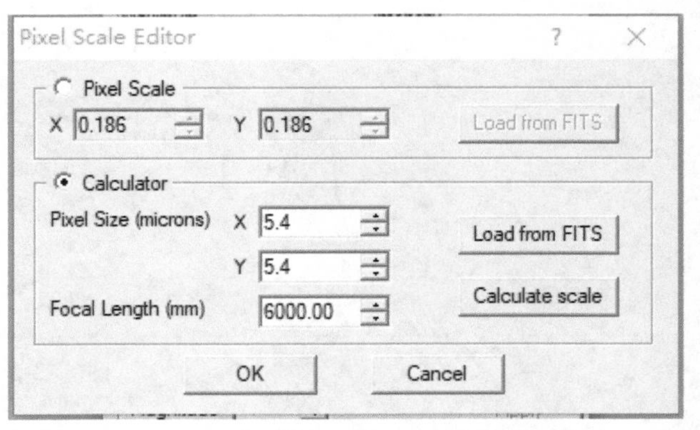

图 12-4 “Pixel Scale Editor”窗口

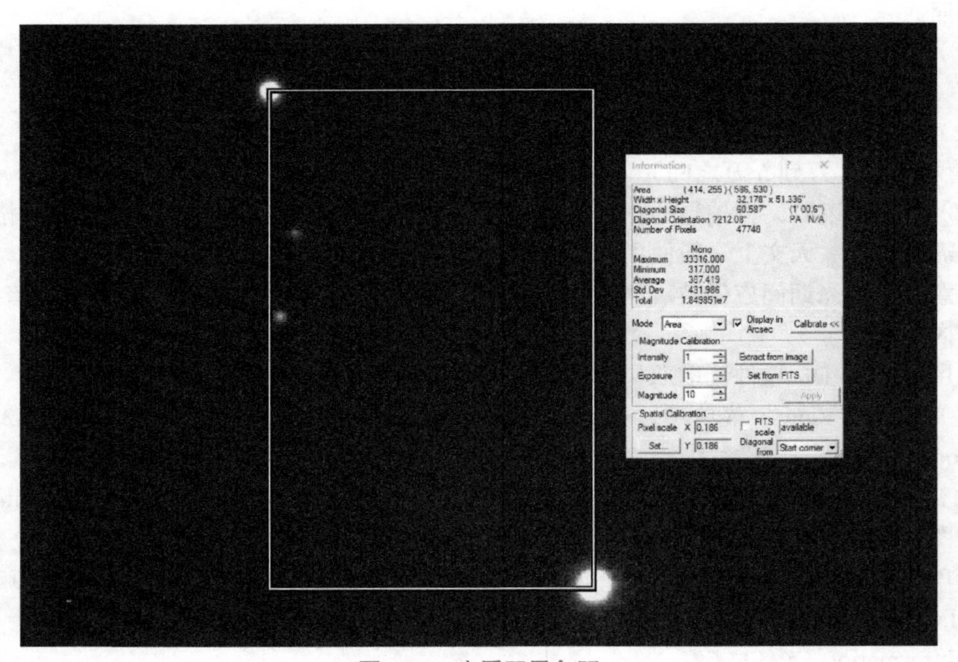

图 12-5 查看双星角距

6. 读取仪器星等。

（1）在“Information”窗口，将“Mode”选为“Aperture”，屏幕上会出现三个同心圆。重复步骤 5 中第（2）小步。

（2）放大所要处理的目标星，鼠标双击这颗星，三个同心圆由蓝色变为黄色，并且不再跟随鼠标移动。

（3）右键点击目标源，在“Set Aperture Radius”选择最里层圈的大小（见图 12-6），使得最里层的圈正好圈住目标源（如果源比较大，可以在右键菜单中先勾选上“Large Rings”）。

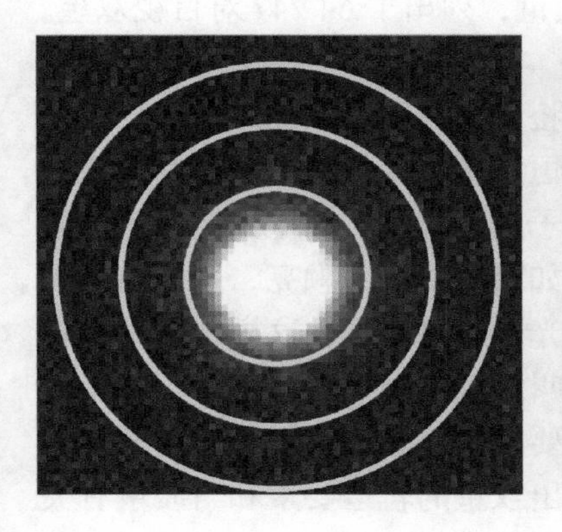

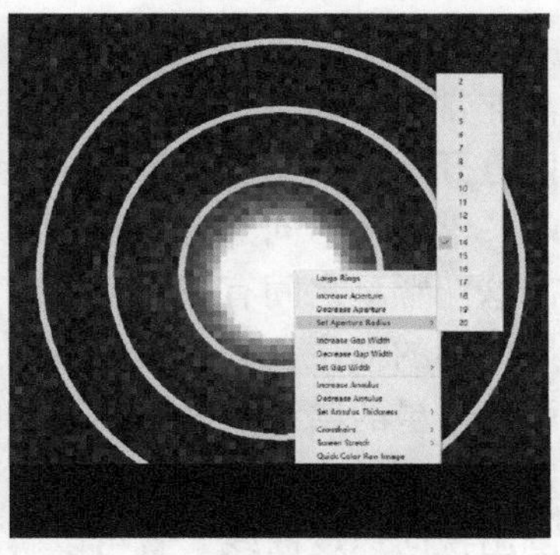

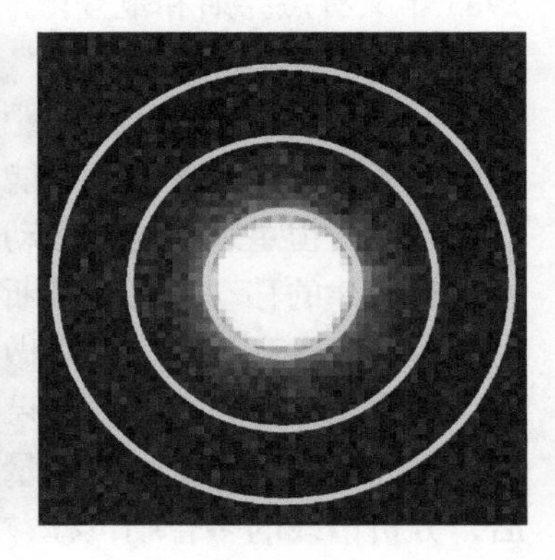

图 12-6 孔径测光的设置

（4）同样的方法通过“Set Gap Width”和“Set Annulus Thickness”设置中层圈和外层圈的大小，使得中层圈和外层圈之间为纯粹的天光背景。

注：如果目标源旁边有其他的源在圈里无法避开，则不能使用这种办法读取仪器星等。

作 业

1. 测量拍摄得到的双星的角距。
2. 测量双星的仪器星等及星等差。
3. 与星表中的数据进行对比，对观测结果进行分析。

附录 12-1 双 星 简 介

双星是我们在观测中经常见到的一类星体，由两颗恒星组成。它们相互旋绕，彼此之间由万有引力连接在一起，这种双星一般被称为物理双星。除此之外，还有一种“双星”，在天空上看起来离得很近，但实际上，由于和我们地球的距离很远，它们之间是没有物理上联系的，我们一般称它们为“几何双星”，并不包括在双星研究范围之内。下面介绍的双星，指的都是第一种物理双星。

双星的分类很杂散，按照观测上的分类一般分为目视双星和分光双星。除此之外，还根据其特点，分为密近双星、脉冲双星、X 射线双星等。下面，对一些常见的双星分类做一个简单说明。

1. 目视双星

用肉眼或者望远镜可以分辨的双星就叫作目视双星。目视双星之间的距离一般都比较远，绕转周期比较长。著名的天狼星和它的伴星就是一对目视双星。早期研究目视双星的天文学家中最著名的是威廉·赫歇尔，他使用自己制作的天文望远镜，长时间地持续观测，一生共发现了 800 多对双星，编制了早期的双星星表。之后，人们对双星的观测更加重视。1906 年出版的《伯纳姆双星总表》（BDS），列出了赤纬在 –30° 以北的 13 655 对目视双星。1932 年出版的《艾特肯双星总表》（ADS），列出了赤纬在 –30° 以北的 17 180 对目视双星。1963 年又有杰弗斯和范登博斯的《双星索引星表》（IDS）问世，列出了 64 247 对目视双星。

2. 分光双星

分光双星中两颗子星的距离非常近，通过望远镜也无法将它们分开。只能通过对天体谱线位置变化的观测分析，才能区分开来。根据多普勒效应，恒星接近我们运动时，其谱线便移向紫端。恒星远离地球运动时，谱线便移向红端。随着两子星的绕转，恒星光谱的谱线便发生有规律的移动，据此判断出这两颗星之间有环绕现象。如果两子星一颗亮，一颗暗，这时能看到一颗亮星的光谱线做周期性的移位，另一颗较暗的光谱线看不到，这样也能发现双星，叫作单谱分光双星；如果两颗子星的谱线都可以测得，叫作双谱分光双星。

分光双星对于求恒星质量、半径等基本参量具有极其重要的作用。观测得到子星的光谱后，分析谱线的多普勒位移，画出视向速度曲线，就可以解出双星的轨道要素和与质量有关的函数。

3. 食双星

食双星也被称为光度双星、食变星等，是指两颗恒星在相互引力作用下围绕公共质量中心运动，相互绕转彼此掩食（一颗子星从另一颗子星前面通过，像日月食一样）而造成亮度发生有规律的、周期性变化的双星。这类双星的轨道面与视线几乎在同一平面上，因相互遮掩发生交食现象、引起双星的亮度变化而得名。双星的光变周期就是它们的绕转周期。光变周期最短的只几小时，如大熊座 UX 星，光变周期为 4 小时 43 分；最长的如半人马座 V644 星，光变周期长达 65 年。按照光变曲线可把食双星分为三类：大陵五型（Algol 型，EA）、渐台二型（βLyr 型，EB）和大熊座 W 型（WUMa 型，EW）。

实验十三　大行星的拍摄与后期处理

实验目的

1. 了解行星拍摄的原理。
2. 学习使用行星摄像头拍摄大行星。
3. 学习行星拍摄的简单后期处理。

实验原理

拍摄行星，需要选择合适的望远镜，不同的望远镜拍摄的行星效果也是相差很大的。首先是口径，对于天文观测来说，一般口径越大越好，主要原因就是口径越大，单位时间内的进光量就越多，可以得到越高的分辨率。在“实验四　望远镜光学性能的测试”中，我们学过了分辨角的概念，其具体公式为：$\delta''=140''/D$（mm）。从公式中可以看出来，口径越大，得到的分辨角就越小，可以分辨出的细节就越多。

同时，由于行星比较小，想要拍摄出行星的表面细节，就需要把行星图像放得很大。CCD 图像上的行星大小，是跟望远镜焦距有关系的（参看附录 4-1 底片比例尺）。因此在选择望远镜时就需要选择焦距比较长的望远镜或者在望远镜后端增添高倍巴洛镜。但是，在放大目标的同时，也放大了大气的抖动，这是进行行星拍摄时不可忽略的一个重要影响因素。

在天文观测中，描述大气抖动程度的量叫作视宁度，通常用英文单词 seeing 来表示。它表示了拍摄图像的清晰程度，取决于大气的活动程度。我们看到星体的闪烁一般认为是由高层大气的湍流引起的，通常被称为“快视宁度”，它使得恒星或行星的星像变成模糊的球，看不清楚细节，但不会来回运动；另外一种由低层大气的湍流引起的，被称为“慢视宁度”，它使得恒星或行星的星像来回跳动或者摇晃。所以对于行星拍摄来讲，选择拍摄时间和地点时，视宁度是必须要考虑的一个条件。

为了减少大气抖动的影响，在拍摄行星时，通常采用叠加的方式，如图 13-1 所示，即拍摄一段视频，将视频中的每一帧作为一张图片，然后将这许多张图片叠加到一起进行处理。在处理时，首先将这些图片进行“对齐”，这就减小了“慢视宁度”对结果的影响；然后通过对图片进行叠加，来减小“快视宁度”的影响。

由于不同的大行星体积、自转以及到地球的距离等差异较大，其拍摄时间与细节方面的处理有所不同，例如是否需要修正自转等。考虑到木星体积最大，对器材的要求以及拍摄难度最低，最适合学生以及初级天文爱好者进行拍摄，因此，在本实验中，以木星拍摄为例，并且不考虑自转修正。

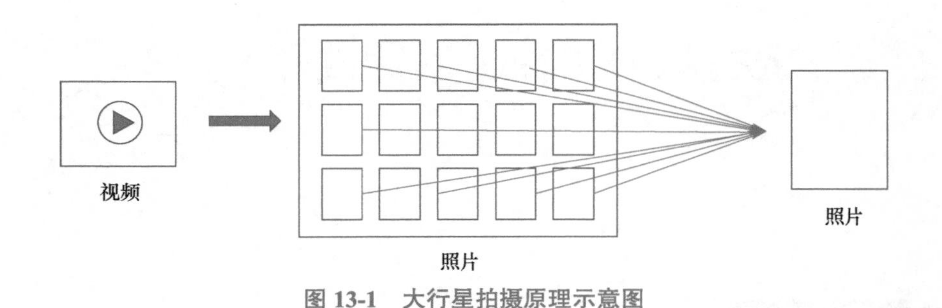

图 13-1　大行星拍摄原理示意图

实验器材

1. 赤道仪：高桥 EM200 Temma2M 赤道仪 +SE-M 三脚架。
2. 镜筒：高桥 TOA130 折射式望远镜，主要参数如下：
   （1）有效口径：130mm。
   （2）焦距：1000mm。
3. 行星摄像头（见图 13-2）：ASI174MC，主要参数如下：
   （1）分辨率：230 万像素，1936 × 1216。
   （2）像素大小：5.86μm × 5.86μm。
   注：实验设备型号可以根据实际情况选用。

图 13-2　行星摄像头

实验步骤

1. 望远镜安装与校准。
   具体步骤参见“实验九　望远镜指向与跟踪精度测试”。
2. 大行星拍摄。
   （1）控制望远镜指向所要拍摄的大行星（本实验以木星为例），并将其调到视场中心。
   （2）拆下目镜，换上 ASI174 行星摄像头。

（3）打开电脑软件 SharpCap，选择“摄像头”“ASI174”，如图 13-3 所示，在软件界面上可以看到一个亮斑或亮环，调节望远镜焦距，使得亮斑或亮环变为最小。

（4）将分辨率尽可能地设置小一些，这样单帧的照片会较小，可以增加拍摄速度，提高帧率；另一方面，也可以减少数据量，避免丢帧，一般设置图像大小为观测行星直径的 2 倍左右（较小的分辨率并不会损失行星的细节，当望远镜和摄像头选定之后，行星的像在所拍图像上的大小就确定了，减小分辨率只会减少摄像头传感器的使用面积，不会减小像素密度）。

（5）调节增益和曝光时间，使得目标大行星亮度合适（增大增益会使得图像噪点增多，而增加曝光时间则会平滑大气抖动，使得图像细节被抹去，实验时可设置不同的参数，对比

拍摄结果）。

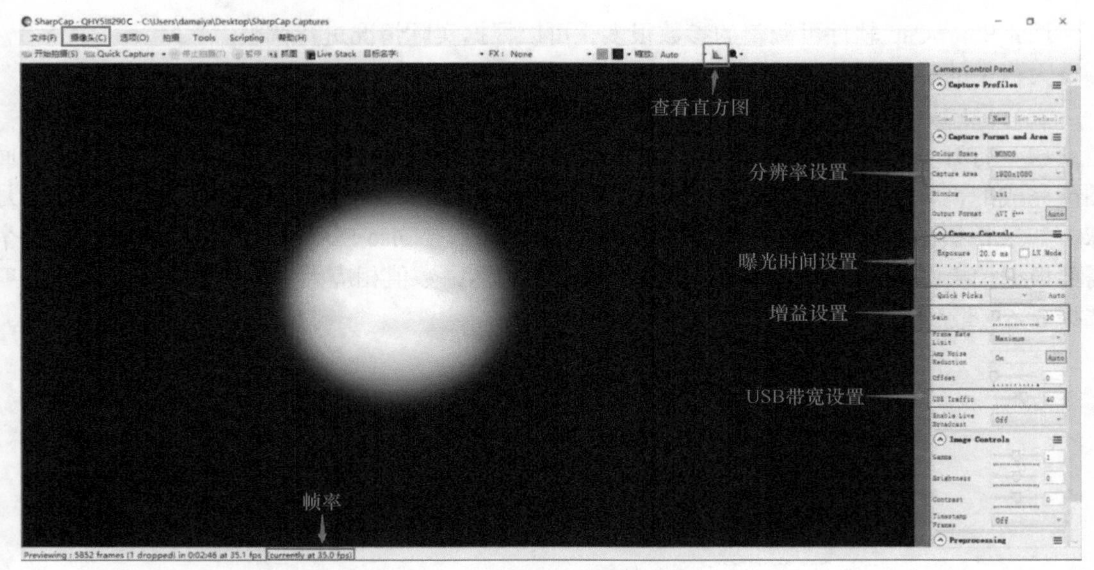

图 13-3　SharpCap 软件界面图

（6）再次调节焦距，使得大行星的像最清楚（可以观察大行星的边缘是否清晰，当大行星边缘非常锐利时，焦距基本上就调好了）。

（7）点击工具栏上方的直方图，调整红绿蓝三种颜色的白平衡，使得直方图中红绿蓝三条曲线基本重合（这样，白平衡基本就调好了），如图 13-4 所示。

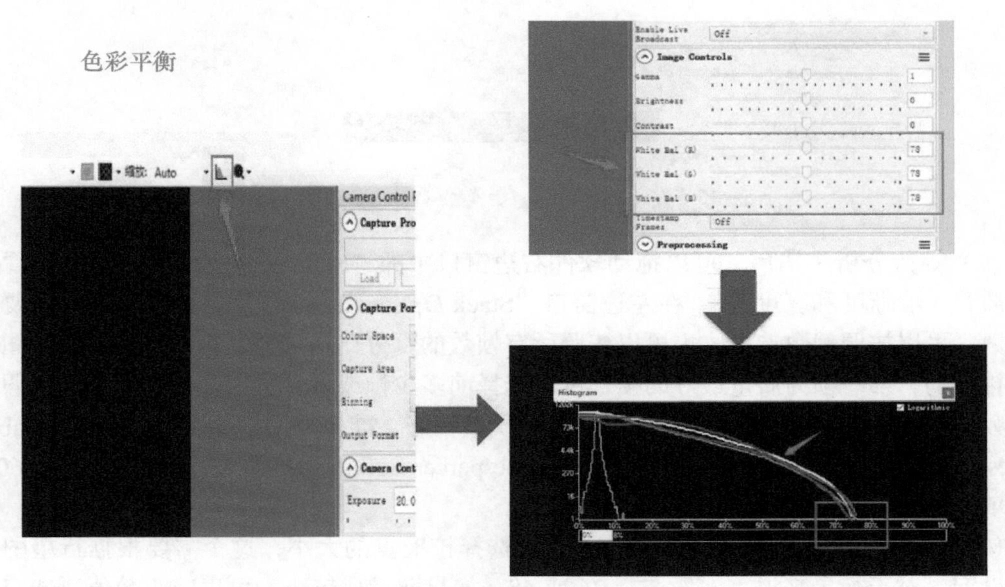

图 13-4　白平衡调节

（8）点击“开始拍摄”，选择拍摄时间，一般在 2~6min。

（9）拍摄完毕后，电脑桌面上出现以 sharpcap 命名的文件夹，里面有保存下来的 AVI 文件。

注：SharpCap 软件可调整的参数很多，可以根据实际情况进行调整。

3. 大行星的后期处理。

大行星的后期一般使用 AutoStakkert！和 Registax 软件进行叠加和锐化处理。

（1）打开 AutoStakkert！软件，在如图 13-5 所示的软件界面，点击“Open”，打开上面拍摄完成的视频；在“Image Stabilization”中选择“Planet”（行星摄像头也可以用来拍摄月球，如果拍摄的是月球，这里可以选择“Surface”）；“Noise Robust”表示噪点分析，这个需要根据拍摄图像上的噪点多少来选择，噪点多的话，数值相应大一些，反之小一些，一般选择 3~6；最后点击“Analyse”开始分析。

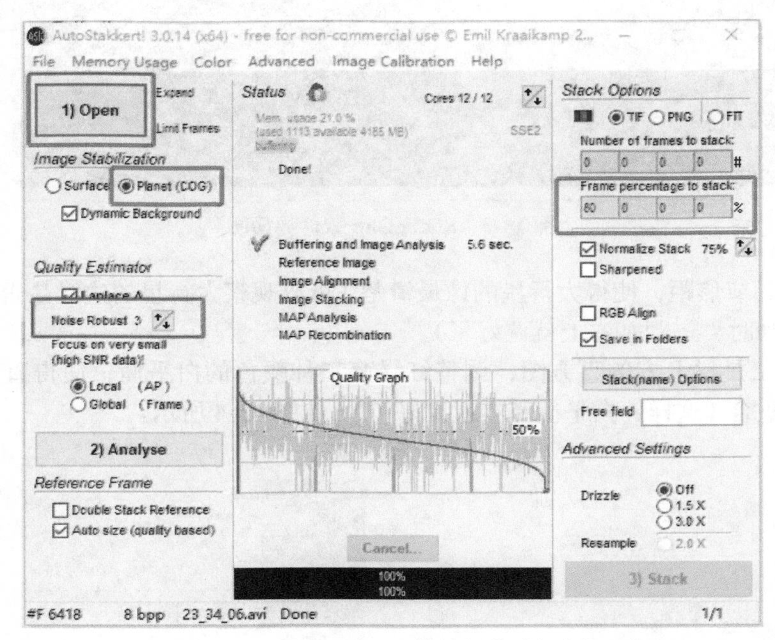

图 13-5 AutoStakkert！软件界面（左边窗口）

（2）等待分析完毕后，可以拖动软件右边窗口中的“Frames”（见图 13-6）来查看所有帧的质量（清晰度和亮度等）。在左边窗口“Stack Options”（见图 13-5）中确定选择要叠加的帧数。可以按照帧数选择，也可以按照所有帧数的百分比来选择。帧的顺序是按照图像质量来排序的，第一帧为质量最好的帧，可以选择前多少帧或者百分之多少进行叠加。假设整个视频有 10000 帧，通过观察发现前 6000 帧质量较好，准备采用，那么可以在“Number of frames to stack”中填入 6000，或者在“Frame percentage to stack”中填入 60（表示 60%），两者填一个就可以。

（3）在软件右边窗口中的“AP Size”中选择校准点的大小，这个需要根据行星图像大小来设定，对于行星来说，一般选择 24 或 48，如果图像比较小，可以减小数值。选定后点击“Place AP Grid”，图像上出现很多校准点的方格。

（4）在软件左边窗口中点击“3）Stack”（见图 13-5 右下角）进行叠加，叠加完成后的

照片可以在视频文件夹中找到。

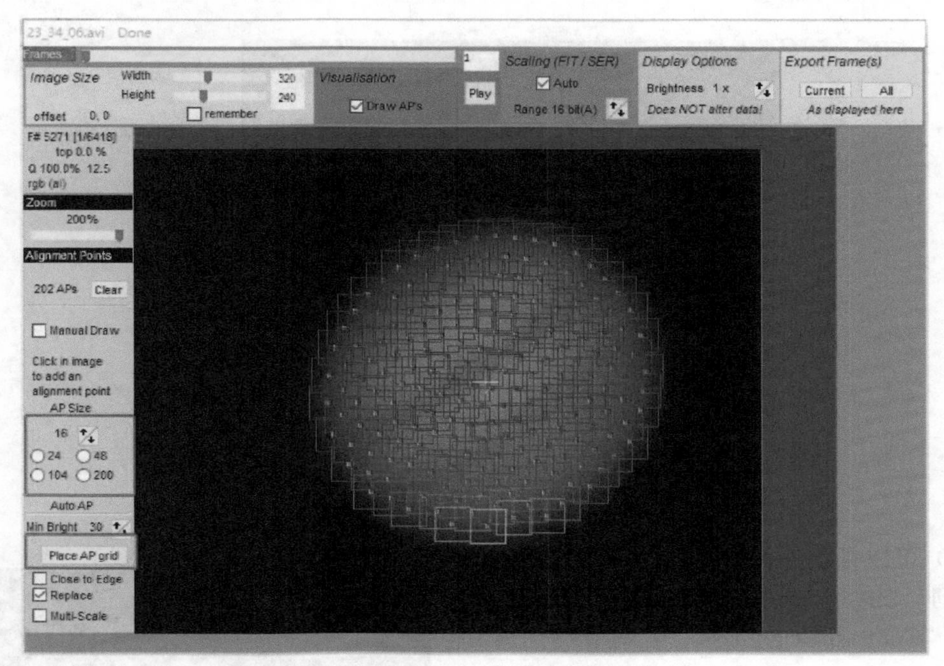

图 13-6　AutoStakkert！软件界面（右边窗口）

（5）打开“RegiStax”软件，点击“Select”，找到刚才叠加生成的文件，选好后打开，如图 13-7 所示。

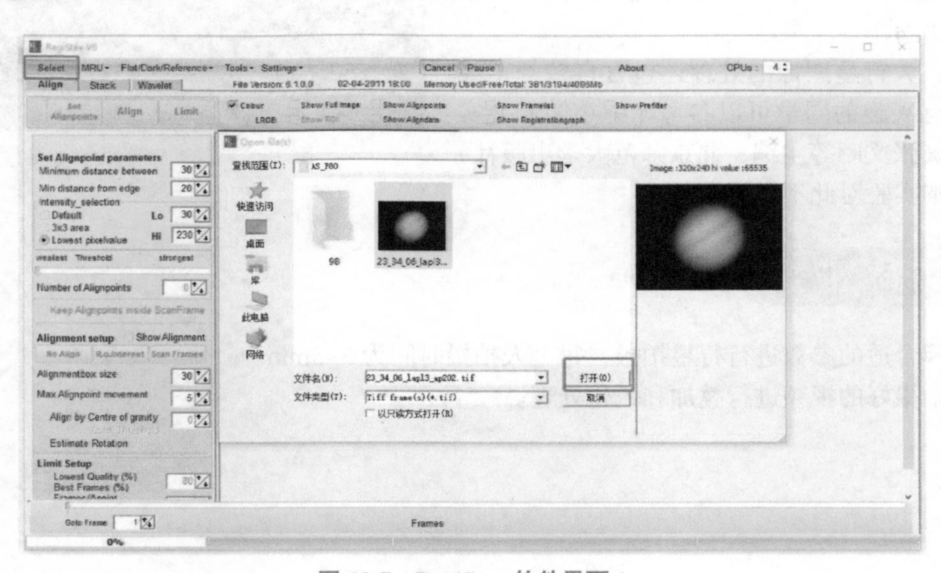

图 13-7　RegiStax 软件界面 1

（6）如果图像过小，可以点击“Show Full Image”（见图 13-8）放大图像。

（7）拖动左边所有的锐化滑动条对图像进行锐化。

图 13-8 RegiStax 软件界面 2

（8）可以自由选择右边的功能模块对图像进行处理，比如选择“RGB Balance”调整白平衡，在“Contrast/Brightness”中调节对比度和亮度等。

（9）全部完成后点击“Do All”开始执行。

（10）执行锐化完毕后，点击“Save image”保存锐化后的图片，得到处理完毕的图片，如图 13-9 所示。

图 13-9 处理完毕后的木星

注：大行星图像的处理还包含自转修正等内容，有兴趣的同学可以参考《中小学天文实验汇编》(张文昭等主编，北京师范大学出版社）一书，本实验对此不做要求。

作 业

1. 选择合适的参数进行行星拍摄，每个人拍摄时间为 3~5min。
2. 对拍摄好的视频进行叠加和锐化处理。

实验十四　深空天体的拍摄及后期处理

实验目的

1. 熟悉 CCD 的天体成像观测。
2. 学习 CCD 图像的基本校准处理方法。
3. 学习深空天体的彩色合成。

实验原理

深空天体的拍摄属于天文实验中一个难度较高的实验。想要拍摄一幅美丽的深空天体照片，需要考虑各个方面的影响因素。

首先要考虑的是拍摄地点。我们大部分的实验是在城市中的学校里进行的，但是，对于深空天体的拍摄来说，在城市里是很难做这个实验的，最主要的原因就是“光污染”。广义的“光污染”指的是对人们的视觉以及身体产生危害的一些光源照射。对于天文来说，一切影响观测的光都属于“光污染”的范畴。随着城市建设的发展，市内的各种灯光也越来越多，夜晚直射或反射到天空的光把整个夜空都照亮了。以北京为例，即使在非常晴朗的情况下，在市内抬头看夜空，也只能看到寥寥几颗星星，而在北京郊区的村子里，至少可以看到上百颗。另一方面，深空天体一般都比较暗，需要进行长时间的曝光拍摄，在“光污染”严重的地方，拍摄的目标完全淹没到背景光里了，在这些地方，很难进行深空天体的拍摄。所以，一般拍摄深空天体，都会选择在郊外周围没有什么“光污染”的地方。

其次要考虑拍摄设备。拍摄深空天体对设备的要求也比较高，深空天体都比较暗，肉眼基本上是看不到的，想要拍摄的话，就需要所选用的设备带有“goto”功能，能够在经过校准后自动指向拍摄目标。另外，深空天体拍摄时需要长时间跟踪曝光，这就要求望远镜的跟踪精度要高，一般在拍摄时会采用闭环导星的方式，即在望远镜跟踪偏离目标后，内部程序可以自动将望远镜拉回来，以保证在整个拍摄过程中一直指向拍摄目标，这就要求所选用的设备能够支持导星功能。

再次要考虑拍摄目标。我们在实验四的附录 4-1 中，学习了底片比例尺的概念。在望远镜和所选用的 CCD 确定后，我们就可以通过底片比例尺公式算出这套设备能够拍摄到的天空上多大的范围，比例尺公式为

$$l = \frac{206265''}{f} l_0$$

式中，l_0 表示了 CCD 传感器的长（或者宽，单位：mm）；f 表示了望远镜的焦距（单位：mm）；l 表示能够拍摄的天空上矩形的长［或者宽，单位：（$''$）］。根据计算结果，我们在选择拍摄目标的时候，最好能够使拍摄目标在整个画面中占有大部分。

我们在网络上看到的颜色艳丽的星系、星云图片，一般并不是直接用彩色相机拍摄出来的，而是通过后期合成的。红、绿、蓝是光的三原色，原则上，这三种颜色的光可以合成所有的颜色。我们拍摄深空天体时，一般使用黑白 CCD 相机加上 R、G、B 三色滤镜，分别拍摄红、绿、蓝三个通道的目标，后期处理时进行颜色合成。

在“实验十　CCD 性能指标测试（一）”中，我们学过，任何一幅 CCD 图像，都受到本底、暗流和平场的影响，在进行拍摄时，要提前制定拍摄计划，本底、暗流和平场都需要拍摄，以便后期进行处理。

实验器材

1. 北京师范大学慕士塔格 50cm 望远镜，如图 14-1 所示。
   口径：50cm　焦距：10m
2. ANDOR iXon Ultra 888 EMCCD 相机。
   有效像素：1024×1024
   像素大小：$13\mu m \times 13\mu m$
   传感器大小：$13.3mm \times 13.3mm$
3. MaxIm DL 图像处理软件。

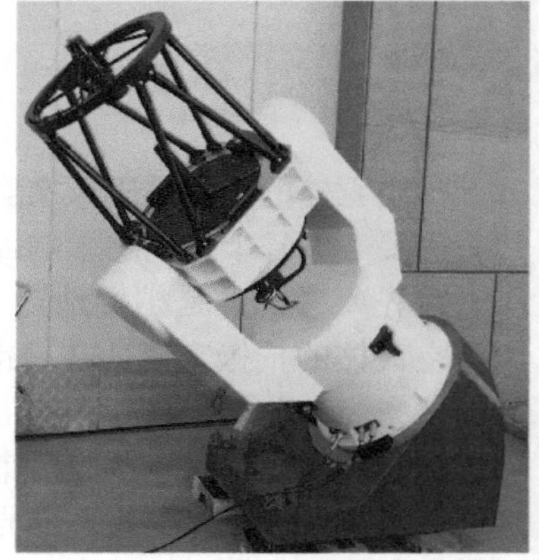

图 14-1　北京师范大学慕士塔格 50cm 望远镜

实验步骤

1. 选择拍摄目标。
   将设备参数代入底片比例尺计算公式：

$$l = \frac{206265''}{f} l_0$$

可计算出所选设备能够拍摄的天空范围约为：$274'' \times 274''$。

注：拍摄目标的选择需要根据目标的大小、目标的星等、目标出现的时间以及所拥有的设备等情况综合考虑，选择合适的拍摄目标，本实验中以 M57 为例。

2. 制订拍摄计划。

拍摄前一定要先制订好观测计划，包含查找目标源适合观测的时间，本底、暗流、平场的拍摄计划，不同滤光片拍摄时间和张数等。表 14-1 为拍摄计划示例，实际拍摄要根据需要制订。

3. 连接设备，进行拍摄。
   （1）连接好 CCD 相机、滤光片系统、导星设备（如果有）与计算机。
   （2）启动 CCD 相机控制软件，对 CCD 相机进行制冷。

表 14-1　拍摄计划表（示例）

拍摄内容	单张拍摄时长	拍摄时间	拍摄张数
本底	0s	随时可拍	5~10 张
暗流	与目标曝光时间相同	与拍摄目标前后相邻	每次曝光 1 张
平场	查看照片的 ADU 值，对于满阱为 65535，一般平场的 ADU 值在 20000~50000 之间都可以，需保证拍出来的照片内没有星点出现	在太阳刚落山时对着东边天空拍，或者太阳出来前对着西边天空拍	5~10 张
R 滤光片	300s（需根据使用设备和拍摄目标确定）	—	10 张
G（V）滤光片	300s	—	10 张
B 滤光片	300s	—	10 张

注：1. 暗流拍摄时，如果 CCD 工作温度稳定，通常拍摄一组当晚所需的最长时间作为所有照片的暗流使用。
2. 本拍摄计划表只是示例，具体拍摄时间需要根据设备情况、天气情况和拍摄目标等多种因素具体确定。

（3）使用星图软件（例如 SkyMap 等）查找拍摄目标的位置坐标（通常为 J2000 坐标系下的赤经与赤纬），输入望远镜控制系统中，并控制望远镜指向观测目标。

注：对于可移动小型望远镜来说，在步骤（3）之前还需要进行极轴校准和指向校准（两星或多星），本实验所使用的望远镜为固定在天文圆顶内的，故省略这一步。

（4）开启调焦模式，调节焦距至星点清晰。

（5）尝试拍摄一到两次，将拍摄的照片同 GSC 星图软件进行对比证认，确定望远镜指向区域为所要拍摄的区域。

（6）如果有导星系统，打开导星装置（本实验示例中无导星装置，故省略这一步）。

（7）根据拍摄计划进行拍照，拍摄完毕后存储成 FITS 格式。

（8）拍摄完毕后关闭 CCD 制冷系统，断开 CCD 与计算机的连接，最后退出软件，关闭 CCD 电源。

4.　天体图像处理。

（1）打开 MaxIm DL 软件，对拍摄的所有图像进行校准处理，即处理本底、暗流和平场（具体步骤详见附录 14-1）。

（2）删除图像的热点。

1）在菜单中点击“View”，选择“Batch Process Window”，弹出“Batch Process”窗口，如图 14-2 所示。（此工具可以将对单张照片的处理步骤录制下来，应用到所有图像中）

2）点击“Batch Process”窗口中的红色圆圈，即开始录制，如图 14-3 所示。

3）删除热点：即 CCD 中反应太灵敏的像素点。在图 14-4 中，选择“Hot Pixel”项，选择合适的阈值（默认值即可），点击 OK，即可自动删除热点。

注：热点的删除，需根据实际拍摄情况选择。对于一些没有做暗场处理的图像，最好进行热点的处理。

4）这时，“Batch Process”窗口中，出现了刚才删除热点的操作。点击黑色方块，停止录制。如图 14-5 所示。

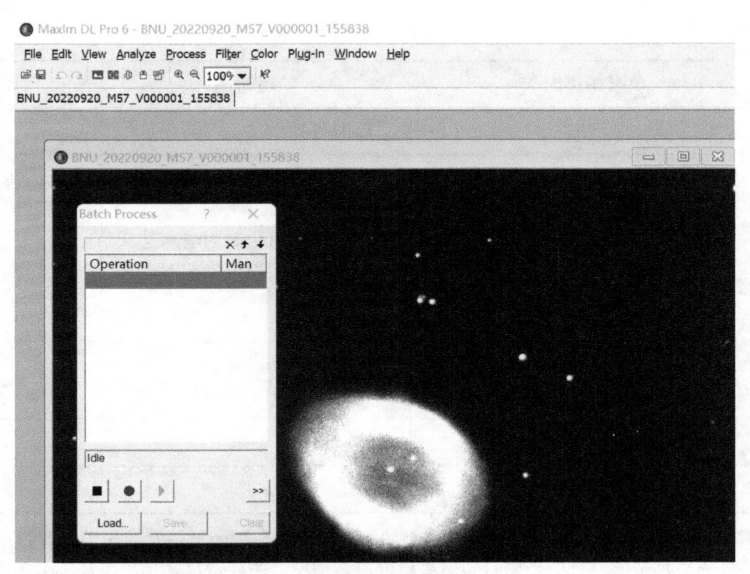

图 14-2 弹出“Batch Process”窗口

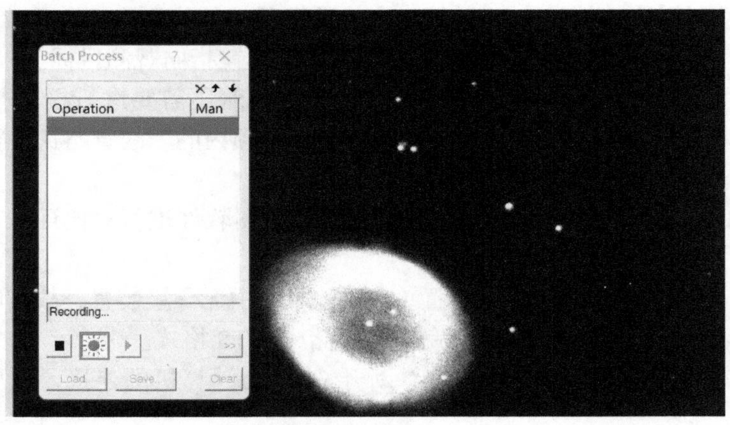

图 14-3 开始录制

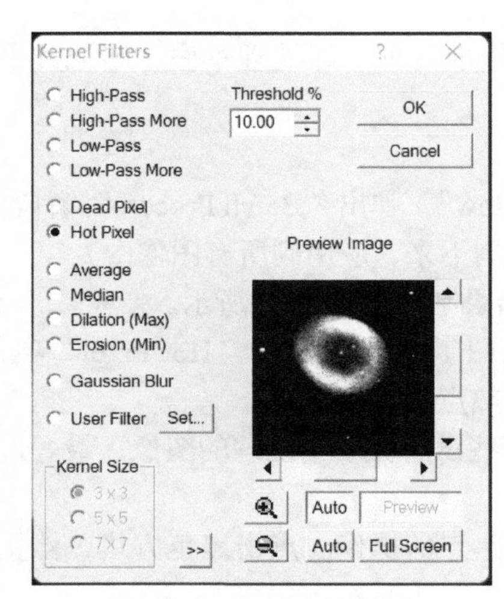

图 14-4 删除热点

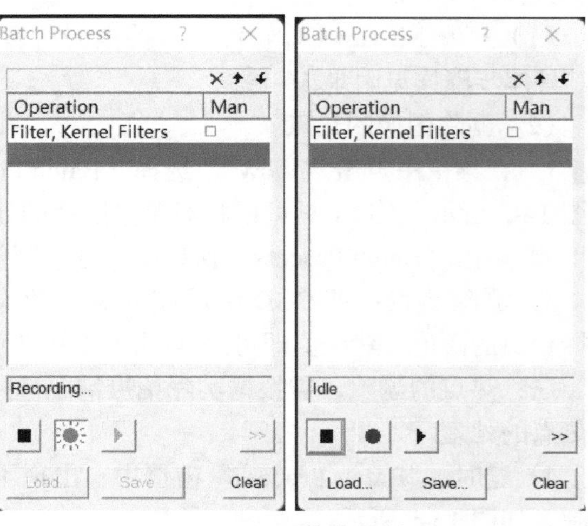

图 14-5 停止录制

5）点击“Batch Process”窗口中的“▶▶”，然后点击“Files...”，选中所有需要处理的图像文件，点击打开。然后选择快进按钮，如图 14-6 所示。即可对所有照片进行相同的处理。

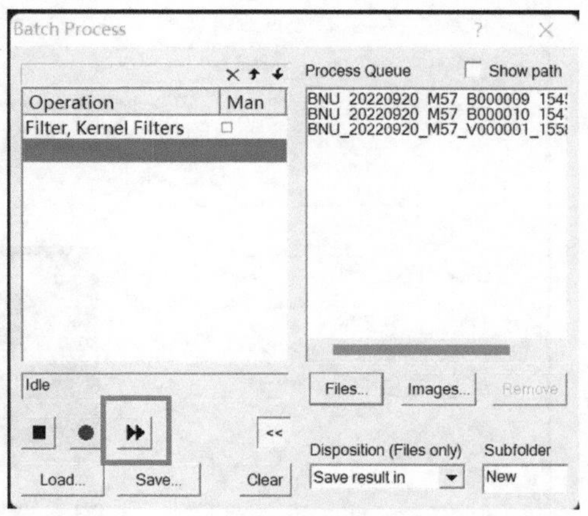

图 14-6　处理图像

（3）叠加图像。

1）点击“Process”菜单项，选择“Stack”。

2）在“Stack”对话框里，点击“Add Files...”，将相同颜色的图像导入软件，出现如图 14-7 所示界面（之前已经做过本底、暗流和平场的处理了，这里把“Auto Calibrate”前的勾选去掉）。

3）在“Align”选项卡中的“Mode”中，选择“Auto-star matching”。

4）在“Combine”选项卡中，为“Combine Method”选择“Sigma Clip”，为“FITS Format”选择“16-bit Int”，设置完毕后，点击“Go”按钮，进行图像叠加。叠加完毕后，存储叠加完成的图像。

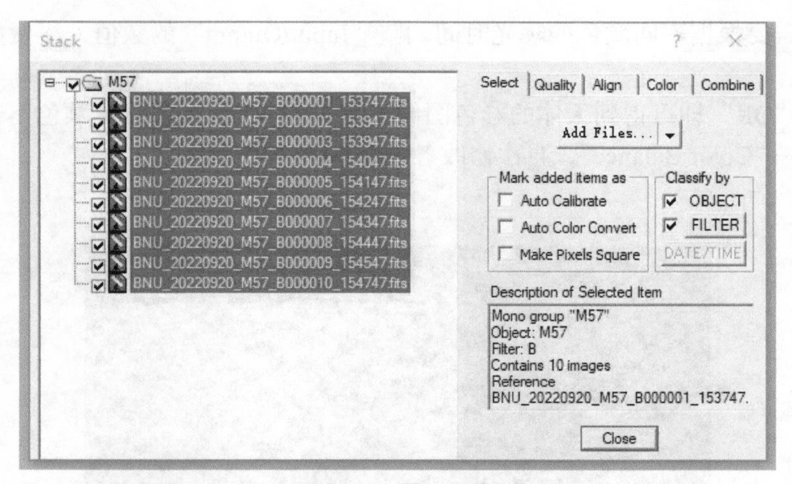

图 14-7　叠加图像

5）对不同颜色的图像，重复上述操作，得到叠加后的 B、V、R 三色图像。

（4）合成彩色图像。

1）点击“Color”菜单项，选择“Combine Color”，出现如图 14-8 所示界面，选择相应的滤光片类型“RGB”，在下面不同颜色后面选择对应的图片。

2）点击“Align...”进行图片位置校准，如图 14-9 所示。校准模式可以选择“Auto-star matching”。点击“Next Image”和“Previous Image”选择作为基准的图片，然后点击“OK”。此时程序会按照把图像中星像对齐的方式，校准不同颜色的图像。如果无法正确校准图像，可以选择“Manual-2”，选择两颗星校准。

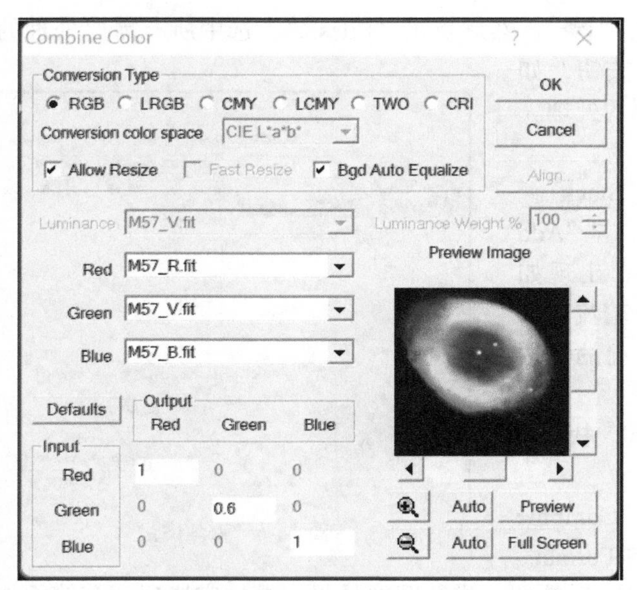

图 14-8 选择图片

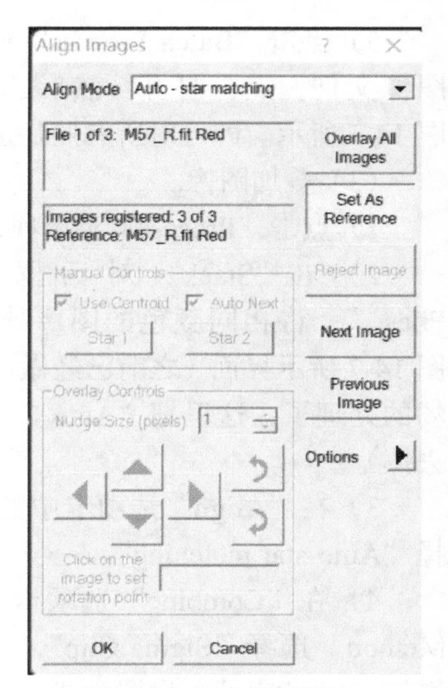

图 14-9 图片位置校准

3）此时需要根据不同颜色的曝光时间调整“Input/Output”的数值，尽量使图像反映真实的天体颜色。

4）单击“OK”即可得到天体的彩色图像（见图 14-10）。如果感觉颜色不合适，可以选择“Color”中“Color Balance”，再次修改各种颜色所占比例。

图 14-10 生成彩色图像

作 业

1. 每组拍摄 M31 一种颜色的图像。
2. 分析处理天体图像，校准处理本底、暗流和平场，删除冷热点等。
3. 对不同颜色图像进行叠加。
4. 将 B、V、R 三种滤光片天体 CCD 图像合成为彩色图像。

附录 14-1 CCD 图像的预处理——本底、暗流和平场

开展数据预处理的主要目的是降低相机靶面的热噪声、热像素、坏像素以及光学系统中灰尘光晕等因素对观测数据的影响，确保相机每个像素的响应尽可能均衡，提高信噪比从而获得更高灵敏度的数据。图像预处理也可以称为“图像校准”或者“图像还原”，用于修复探测器传感器以及光学系统中的微小缺陷，是提高拍摄数据质量的关键环节。探测器尽管经历了多年的技术改进和产品迭代，但是没有任何一种电子成像设备是完美的。这些影响不仅存在于不同的传感器中，即使在同一个传感器的不同像素之间也都存在差异，这些因素以不同方式影响图像中每个像素所代表的真实强度值。成像设备中很难解决的微小缺陷虽然对白天高亮度目标图像影响较小，但是对于夜间低亮度暗弱目标图像拍摄影响非常大，因此在数据处理前需要首先开展数据预处理工作。

对于本底，作为测光望远镜探测终端，实验中我们采用了 CCD 探测器，CCD 在未曝光状态下理论读数应该为零，但实际读数并不在零点。数据预处理阶段本底处理就是要消除这种 CCD 仪器本身的不均匀偏压值。处理时通常拍摄一组本底，将整组的本底数据采用平均值或者中值合并的方式，生成一幅新的合并后本底图像，然后将需要做本底处理的所有图像统一进行减本底操作。

对于暗流，其主要来源于 CCD 芯片内部电子随机运动造成的电子聚积。暗流随温度升高而变化，一般温度每升高 5~7℃，暗流会增加一倍，因此为消除暗流对数据产生的影响，一般会对 CCD 进行制冷。拍摄时一般采用不开快门进行曝光，获得此时图像中热电子产生的读数，原则上当晚观测图像最长曝光时间多久，需要拍摄一组对应最长曝光的图像。假定暗流是线性的，这样例如 100s 的暗流图像应用在 30s 的目标图像时，可以在数据处理时对暗流进行归一化，然后归算到对应曝光时间的暗流数据。

对于平场，望远镜系统、滤镜以及探测器系统响应不均匀性会导致呈现在 CCD 器件上每个像素的响应不均匀，即亮度均匀的光照在 CCD 上，输出的最终图像也会出现响应不均匀现象，因此为了消除以上现象对观测数据精度的影响，需要在数据预处理阶段对平场图像进行处理。拍摄时通常采取拍摄天光平场的方式，即对着太阳刚落山时的东方天空拍摄或者太阳升起之前的西方天空拍摄。

由于本底图像是零秒曝光，本底图像中只包含本底数据。暗流图像中包含本底和暗流数据。平场图像则包含了本底、暗流以及平场数据。数据预处理流程如下：第一步，本底图像合并；第二步，将合并好的本底数据从暗流图像中扣除，再进行暗流图像合并；第三步，将合并好的本底数据和暗流数据从平场图像中扣除，再进行平场图像合并；最后将合并好的本

底、暗流和平场数据从科学目标数据图中进行减本底、减暗流和除平场的操作即可完成科学数据预处理工作。

本次数据处理我们采用了 MaxIm DL 软件，该软件适用于 Windows 平台，支持对天文圆顶、赤道仪、调焦器、滤光片转轮以及探测器等硬件设备的控制协议。数据处理演示部分软件版本为 MaxIm DL version 6.11，不同版本之间的界面及操作会稍有调整，整体流程及功能基本保持一致。下面，具体介绍一下预处理的操作步骤。

1. 打开 MaxIm DL 软件，在菜单栏中点击“Process”模块，选择“Calibration Wizard”选项，此时出现图 14-11 对话框，对话框中提示信息为快速校准的参考信息，阅读相关提示信息后，点击“Next”选项，出现图 14-12 中的对话框，点击“...”打开观测数据文件夹所在的磁盘路径，为方便软件进行数据处理，尽量将 BIAS、DARK、FLAT 图像以及科学目标观测图像按照类型统一命名分类整理后放在同一文件夹（比如 BIAS 文件的文件名字需要含有 BIAS 这个单词，不区分大小写）。对于初学者来说，虽然可以手动创建组并向其中添加对应文件，但使用 Calibration Wizard 向导功能最佳的方式是使用其自动识别的特性。

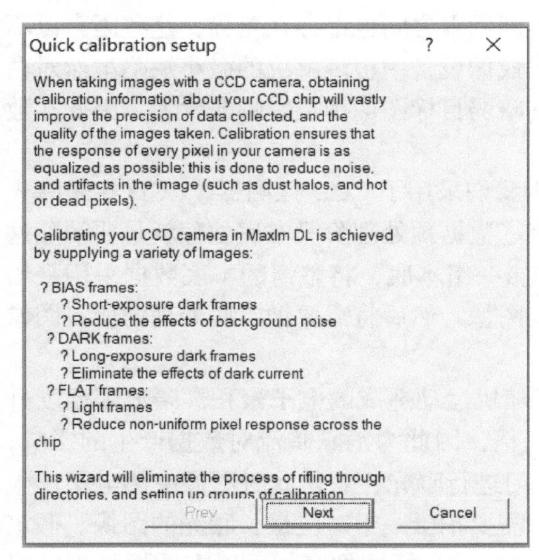

图 14-11　快速校准设置界面

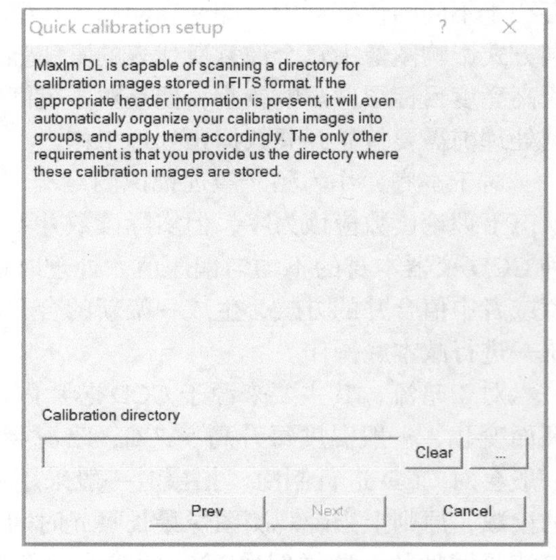

图 14-12　数据文件夹设定界面

2. 完成上述参数设定后，点击图 14-12 中的“Next”选项，此时快速校准模式下软件将会扫描以 FITS 格式存储的图像目录，见图 14-13 示例，然后点击“Finish”。如果 Bias、Dark、Flat 文件名及 FITS header 界面内的 IMAGETYP 参数信息识别正确，软件将会根据对应参数对各类图像自动分组。图 14-14 中为 FITS header 的显示示例，内部会显示各个参数对应的信息，其中红框标注位置为 IMAGETYP，此处打开的图像为 Bias 图像。
3. 完成上述设置后，点击“Process”模块中的“Set Calibration”选项，此时弹出图 14-15 提示框，在“Source Folder”选项处键入待处理数据所在的文件夹路径，点击“Auto-Generate”选项，此处有 Clear Old 和 Keep Old 两种模式，即清除或保留现有校准组数据，初次设置直接点击“Auto-Generate”即可。

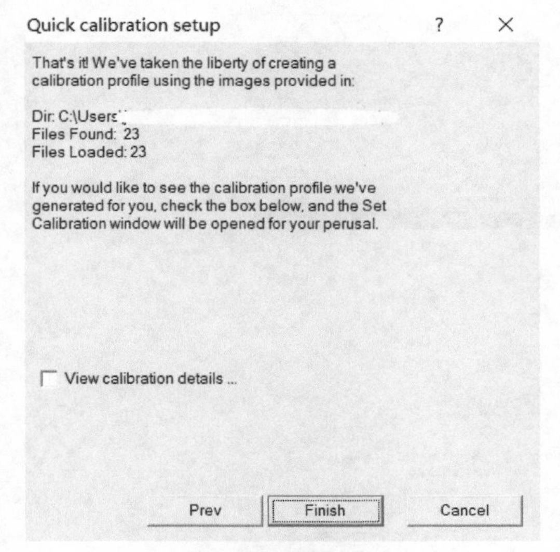

图 14-13　快速校准设置识别界面

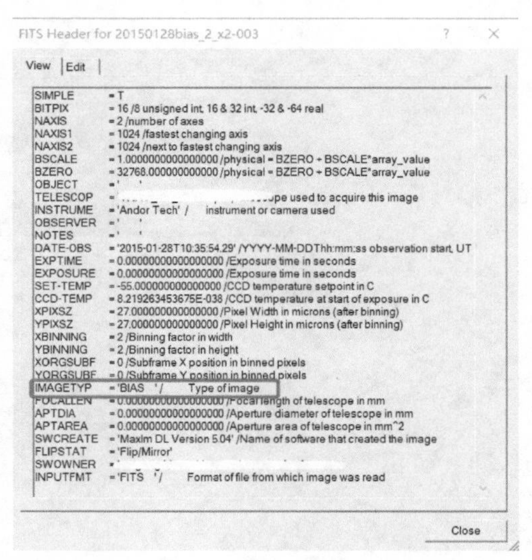

图 14-14　FITS header 界面

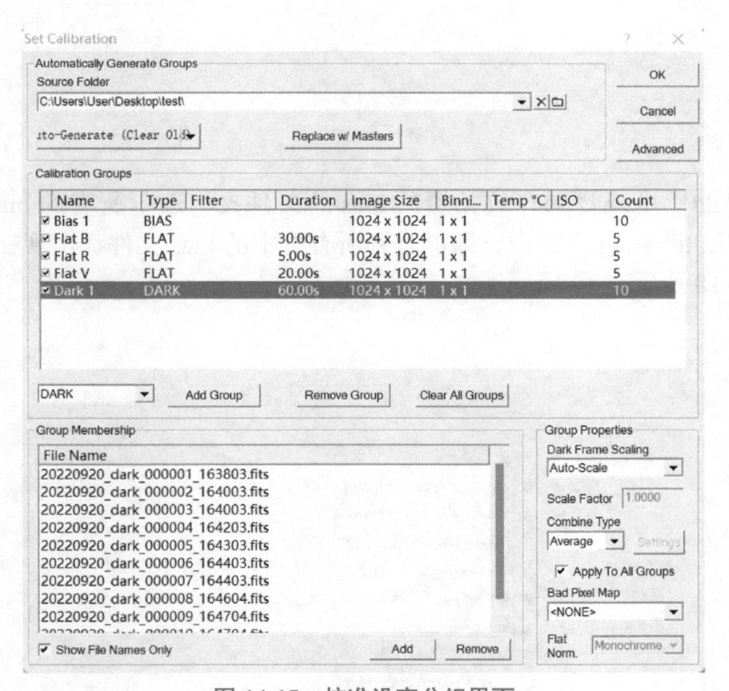

图 14-15　校准设定分组界面

4. 如果自动识别分类出现问题，可在“Add Group”“Remove Group”“Clear All Groups”处手动进行适当调整，根据图像类型选择左侧选框中的对应图像类型选项，并在下面“Group Membership”选框内对应处通过“Add”或者“Remove”选项添加或者删除对应类别的图像文件。

（1）在“Add Group”左边的选择框内选择“BIAS”，然后点击“Add Group”，在“Calibration Groups”里面就出现了表示 Bias 的 Bias 1 组，如图 14-16 所示。

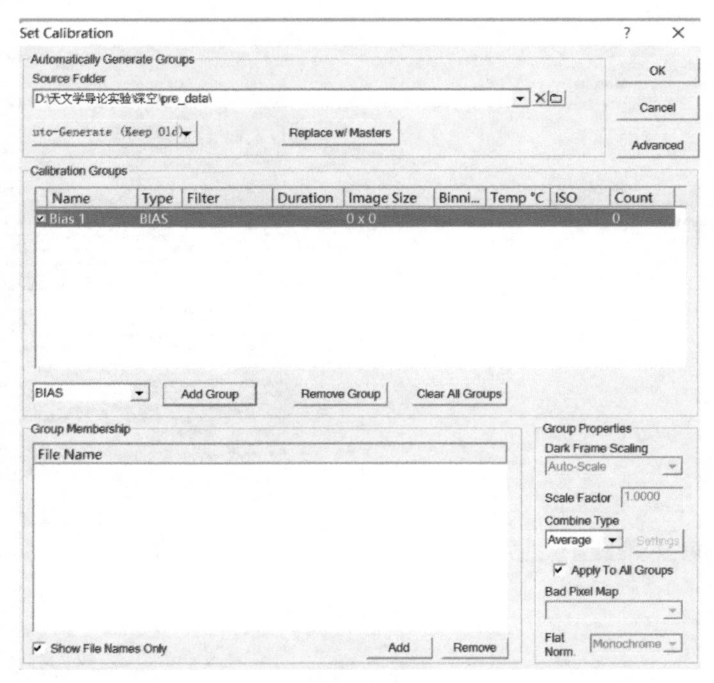

图　14-16

（2）点击 Add，出现找到存放拍摄的 bias 的文件夹，选中所有的 bias 图像后，点击“打开”，在 Set Calibration 界面内，即可看到所有选中的 bias 文件都出现在 Bias1 组里。如图 14-17、图 14-18 所示。

图　14-17

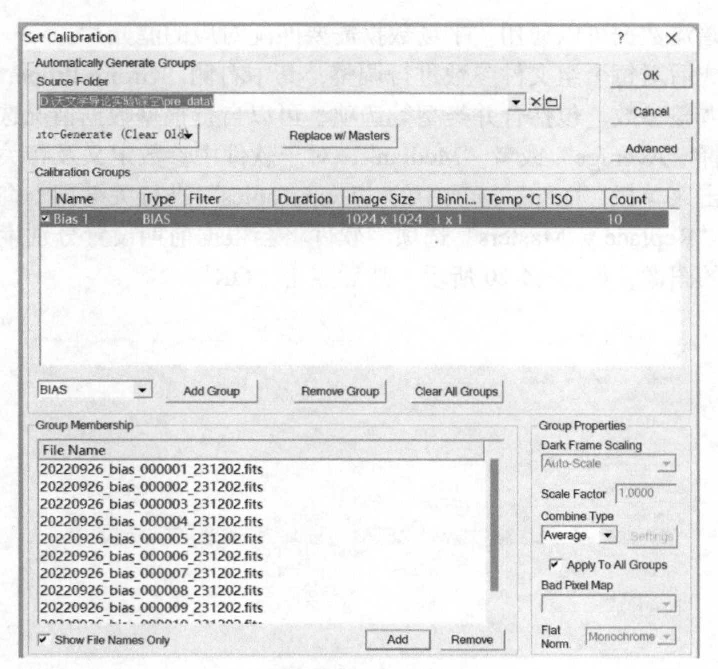

图　14-18

（3）同理，将 Flat 和 Dark 添加到 Calibration Groups 中（见图 14-19），其中，Name 是可以改动的。

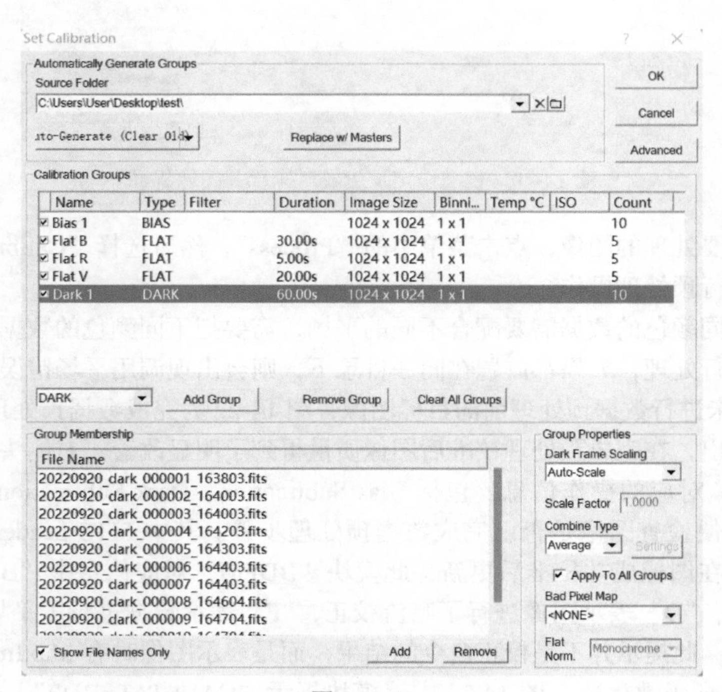

图　14-19

注：本底和暗流数据可以通用，平场数据需要匹配对应的滤光片。

5. 分组设定完成后对每个组文件参数进行调整，其中右侧“Group Properties”部分可以根据图像类型调整参数，包括合并类型等选项，可以自行根据数据情况选择适合的合并类型，通常选择“Average”或者“Median”，对于软件中参数定义及相关信息不清楚的参数，可以点击菜单栏“Help”选项中的“Help Topics”进行关键词查询。设置完上述参数后，点击“Replace w/Masters”选项，软件将会根据前期设置分别生成对应的Master文件头名称的图像，如图14-20所示。然后点击“OK”。

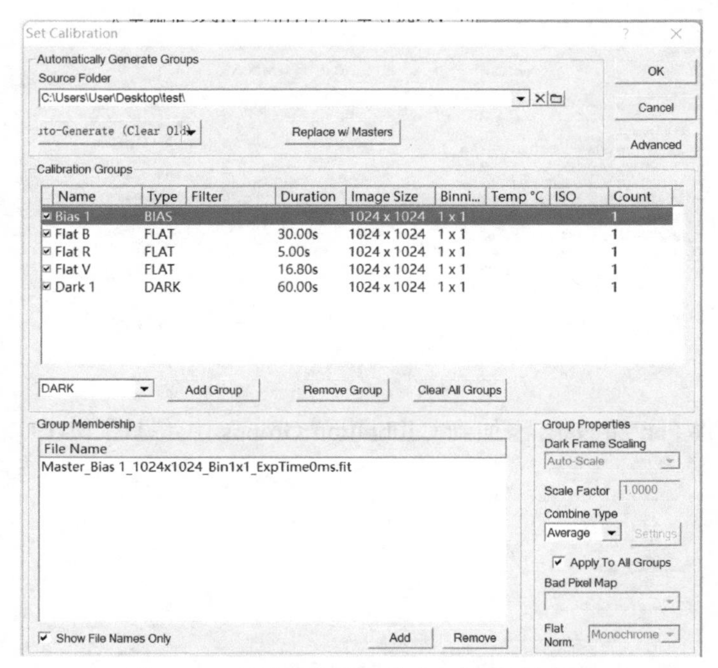

图 14-20 校准设定及生成对应合并图像界面

6. 打开所有需要处理的图像，点击菜单中的“Process”，然后选择“Calibration All”，所有图像自动进行预处理操作。

注：由于不同颜色的数据需要配合不同的平场，需要把不同颜色的数据与对应的平场单独建立文件夹进行处理，如果都放置在同一目录下，则会出现调用平场错误。

7. 图14-21为未进行数据预处理前的目标图像，图14-22为完成数据预处理后的目标图像，对比可以看出，在完成预处理校准后图像质量得到了明显改善，右侧头文件信息中增加了HISTORY对应的操作信息，包括Bias Subtraction、Dark Subtraction、Flat改正等操作，可以方便检查图像是否已完成数据预处理步骤。其中FITS header中的CALSTAT模块信息将在图像成功校准后更新，此模块“BDFM”对应信息中“B”代表图像进行了本底校正，“D”表示图像进行了暗流校正，“F”表示数据进行了平场校正，“M”有可能也出现，此提示并不是校正命令的结果，而是表示图像时有MaxIm’s软件的Create Master Frames函数生成。图14-22中该模块提示“CALSTAT=BDF”，表明科学数据图像完成了本底、暗流以及平场的统一校准。

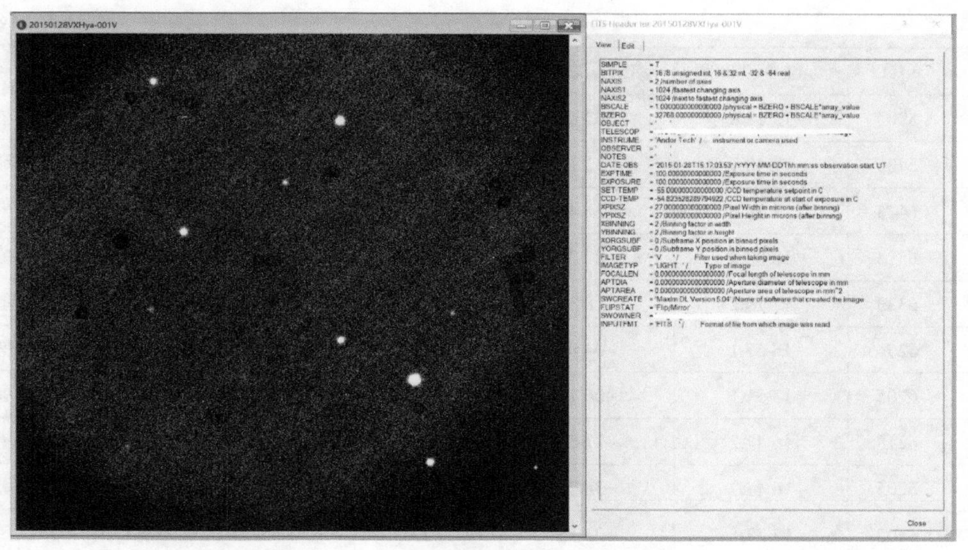

图 14-21 未进行数据预处理前的目标图像

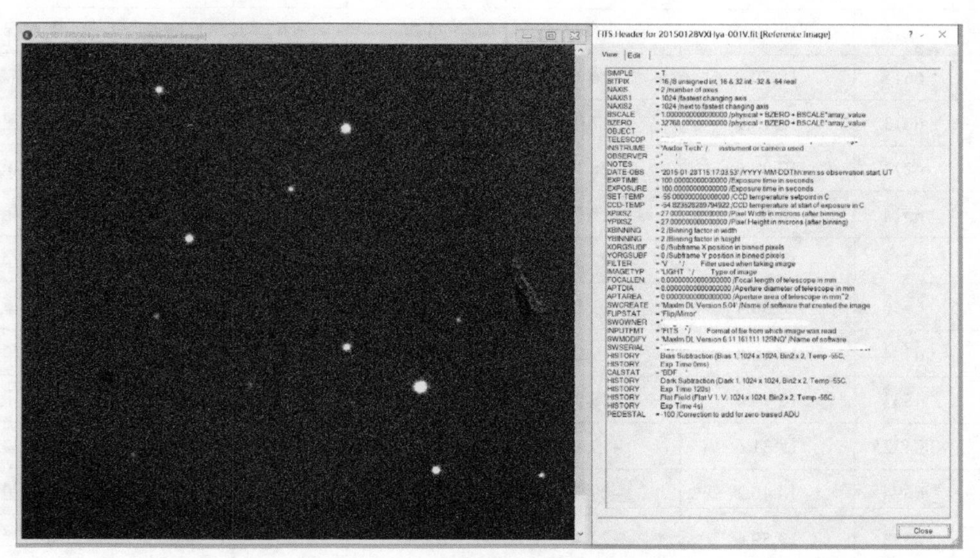

图 14-22 完成数据预处理后的目标图像

附录 14-2 梅西耶天体表

编号	NGC	赤经（J2000）	赤纬（J2000）	尺度 /(′)	视星等	星座	类型或名称
M 1	1952	05 34.5	+22 01	6×4	8.4	金牛座	蟹状星云
M 2	7089	21 33.5	−00 49	13	6.5	宝瓶座	球状星团
M 3	5272	13 42.5	+28 23	16	6.4	猎犬座	球状星团
M 4	6121	16 23.6	−26 32	26	5.9	天蝎座	球状星团

（续）

编号	NGC	赤经（J2000）	赤纬（J2000）	尺度 /（′）	视星等	星座	类型或名称
M 5	5904	15 18.6	+02 05	17	5.8	巨蛇座	疏散星团
M 6	6405	17 40.1	−32 13	15	4.2	天蝎座	疏散星团
M 7	6475	17 53.9	−34 49	80	3.3	天蝎座	疏散星团
M 8	6523	18 03.8	−24 23	90 × 40	5.8	人马座	礁湖星云
M 9	6333	17 19.2	−18 31	9	7.9	蛇夫座	球状星团
M10	6254	16 57.1	−04 06	15	6.6	蛇夫座	球状星团
M11	6705	18 51.1	−06 16	14	5.8	盾牌座	疏散星团
M12	6218	16 47.2	−01 57	15	6.6	蛇夫座	球状星团
M13	6205	16 41.7	+36 28	17	5.9	武仙座	球状星团
M14	6402	17 37.6	−03 15	12	7.6	蛇夫座	球状星团
M15	7078	21 30.0	+12 10	12	5.4	飞马座	球状星团
M16	6611	18 18.8	−13 47	35	6.0	巨蛇座	老鹰星云
M17	6618	18 20.8	−16 11	46 × 37	7.0	人马座	奥米加星云
M18	6613	18 19.9	−17 08	9	6.9	人马座	疏散星团
M19	6273	17 02.6	−26 16	14	7.2	蛇夫座	球状星团
M20	6514	18 02.3	−23 02	29 × 27	6.3	人马座	三叶星云
M21	6531	18 04.6	−22 30	13	5.9	人马座	疏散星团
M22	6656	18 36.4	−23 54	24	5.1	人马座	球状星团
M23	6494	17 56.8	−19 01	27	5.5	人马座	疏散星团
M24	6603	18 18.4	−18 25	90	4.5	人马座	疏散星团
M25	IC4725	18 31.6	−19 15	32	4.6	人马座	疏散星团
M26	6694	18 45.2	−09 24	15	8.0	盾牌座	疏散星团
M27	6853	19 59.6	+22 43	8 × 4	8.1	狐狸座	哑铃星云
M28	6626	18 24.5	−24 52	11	6.9	人马座	球状星团
M29	6913	20 23.9	+38 32	7	6.6	天鹅座	疏散星团
M30	7099	21 40.4	−23 11	11	7.5	摩羯座	球状星团
M31	224	00 42.7	+41 16	178 × 63	3.4	仙女座	仙女座大星云
M32	221	00 42.7	+40 52	8 × 6	8.2	仙女座	椭圆星系
M33	598	01 33.9	+30 39	62 × 39	5.7	三角座	漩涡星系
M34	1039	02 42.0	+42 47	35	5.2	英仙座	疏散星团
M35	2168	06 08.9	+24 20	28	5.1	双子座	疏散星团
M36	1960	05 36.1	+34 08	12	6.0	御夫座	疏散星团

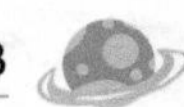

（续）

编号	NGC	赤经（J2000）	赤纬（J2000）	尺度 /(′)	视星等	星座	类型或名称
M37	2099	05 52.4	−32 33	24	5.6	御夫座	疏散星团
M38	1912	05 28.7	+35 50	21	6.4	御夫座	疏散星团
M39	7092	21 32.2	+48 26	32	4.6	天鹅座	疏散星团
M40	—	12 22.4	+58 05	—	8.0	大熊座	双星
M41	2287	06 47.0	−20 44	38	4.5	大犬座	疏散星团
M42	1976	05 35.4	−05 27	66 × 60	4	猎户座	猎户座大星云
M43	1982	05 35.6	−05 16	20 × 15	9	猎户座	弥漫星云
M44	2632	08 40.1	+19 59	95	3.1	巨蟹座	鬼星团
M45	—	03 47.0	+24 07	110	1.2	金牛座	昴星团
M46	2437	07 41.8	−14 49	27	6.1	船尾座	疏散星团
M47	2422	07 36.6	−14 30	30	4.4	船尾座	疏散星团
M48	2548	08 13.8	−05 48	54	5.8	长蛇座	疏散星团
M49	4472	12 29.8	+08 00	9 × 7	8.4	室女座	椭圆星系
M50	2323	07 03.2	+08 20	16	5.9	麒麟座	疏散星团
M51	5194	13 29.9	+47 12	11 × 8	8.8	猎犬座	漩涡星系
M52	7654	23 24.2	+61 35	13	6.9	仙后座	疏散星团
M53	5024	13 12.9	+18 10	13	7.7	后发座	球状星团
M54	6715	18 55.1M	−30 29	9	7.7	人马座	球状星团
M55	6809	19 40.0	−30 58	19	7.0	人马座	球状星团
M56	6779	19 16.6	+30 11	7	8.2	天琴座	球状星团
M57	6720	18 53.6	+33 02	1	9.0	天琴座	环状星云
M58	4579	12 37.7	+11 49	5 × 4	9.8	室女座	漩涡星系
M59	4621	12 42.0	+11 39	5 × 3	9.8	室女座	椭圆星系
M60	4649	12 43.7	+11 33	7 × 6	8.8	室女座	椭圆星系
M61	4303	12 21.9	+4 28	6 × 6	6.6	室女座	漩涡星系
M62	6266	17 01.2	+30 07	14	8.8	蛇夫座	球状星团
M63	5055	13 15.8	+42 02	12 × 8	8.6	猎犬座	漩涡星系
M64	4826	12 56.7	+21 41	9 × 5	8.5	后发座	漩涡星系
M65	3623	11 18.9	+13 05	10 × 3	9.3	狮子座	漩涡星系
M66	3627	11 20.2	+12 59	9 × 4	9.0	狮子座	漩涡星系
M67	2682	08 50.4	+11 49	30	6.9	巨蟹座	疏散星团
M68	4590	12 39.5	+26 45	12	8.2	长蛇座	球状星团

（续）

编号	NGC	赤经（J2000）	赤纬（J2000）	尺度 /(′)	视星等	星座	类型或名称
M69	6637	18 31.4	−32 21	4	7.7	人马座	球状星团
M70	6681	18 43.2	−32 18	8	8.1	人马座	球状星团
M71	6838	19 53.9	+18 47	7	8.3	天箭座	球状星团
M72	6981	20 53.5	−12 32	6	9.4	宝瓶座	球状星团
M73	6994	20 59.0	−12 38	3	8.9	宝瓶座	疏散星团
M74	628	01 36.7	+15 47	10 × 10	9.2	双鱼座	漩涡星系
M75	6864	20 06.1	−21 55	6	8.6	人马座	球状星团
M76	651	01 42.4	+51 34	2 × 1	12.2	英仙座	行星状星云
M77	1068	02 42.7	−00 01	7 × 6	8.8	鲸鱼座	漩涡星系
M78	2068	05 46.7	+00 03	8 × 6	—	猎户座	弥漫星云
M79	1904	05 24.5	+24 33	9	8.0	天兔座	球状星团
M80	6093	16 17.1	+22 59	9	7.2	天蟹座	球状星团
M81	3031	09 55.6	+69 04	26 × 14	6.9	大熊座	漩涡星系
M82	3034	09 55.8	+69 41	11 × 5	8.4	大熊座	不规则星系
M83	5236	13 37.0	−18 52	11 × 10	8.0	长蛇座	漩涡星系
M84	4374	12 25.1	+12 53	5 × 4	9.3	室女座	椭圆星系
M85	4382	12 25.4	+18 11	7 × 5	9.2	后发座	椭圆星系
M86	4406	12 26.2	+12 57	7 × 6	9.2	室女座	椭圆星系
M87	4486	12 30.8	+12 24	7 × 7	8.6	室女座	椭圆星系
M88	4501	12 32.0	+14 25	7 × 4	9.5	后发座	漩涡星系
M89	4552	12 35.7	+12 33	4 × 4	9.8	室女座	椭圆星系
M90	4569	12 36.8	+13 10	10 × 5	9.5	室女座	漩涡星系
M91	4548	12 35.4	+14 30	5 × 4	10.2	后发座	漩涡星系
M92	6341	17 17.1	+43 08	11	6.5	武仙座	球状星团
M93	2447	07 44.6	+23 52	22	6.2	船尾座	疏散星团
M94	4736	12 50.9	+41 07	11 × 9	8.2	猎犬座	漩涡星系
M95	3351	10 44.0	+11 42	7 × 5	9.7	狮子座	棒旋星系
M96	3368	10 46.8	+11 49	7 × 5	9.2	狮子座	漩涡星系
M97	3587	11 14.8	+55 01	3	12.0	大熊座	行星状星云
M98	4192	12 13.8	+14 54	10 × 3	10.1	后发座	漩涡星系
M99	4254	12 18.8	+14 25	5 × 5	9.8	后发座	漩涡星系
M100	4321	12 22.9	+15 49	7 × 6	9.4	后发座	漩涡星系

（续）

编号	NGC	赤经（J2000）	赤纬（J2000）	尺度 /(′)	视星等	星座	类型或名称
M101	5457	14 03.2	+54 21	27 × 26	7.7	大熊座	漩涡星系
M102	5866	15 06.5	+55 46	5 × 2	11.1	天龙座	透镜星系
M103	581	01 33.2	+60 42	6	7.4	仙后座	疏散星团
M104	4594	12 40.0	−11 37	8 × 4	9.0	室女座	草帽星系
M105	3379	10 47.8	+12 35	5 × 4	9.3	狮子座	椭圆星系
M106	4258	12 19.0	+47 18	18 × 8	8.3	猎犬座	漩涡星系
M107	6171	16 32.5	−13 03	10	8.1	蛇夫座	球状星团
M108	3556	11 11.5	+55 40	8 × 3	10.1	大熊座	漩涡星系
M109	3992	11 57.6	+53 23	8 × 5	9.8	大熊座	棒旋星系
M110	205	00 40.4	+41 41	17 × 10	8.0	仙女座	椭圆星系

实验十五　极限星等和视宁度的测量

实验目的

1. 了解极限星等和视宁度的概念。
2. 掌握极限星等和视宁度的测量及数据处理方法。
3. 复习 CCD 相机的照相观测。

实验原理

极限星等是衡量天文望远镜观测能力的重要性能指标之一，一般指的是在理想条件下，通过望远镜能够观测到的最暗的星等，分为目视极限星等和照相极限星等。

极限星等跟很多因素有关。首先就是望远镜的口径，口径越大，单位时间内收集到的光子就越多，就越能看到更暗的天体。其次，跟望远镜后端的探测器有关，不同探测效率的探测器，能够观测到的极限星等是不同的。其中，照相极限星等还涉及长时间积分，所以它与望远镜的跟踪精度也有关系，受到跟踪精度的影响。除此之外，极限星等还受到天光背景、大气吸收系数等多种因素的影响。

对于目视极限星等，一般可以用下面的经验公式计算，即

$$m=2.1+\lg D$$

式中，m 为目视极限星等；D 为望远镜的口径，单位为 mm。

视宁度在天文中反映了观测到的星像的清晰程度，取决于大气湍流的影响，经常用“seeing”表示。大气湍流使得大气中各个区域的密度不稳定，这样，天体发出的光在穿过地球大气时，就会产生不规则的偏折，反映到观测中，会使观测到的天体的图像发生闪烁跳动或者变得更加模糊弥散。

天文中经常用星像的半高全宽（FWHM，MaxIm DL 软件）来表示视宁度的大小，如图 15-1 所示。

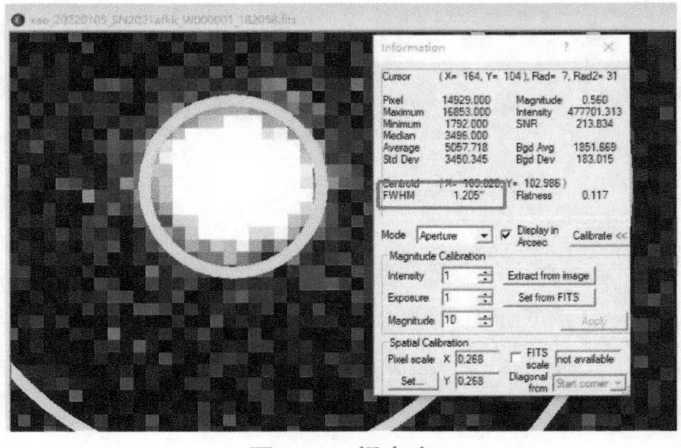

图 15-1　视宁度

实验器材

1. 北京师范大学教九楼 40cm 望远镜。
   口径：40cm 焦距：6m 目镜：40mm、20mm、6mm
2. SBIG STL6303 CCD 相机附加 V 波段滤光片。
3. 软件：Stellarium、MaxIm DL、GSC。
   注：本实验可以根据实际条件选用不同的望远镜和 CCD 相机。

实验步骤

1. 目视观测。

（1）打开 Stellarium 星图软件（或者其他星图软件），在天顶附近恒星比较密集的天区，选择视星等大致在 7~8 等的恒星，查出其基本参数（赤经、赤纬）。

（2）将 Stellarium 调为目镜模式，更改目镜参数与望远镜参数，使其与所使用的一致，仔细观察所选恒星及其周围恒星图形，以便在望远镜中证认，该天区内应有 9~11 等不同星等的恒星，如图 15-2 所示。如果视场内天体数量过少，可以更换更大焦距的目镜，或者选用较短焦距的望远镜。

注：为减小大气影响，极限星等的观测，应选择天顶距尽量小的天体。

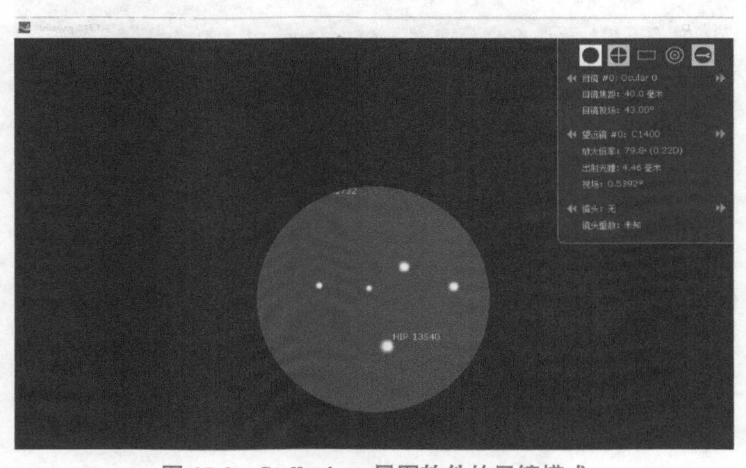

图 15-2 Stellarium 星图软件的目镜模式

（3）将望远镜指向目标恒星，并将恒星移至视场中心。

（4）在望远镜中观察恒星，找出最暗的星，从星图软件中读出对应恒星的星等。

（5）多次重复步骤（1）~（4），选择不同的天区，找出各个天区内的最暗星等，将其中最暗的星的星等作为该望远镜在当前条件下的目视极限星等。

2. CCD 照相观测。

（1）将 CCD 相机与计算机连接，并对 CCD 进行制冷。

（2）打开 Stellarium 星图软件，在天顶附近选择一颗较暗的恒星，记录其赤经、赤纬坐标。打开 GSC 软件，将记录的赤经、赤纬输入软件，找到这颗恒星。上下左右移动 GSC 星图，找到其附近一块没有什么亮星的天区，作为此次的观测天区。

（3）控制望远镜指向此观测天区的中心。

（4）调节望远镜焦距，并用 CCD（不加滤光片）对该天区进行拍摄，对照 GSC 星图进行证认，确认望远镜指向的天区为所要观测的天区。

（5）加上 V 波段滤光片，微调焦距，使得观测的像最清晰。

（6）从曝光 10s 开始（不同望远镜曝光时间不同，根据具体情况设定），不断加长曝光时间，直至拍出来的星像出现拖影为止。选择未拖影的最长曝光时间的照片作为用来证认极限星等的照片。

（7）用 MaxIm DL 软件分析天体图像，找出符合要求的最暗的几颗星，在 GSC 星图中证认，读出其星等，其中星等值最大的就是要找的最暗的星，其 V 星等的星等值即为当前条件下，望远镜照相观测的极限 V 星等。

注：测量 CCD 极限星等时需注意的问题：

① 所采用的内径孔径大小应正好圈住所测的星。

② 要求所测星的信噪比 SNR（在 MaxIm DL 软件的“Information”窗口，见图 15-3）要大于 10，才算可证认的星。

③ 不要选择已拉长拖影的星（不圆）。

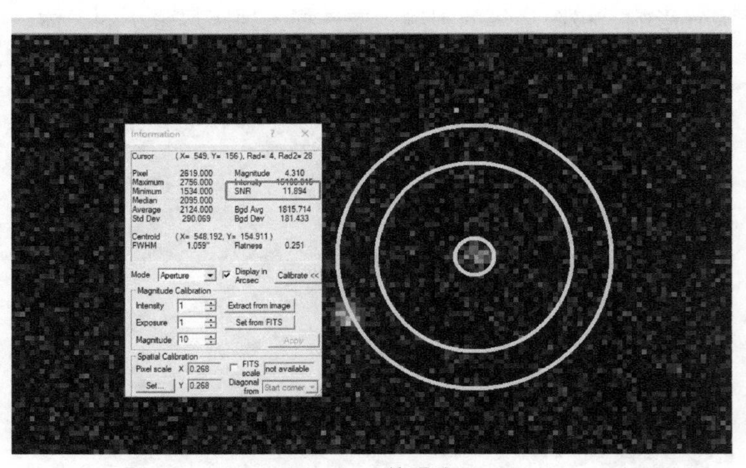

图 15-3　信噪比

3.　视宁度测量。

（1）使用 MaxIm DL 打开所拍摄的 CCD 照片，在中心附近找出几颗曝光时间合适、信噪比高的恒星作为测量视宁度的目标。

（2）在“Information”窗口的“Spatial Calibration”（见图 15-4 的左下角）中，点击“Set...”，进去后使用“Calculator”，输入“Pixel Size”的值和望远镜焦距“Focal Length”的值，点击“Calculate scale”，计算像素比例尺，然后点击“OK”。

（3）采用孔径测光“Aperture”，测出恒星的半高全宽“FWHM”，单位为角秒。

（4）将几颗星的半高全宽做平均，平均值即为视宁度。

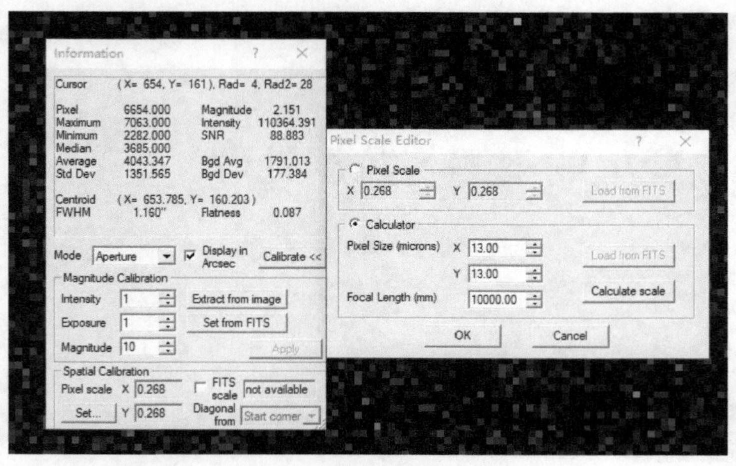

图 15-4　计算像素比例尺

注：视宁度测量时需注意的问题：

① 选择视宁度测量的星时，其 ADU 值不能过曝，对于 16bit 相机来说，ADU 值不能达到 65535。

② 所采用的内径孔径大小应正好圈住所测的星。

③ 尽量选择视场中央的星，以减少像差带来的误差。

④ 不要选择已拉长拖影的星（不圆）。

作　业

1. 测出当时环境下的目视极限星等。
2. 测出当时环境下的照相极限星等。
3. 测出当时环境下的视宁度。

实验十六　变星的观测与数据处理

实验目的

1. 了解变源的亮度变化的基本原理。
2. 了解天文望远镜观测选源流程与前期观测准备工作。
3. 掌握如何选择合适目标源开展观测及收集整理完整观测数据的流程。
4. 学习利用科学数据处理软件分析变源数据并获得光变曲线。

实验原理

变星主要是指亮度随时间发生变化的恒星，通常分为由于几何原因引起光度变化的几何变星以及由于内部自身引起亮度变化的物理变星。

几何变星主要是天体目标相对于观测者视角出现亮度的变化，常见于掩食、转动等现象，其中掩食主要是指两颗星相互绕转时发生相互遮挡进而引起光度产生周期性变化的现象，在观测者与两星绕转平面保持一定夹角范围内可以观测到此现象，通过掩食可以测量恒星的质量、半径等参数。转动引起的变星主要是由于表面亮度不均匀或者形状不规则的天体相对于观测者发生转动时产生的光度变化现象。

物理变星主要是指由自身演化引起的亮度变化，从而引起的脉动或爆发等现象。由于恒星内部结构和演化方式的不同，变星的亮度变化种类、光变周期时标长短以及光变振幅大小也各不相同。通过变星测光结合光谱，我们可以提取出恒星质量、半径、光度、有效温度、演化阶段以及化学成分等有效信息，有助于深入研究恒星、银河系以及宇宙演化。

地球自转导致了昼夜更替及天体的视运动等现象，地球公转导致了四季交替等现象。由于地球自转及公转的影响，地球上的观测者观察天体在天空中出现的位置和时刻是不同的，因此观测者在利用地基天文望远镜开展天体观测时，需要提前根据观测设备所在的地理经度计算地方恒星时（Local Sidereal Time，LST），以判断该目标适合观测的最佳季节和时刻；同时结合地理纬度计算该目标在上中天的高度角，以判断该目标是否适合当地观测。

望远镜集光能力与口径的平方成正比，因此口径也决定了设备可观测天体目标的极限星等，通过给定望远镜、滤光片以及附属终端探测器等参数，结合望远镜系统整体观测效率可以初步判断该系统的探测极限，便于观测者根据设备性能选择适合的目标源。

光学系统收集到来自遥远天体的光线需要探测器进行光电转换和记录，随着天文技术

的发展和迭代，用于天文观测的探测器从最早的人眼，经历了照相底片、光电倍增管，发展为目前常用的电荷耦合器件（Charge Coupled Device，CCD）以及互补金属氧化物半导体（Complementary Metal Oxide Semiconductor，CMOS）。对于CCD或者CMOS，为了消除设备本身的仪器效应，在开展天文观测时，需要拍摄本底（Bias）、暗流（Dark）以及平场（Flat）图像，以便尽可能地消除观测系统对科学数据精度产生的影响。

在数据处理过程中，一般会使用参考星与校验星的星等标准差作为测光精度，同时为避免待测科学目标亮度受随机因素的影响，会采用待测目标星与视场中参考星的星等相减的较差测光方式。较差测光（Differential photometry），是天文中常用的测光方法。利用较差测光的方法，需要选择同视场中一颗光度不变的恒星与待测变星做亮度变化比较测量。对于参考星，主要要求为：与待测星的位置距离要接近，亮度要接近，颜色要接近。同时，为了监测参考星的亮度变化，需要再选择一颗同视场中的恒星作为校验星。数据处理时，对视场中的变星与参考星、校验星进行辐射流量测量，由于参考星、校验星、待测目标星为同时观测，受大气变化影响较小，可以忽略大气二次消光系数以及零点变化，以便高精度地对变星亮度进行测量。在对变星开展观测前，准备阶段需要在星表或者查询证认图的网站（例如SIMBAD，https://simbad.u-strasbg.fr/simbad/，见图16-1）根据所用望远镜观测设备的实际可用视场选择匹配的证认图，同时在证认图中挑选出可用于后期数据处理的参考星、校验星，常规下在视场10′以上，基本都可选出合适的参考星以及校验星（见图16-2）。参考星和校验星选取时，考虑到数据信噪比，尽量选取与待测目标源亮度相近的未饱和且亮度不变的恒星。

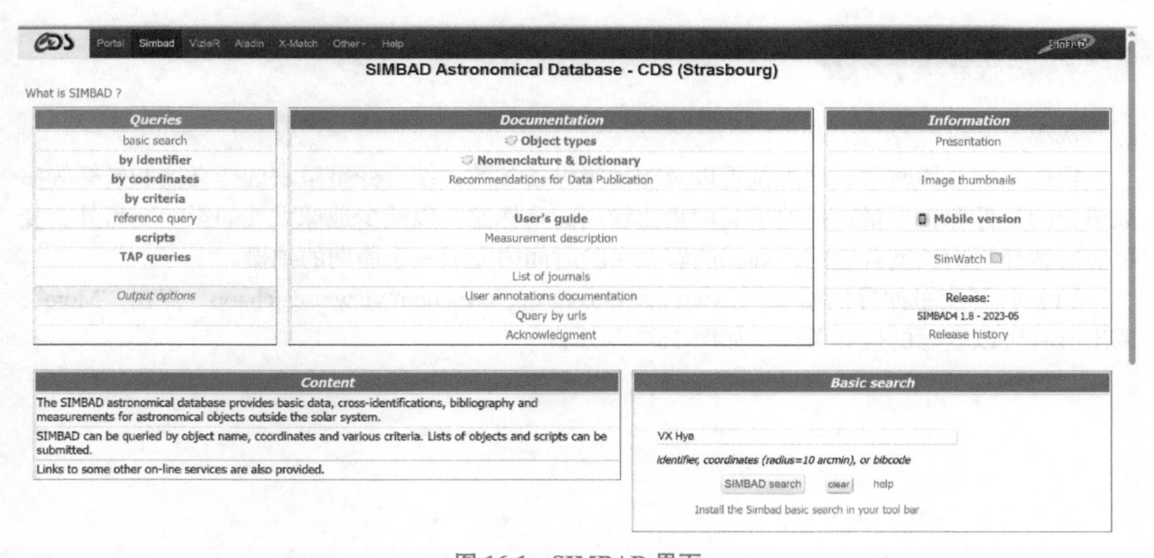

图16-1　SIMBAD界面

如果所用望远镜观测系统的视场较小，可以在保证待测星在视场内的前提下，一般可以通过上下左右挪动视场，来确保观测视场中有可以用于较差测光的参考星以及校验星。如果视场中最终无法找到参考星或者校验星，则无法利用较差测光的方法进行数据处理，可以考虑自行编写程序等其他方法。

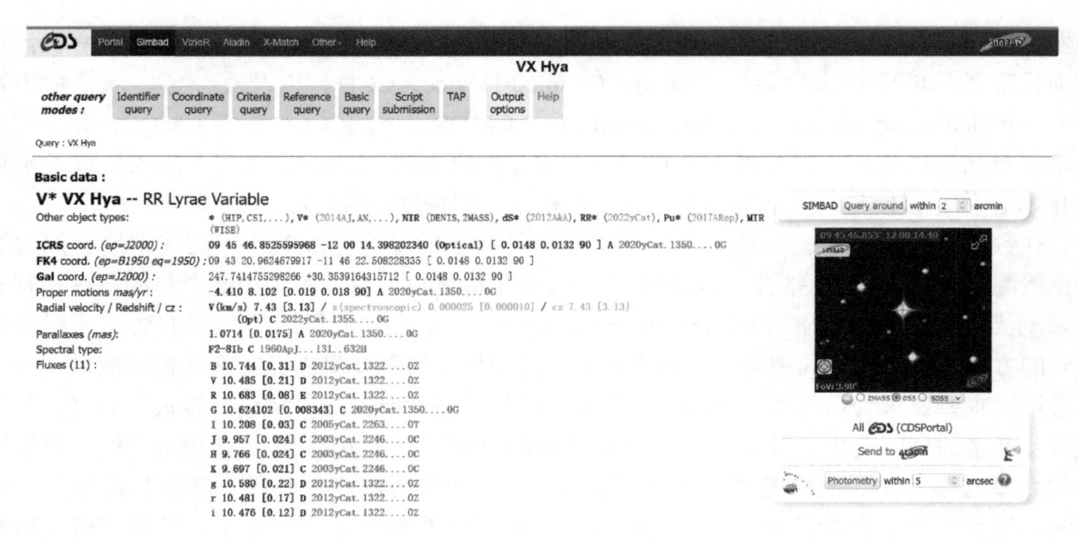

图 16-2 搜寻证认图示例

实验器材

1. 光学望远镜、赤道仪、滤光片、探测器、计算机。
2. MaxIm DL 图像处理软件。

实验步骤

1. 选源。

根据实验开展时间、地理位置以及望远镜设备参数，结合变星星表选择亮度和坐标等参数适合的目标源，尽量选择地平高度角比较高的目标源，以减少地球大气的影响。另外，变星需要选择周期长度合适的，确保能够在实验时间内完成一个周期的拍摄。

（1）打开变星搜寻网站 https://www.aavso.org/vsx/index.php?view=search.top，点击“More”，调出所有可以填写的搜寻条件，如图 16-3 所示。

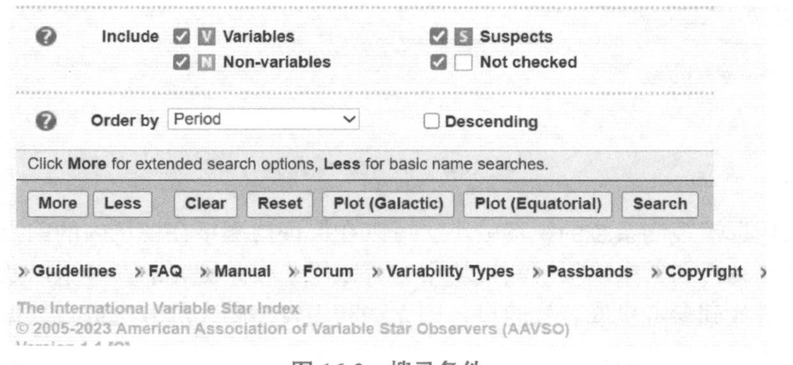

图 16-3 搜寻条件

（2）根据使用的望远镜性能和观测地点的观测条件，填写搜寻变星的最大和最小星等范围、光变周期范围，如图 16-4 所示。

Mag. at maximum	between	6	and	10
Mag. at minimum	between	6	and	10
Period	between	0.0417 d	and	0.0833 d
Epoch	between	HJD	and	HJD
Rise dur.	between	%	and	%
Nova year	between		and	

图 16-4　填写星等范围及光变周期范围

（3）点击“Search”，寻找符合条件的所有变星，如图 16-5 所示。

Search Results　53 records (100 ms)

Click Name to display Detail Sheet for star.

Save Search Results as CSV file: Save

Name	AUID	Coords (J2000)	Const.	Var. type	Period (d)	Mag. range
HD 121191	--	13 55 18.88 -53 31 42.7	Cen	DSCT	0.046297	8.17 - 8.21 V
CzeV3700	--	18 58 26.49 +36 25 33.2	Lyr	DSCT	0.0465318	8.33 - 8.34 V
tet Tuc	000-BFN-988	00 33 23.36 -71 15 58.5	Tuc	DSCTC	0.049308	6.06 - 6.15 V
TY For	000-BCV-922	02 30 13.73 -25 11 11.2	For	DSCTC	0.05	6.49 - 6.51 V
EE Lyn	000-BFQ-466	08 14 50.30 +48 49 16.2	Lyn	DSCTC	0.05:	9.12 - 9.14 V
FT Vir	000-BCX-525	12 27 51.55 -04 36 55.0	Vir	DSCTC	0.05	6.2 - 6.24 V
V1023 Cen	000-BDL-162	11 47 59.76 -40 17 29.5	Cen	DSCTC	0.0502565	7.92 - 7.96 V
V1183 Cas	000-BKL-641	23 02 37.38 +59 36 18.2	Cas	DSCT	0.050640	7.36 - 7.42 Hp
V0386 Per	000-BFC-265	03 58 03.14 +34 48 50.3	Per	DSCTC	0.052	6.5 - 6.58 V
SERIV 165	000-BNL-999	21 16 52.53 +71 33 08.0	Cep	DSCT	0.052413	9.13 - 9.17 V
NEV401	000-BNJ-335	18 04 54.14 +79 06 42.5	Dra	DSCT	0.052879	8.420 - 8.438 V
V1745 Cyg	000-BKC-528	19 37 29.90 +29 36 54.4	Cyg	DSCTC	0.0534	7.3 - 7.34 V
SX Phe	000-BCW-822	23 46 32.89 -41 34 54.8	Phe	SXPHE(B)	0.054964438	6.76 - 7.53 V
SU Crt	000-BBS-232	11 32 51.57 -12 02 06.4	Crt	DSCTC	0.055	8.62 - 8.65 V
FM Com	000-BCV-500	12 19 02.02 +26 00 30.0	Com	DSCTC	0.0551	6.4 - 6.48 V
NSV 19697	--	13 17 21.40 +30 36 45.0	Com	DSCT	0.05606	8.44 - 8.51 Hp
ER Cha	000-BDM-003	10 05 13.65 -79 03 44.1	Cha	DSCT	0.063598	7.30 - 7.35 V
HD 220735	--	23 26 02.76 +23 43 33.3	Peg	DSCT	0.064	8.82 - 8.89 V
V0351 Ori	000-BBK-081	05 44 18.79 +00 08 40.4	Ori	UXOR+DSCT	0.06456	8.7 - 9.8 V
HD 194989	000-BNR-215	20 27 47.52 +26 08 48.0	Vul	DSCT	0.0649405	7.48 - 7.51 V

图 16-5　搜寻变星示例

（4）在所有的备选源中，根据其天球坐标位置（赤经、赤纬）以及观测地点的地理经纬度，寻找可以在当晚观测的源，方法参见“实验一　天文年历、星表、星图和星图软件”。

拍摄已知光变周期、极大极小时刻的变星，为获得完整的光变信息，在进行科学研究观测时，一般需要在计算得到的极小时刻前一小时左右开始观测，并在极小时刻结束后一小时左右结束观测。本实验中只需保证拍摄完一个周期即可。

2. 拍摄本底、暗流和平场。

（1）观测开始时设定相关仪器的参数，拍摄一组探测器的本底和暗流图像，一般每组 5~10 幅为宜。

（2）拍摄一组天光平场图像。如果未能及时拍摄天光平场也可用室内平场替代。如果科学目标使用多波段观测，应拍摄对应波段的平场数据。平场拍摄一般 5~10 幅一组，每拍摄一幅需要对望远镜指向天区进行微调，以便于后期平场数据合并时剔除可能拍摄到的亮星数据，ADU 值一般为当前探测器满阱电荷的 1/3~1/2 为宜。

注：具体拍摄要求与步骤同深空天体的拍摄基本一致，详见“实验十四　深空天体的拍摄及后期处理”。

3.　拍摄观测目标。

（1）控制望远镜对准观测目标，采用不同曝光时间试拍摄几幅图像，查看图像中亮星的 ADU 值，根据 ADU 值确定合适的曝光时间，合适的曝光时间需要 ADU 值大概在 2 万到 5 万之间。（理论上 16 位的 ADU 值可以达到 65535，实际观测时一般超过 6 万就认为其过曝，不再使用其数据。）

（2）使用合适的曝光时间连续拍摄一组数据，使得拍摄总时长大于一个光变周期。每次拍摄完，都保存成 fits 格式文件。

4.　处理数据。

（1）图像预处理：扣除本底（Bias）、暗流（Dark）和平场（Flat）。具体步骤详见附录 14-1。

（2）打开 MaxIm DL 软件，点击“Analyze”→“Photometry”，弹出图 16-6 选框，此时点击“Add Files...”，打开文件夹内完成预处理的所有文件。

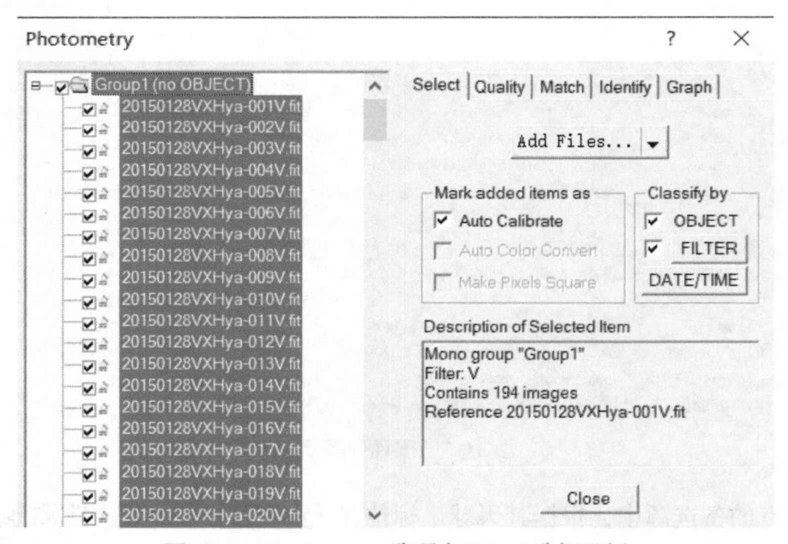

图 16-6　Photometry 选项中 Select 选框示例

（3）点击“Quality”选项，此时显示图 16-7 信息，可以对图像按照 FWHM、Roundness、Intensity、Contrast 判据进行筛选，剔除不满足阈值条件的图像数据。右侧为对应阈值设定，在右侧设定合适阈值后（根据拍摄图像的质量设置），点击下面的选项“Measure All”对图像进行测量，不满足条件的图像在左侧选框中会提示打叉，此处可以选择点击对应图像检查数据质量，也可以使用“Export All”全部输出选中图像的相关参数信息进行检查。此功能

的主要目的是在正式开始测光前筛选并剔除严重受损的图像，以免降低最终数据处理的质量，打叉的数据在之后的处理中将不再使用。

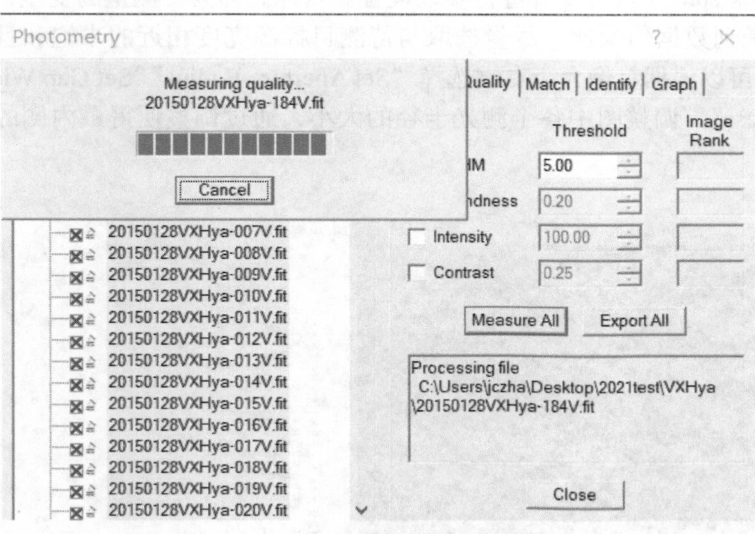

图 16-7　**Photometry** 选项中 **Quality** 选框示例

（4）完成“Quality”选项设置后，点击“Match”选项，显示图 16-8 信息，一般选用“Auto-star matching”选项，此选项对视场中高信噪比且分离的星像提取质心，并对同一颗星在不同图像中的位置进行比对，完成位移、旋转等自动匹配工作。也可以“Manual”手动匹配或者“Astrometric”选项，Astrometric 需要通过 PinPoint Astrometry 完成对图像的 WCS（World Coordinate System）信息加载，此选项比 Auto-star matching 图像匹配精度更高，但需要花费更多时间来分析图像。

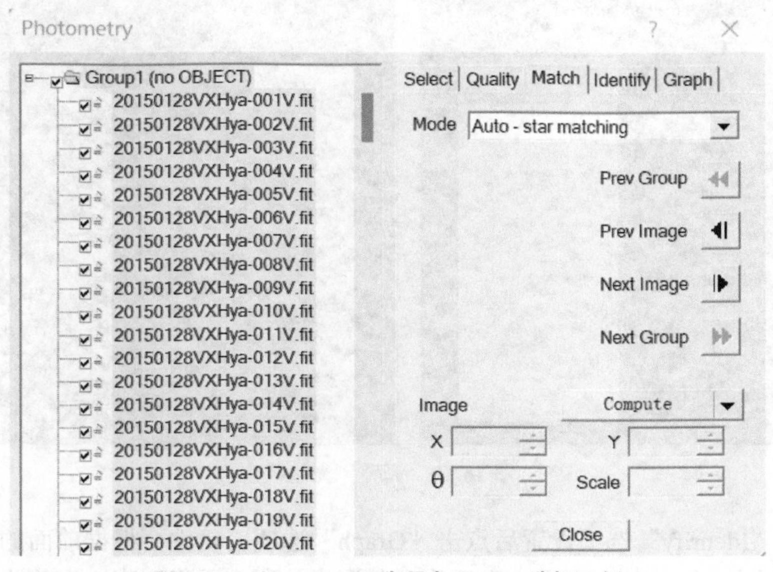

图 16-8　**Photometry** 选项中 **Match** 选框示例

（5）完成“Match”选项设置后，点击“Identify”选项，显示图 16-9 信息。在左侧图像中，右键点击星像，分别选择“New object”（目标源），“New reference star”（参考星），以及“New check star”（校验星）进行参数设置。目标源即为要测量的变星，参考星和校验星选取时，考虑到数据信噪比，尽量选取与待测目标源亮度相近的未饱和且亮度不变的恒星。图 16-10 中可以根据星像大小右键选择“Set Aperture Radius”“Set Gap Width”以及“Set Annulus Thickness”，调整图中各个测光半径的大小，通过调整使得最内侧的圆环恰好套住最大的星像。

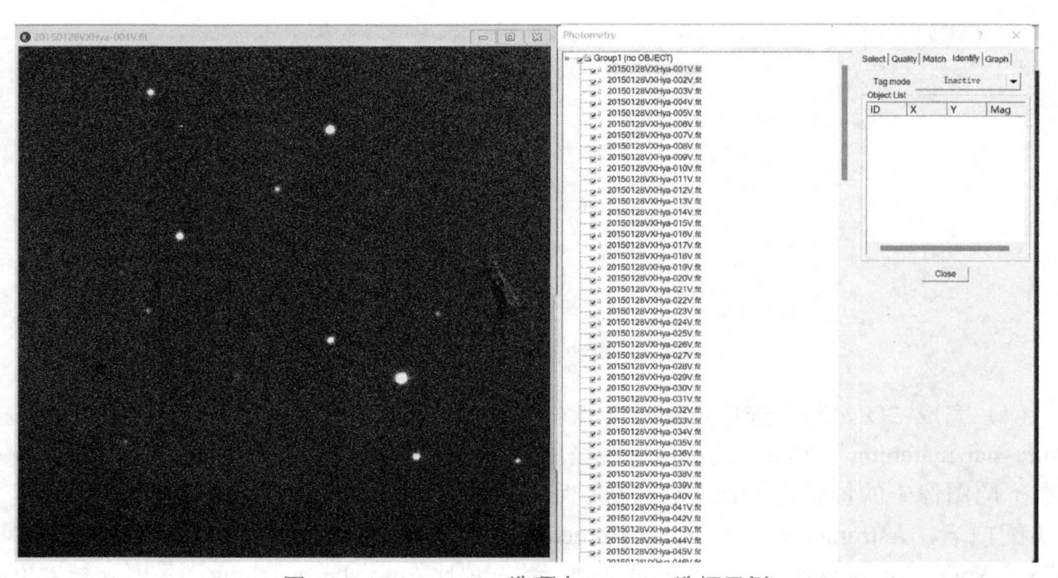

图 16-9　Photometry 选项中 Identify 选框示例

图 16-10　调整测光半径

（6）完成“Identify”选项设置后点击“Graph”选项，软件会根据前面的参数设置进行自动测光并显示图 16-11 信息，图中左侧为参与测光的所有图像列表，右侧为软件自动画出

的光度变化图，横坐标为时间及对应儒略日，纵坐标为对应的目标源、参考星和校验星的星等，后续数据需根据要求进行较差测光研究或者其他应用。

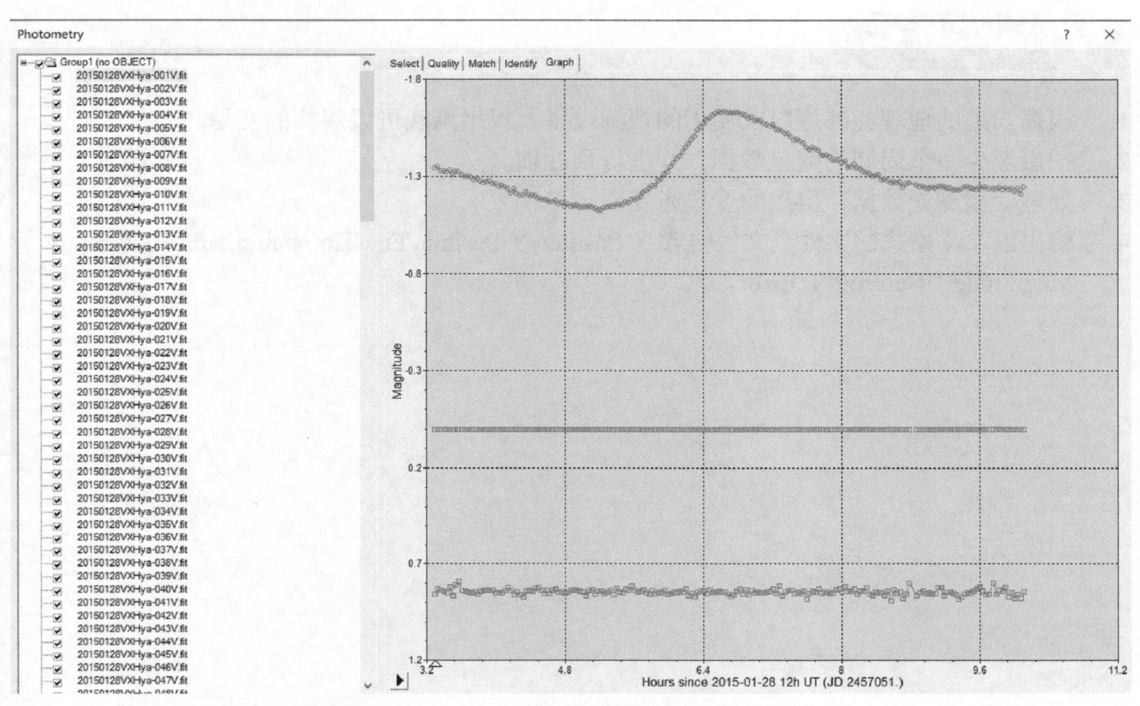

图 16-11　**Photometry 选项中 Graph 选框示例**

（7）在图 16-11 中点击右键可以根据需求选择显示哪颗星的光变信息，点击具体某个光度点可以在左侧看到对应的图像名称以及打开对应的 FITS 图像，便于检查星像质量、自动校准效果以及测光孔径选择是否满足要求。同时在具体数据点位置点击右键可以更换数据点符号等相关信息。点击横纵坐标轴，可以根据需求设定坐标显示信息。点击左下角的三角符号，可以根据需求将测光数据及相关附属信息导出 csv 格式，如图 16-12 所示，完成待输出参数设定后，导出测光数据，便于利用第三方软件进行测光及后续数据处理。

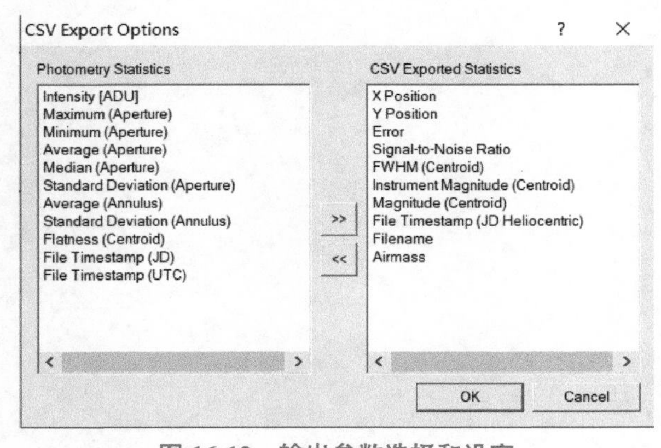

图 16-12　**输出参数选择和设定**

（8）至此，便初步完成了利用 MaxIm DL 图像处理软件对科学数据的整套处理流程工作。

作 业

1. 根据当地的地理经纬度以及使用的观测设备，找出当晚可以观测的变星。
2. 拍摄至少一个周期的变星数据，并进行预处理。
3. 处理变星测光数据，得出的变星光变图。
4. 输出以 .csv 格式的文件，文件包含 X Position/Y Position/File Timestamp（JD Heliocentric）/Magnitude（Centroid）/Error。

实验十七　大气消光的 CCD 观测

实验目的

1. 了解大气消光改正的基本原理。
2. 学会使用 CCD 进行大气消光观测的方法。

实验原理

大气消光是指天体的辐射被地面上的接收设备接收之前，在穿过大气的过程中，会受到大气中分子、原子的吸收，悬浮颗粒的散射等一系列影响，使得其辐射强度减弱。因此，在地面上对天体的测光观测和光谱观测的结果都要进行大气消光的改正。

大气消光与大气成分、辐射波长以及大气的厚度都有关系，其中影响最大的是大气的厚度。当我们观测不同天顶距的天体时，其辐射穿过的大气厚度是不同的，如图 17-1 所示。

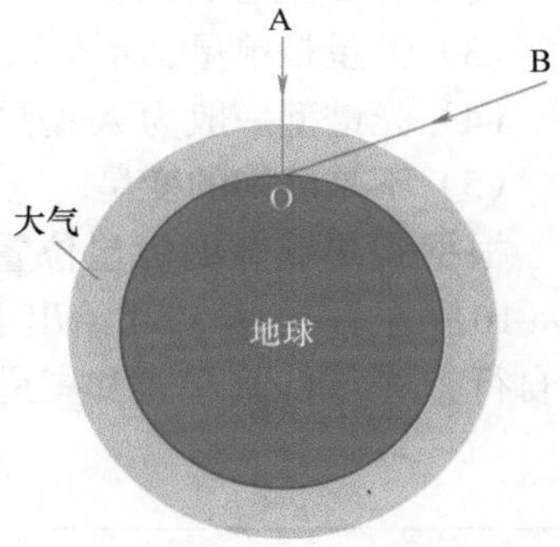

图 17-1　星光穿过大气的路程示意图

从图 17-1 上可以明显看出，天体 A 和天体 B 发出的辐射在穿过地球大气时，走过的路程长度是不同的，来自天顶附近天体 A 的辐射，走过的路程明显要短。

在计算大气消光时，通常使用的大气消光方程为

$$V_z - V_0 = K_V F(z) \tag{17-1}$$

式中，V_z 为天顶距为 z 的天体的大气内 V 星等；V_0 为天体的大气外 V 星等；$F(z)$ 为大气质量；K_V 为消光系数。

当天顶距 $z<70°$ 时，大气层可近似看作平面平行层，大气质量 $F(z)$ 可近似表示为

$$F(z) \approx \sec z \tag{17-2}$$

当天顶距 z 较大时，应考虑到球面造成大气层的弯曲和大气折射，此时大气质量 $F(z)$ 可近似表示为

$$F(z) = \sec z - 0.0018167(\sec z - 1) - 0.002875(\sec z - 1)^2 - 0.0008083(\sec z - 1)^3 \tag{17-3}$$

消光系数 K_V 可以表示为

$$K_V = k' + k''C \tag{17-4}$$

式中，k' 和 k'' 分别被称为大气消光中的一次消光系数（也称主消光系数）和二次消光系数；C 为色指数㊀。由于二次消光系数相对较小，几乎可以忽略不计，因此，在本实验中只考虑一次消光系数。

实验器材

1. 天文望远镜。
2. CCD 相机 +V 滤光片。
3. 软件：MaxIm DL。

实验步骤

1. 选星。

本实验所采用的是全天测光的方法。即在全天不同的地平高度测量一批标准星（即已知大气外 U、B、V 星等的星），来做大气消光的改正。这种方法对所选取的标准星有一定的要求：

（1）恒星必须比 $V = 4^{m}.0$ 暗。

（2）恒星的色指数 $-0.5 \leqslant (B-V) \leqslant +0.5$，$-0.5 \leqslant (U-B) \leqslant +0.5$，式中，$U$、$B$、$V$ 分别为大气外的 U 星等、B 星等、V 星等。

（3）恒星是单星，不能选较靠近的 6 目视双星或分光双星。

（4）光谱型一般为 A 型星。

（5）不是已知的变星。

根据观测季节的恒星位置，在不同地平高度和方位角（包括东西半天）选择一批标准星（10 颗左右），表 17-1 给出了适合于四季观测的消光标准星。更多的标准星（二级标准星）可自行查阅 landolt 星表和亮星星表。

表 17-1 大气消光标准星及其有关参数

HR	SAO	RA（2000）	DEC（2000）	*B*	*V*	*R*	*B–V*	*U–B*	SP
63	53777	00 17 05.5	+38 40 54		4.619		+0.06	+0.04	A2V
378	109793	01 17 48.0	+03 36 52		5.145		+0.07	+0.08	A3V
383	74637	01 19 28.0	+27 15 51		4.752		+0.03	+0.10	A3V
718	11054	02 28 09.5	+08 27 36		4.277		–0.06	–0.12	B9III
879	56047	02 58 45.7	+39 39 46	4.754	4.685	4.64	+0.06	+0.12	A2V
932	4840	03 11 56.3	+74 23 37	4.888	4.840	4.82	+0.02	+0.05	A2V
972	75810	03 14 54.1	+21 02 40	4.874	4.880	4.894	–0.01	–0.01	A1V
1448	111896	04 34 08.27	+05 34 07.0	5.738	5.681	5.63	+0.05	+0.12	A2V

㊀ 同一天体在任意两个波段内的星等差（短波段星等减去长波段星等）叫作色指数，本实验中不涉及相关内容，故在此不做详细解释。

（续）

HR	SAO	RA（2000）	DEC（2000）	*B*	*V*	*R*	*B–V*	*U–B*	SP
1724	112588	05 16 41.04	+01 56 50.4	6.412	6.410	6.408	+0.002	+0.02	A0V
2209	13788	06 18 50.78	+69 19 11.2	4.783	4.762	4.75	+0.03	+0.00	A0V
2543	114525	06 51 39.38	+03 02 31.2		6.38		+0.04	+0.09	A2V
2629	114798	07 01 41.44	+04 49 05.1		6.63		+0.06	+0.10	A3V
2946	26474	07 43 00.42	+58 42 37.3	5.040	4.958	4.81	+0.08	+0.09	A3IV
3067	79774	07 53 29.81	+26 45 56.8		4.98	4.85	+0.09	+0.11	A3V
3412	116975	08 38 05.17	+09 34 28.6	6.527	6.542	6.55	–0.02	–0.04	A1V
3651	117492	09 12 12.88	+03 52 01.1	6.14	6.14	6.14	–0.01	+0.01	A0V
3799	27298	09 34 49.43	+52 03 05.3		4.51	4.42	+0.00	+0.04	A2V
4356	118731	11 13 45.55	–00 04 10.2	5.379	5.399	5.41	–0.03	–0.05	A0V
4386	118804	11 21 08.19	+06 01 45.6	3.99	4.05	4.03	–0.06	–0.12	B9.5V
4585	119156	11 59 56.91	+03 39 18.7	5.363	5.357	5.35	+0.00	+0.00	A1V
4805	119503	12 38 04.42	+03 16 56.8	6.334	6.335	6.336	+0.01	+0.01	A1V
5021	119867	13 18 51.12	+03 41 15.5	6.678	6.623	6.58	+0.06	+0.03	A1IV
5037	119899	13 21 41.64	+02 05 14.1	5.735	5.693	5.67	+0.06	+0.03	A2V
5859	121170	15 45 23.48	+05 26 50.3	5.601	5.570	5.55	+0.04	+0.03	A0V
5972	84155	16 02 17.69	+22 48 16.0		4.83	4.73	+0.07	+0.05	A3V
6161	17107	16 27 59.01	+68 46 05.3	4.917	4.959	4.98	–0.06	–0.11	A0III
6436	65921	17 17 40.25	+37 17 29.4	4.663	4.624	4.57	+0.05	–0.03	A2V
6789	2937	17 32 13.00	+86 35 11.3	4.382	4.348	4.34	+0.02	+0.03	A1V
7085	123947	18 49 37.1	+00 50 09	6.27	6.236	6.21	+0.04	+0.01	A1V
7313	124478	19 17 48.2	+02 01 54		6.181		+0.02	+0.01	A1V
7371	18299	19 20 40.09	+65 42 52.3	4.630	4.58		0.02	0.06	A2III
7546	105298	19 48 58.7	+19 08 32		5.000		+0.10	+0.05	A3V
7857	125960	20 33 53.6	+10 03 35		6.542		+0.08	+0.05	A2V
8098	126597	21 10 31.2	+10 02 56		6.073		+0.02	+0.04	A2V
8328	127060	21 47 14.0	+02 41 10		5.631		0.00	–0.01	A1V
8491	127420	22 15 59.8	+08 32 58		6.195		+0.02	–0.04	A1V
8641	90717	22 41 45.4	+29 18 27		4.797		–0.01	–0.01	A1IV
9042	128436	23 53 04.8	+02 05 26	6.288	6.292		–0.01	–0.01	A1V

表 17-1 中的 HR 表示亮星星表编号；SAO 表示史密森天文台星表编号；RA（2000）、DEC（2000）分别为 2000 年的赤经和赤纬；R 代表大气外的 R 星等；V 为大气外的 V 星等；$B-V$ 和 $U-B$ 为色指数；SP 为光谱型。

2.　拍摄。

（1）选择晴朗无月夜，连接好望远镜与 CCD，安装好 V 波段滤光片，对 CCD 进行基本的制冷操作。

（2）控制望远镜指向所选标准星，并进行基本的调焦操作。

（3）拍摄目标星，与 GSC 星图软件对照，确定望远镜的指向正确。

（4）使用 CCD 加 V 波段滤光片分别对所选择的星进行拍照，拍照同时记录每颗星拍摄时的地平高度（EL），此数值可由望远镜自动提供，天顶距 z 即可计算。

注：① 选择标准星时应注意选择位于不同地平高度和方位的星。

② 观测前或后拍摄本底、暗流和平场，并保存，在资料处理时加以扣除。

3.　数据处理（以 MaxIm DL 软件为例）。

（1）图像预处理：扣除本底（Bias）、暗流（Dark）和平场（Flat）。具体步骤详见附录 14-1　CCD 图像的预处理——本底、暗流和平场。

（2）分别测量所观测星的仪器星等 V_m。

打开 MaxIm DL 软件。首先设置测光孔径：在图像中右击鼠标，使用 Set Aperture radius、Set Gap Width、Set Annulus Thickness 分别设置中心圆半径（恰好套住目标星的明亮部分效果最好）、空隙宽、最外环的宽度（测背景用，不要含有星）。然后在“Information”窗口选择“Aperture”显示模式，把中心圆对准要测量的星，则信息窗口中 Magnitude 为仪器星等，如图 17-2 所示。

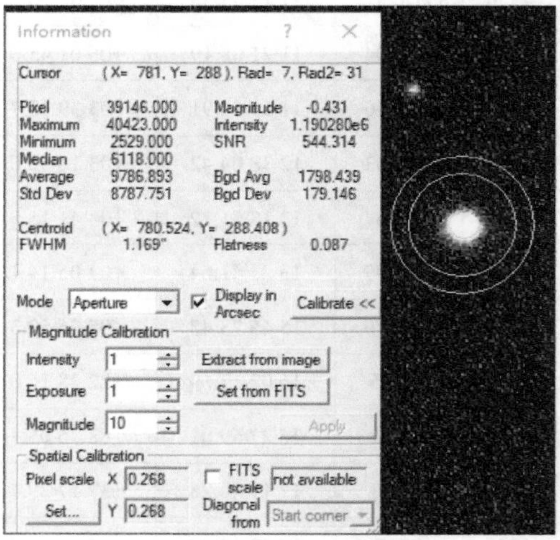

图 17-2　仪器星等

注：仪器星等既不等于大气外星等，也不等于大气内星等，可以近似认为是大气内星等加一个常数。

（3）根据大气消光公式，求出观测当晚的大气消光系数。

1）由观测时记录的每颗星当时的 EL（地平高度）值，计算出其天顶距 $z=90°-EL$，由式（17-3）可求出该天顶距处的大气质量 $F(z)$。

2）每颗星的大气外星等 V_0 可由星表中读出。

3）每颗星的大气内星等 V_z 可用仪器星等加常数表示 $V_z=V_m+C$。

4）使用每两次观测相减，可消去常数，应用最小二乘法（可应用软件，如：Origin、Matlab 等），便可以得到大气消光曲线（见图 17-3），并同时确定出大气消光系数 K_V，也就是直线的斜率。

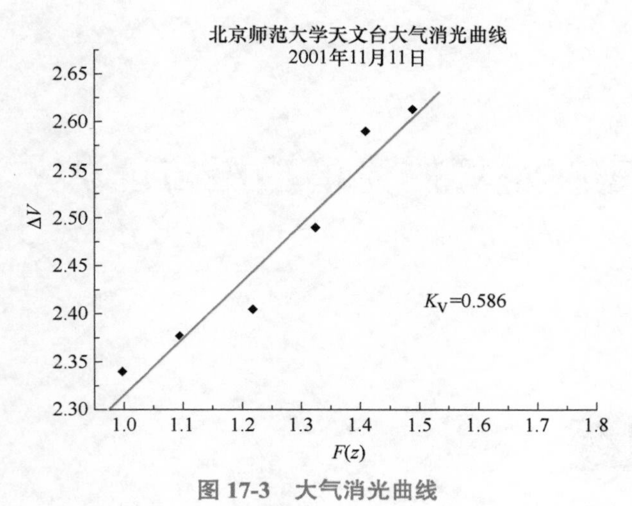

图 17-3　大气消光曲线

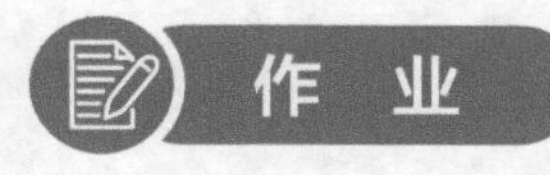

作　业

测量当地的大气消光系数，绘制当地的大气消光曲线。

实验十八　定标汞灯的光谱拍摄与证认

实验目的

1. 了解光谱仪的基本原理。
2. 学习光谱的拍摄。
3. 学习谱线证认的基本方法。

实验原理

当一束复合光线进入入射狭缝，首先由光学准直镜汇聚成平行光。平行光射到光栅上，通过光栅色散为不同波长的光，再经过聚焦并反射到 CCD 成像平面上进行成像，就可以在电脑上看到成像后的光谱了。光谱仪成像光路图如图 18-1 所示。

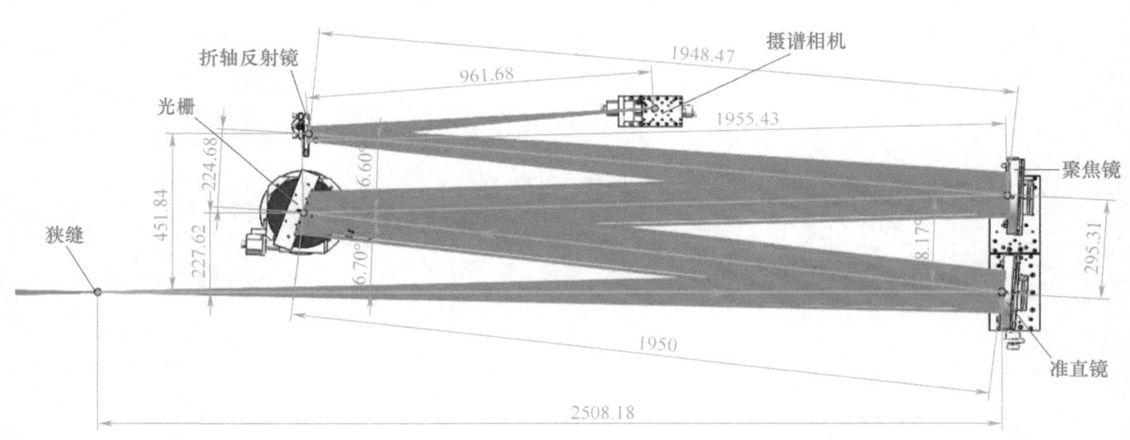

图 18-1　光谱仪成像光路图

光栅是最重要的一个部分。作为分光器件，它的性能直接影响了整个系统的性能。光栅分为刻划光栅、复制光栅、全息光栅等。刻划光栅是用钻石刻刀在涂薄金属表面机械刻划而成；复制光栅是用母光栅复制而成；全息光栅是由激光干涉条纹光刻而成。刻划光栅具有衍射效率高的特点，全息光栅光谱范围广，杂散光低，且可做到高光谱分辨率。

选择光栅主要考虑如下因素：

（1）闪耀波长：闪耀波长为光栅最大衍射效率点，因此选择光栅时应尽量选择闪耀波长在实验需要的波长附近。如实验为可见光范围，可选择闪耀波长为 500~550nm 之间的。

（2）光栅刻线：光栅刻线多少直接关系到光谱分辨率，刻线多光谱分辨率高，刻线少光谱覆盖范围宽，两者要根据实验灵活选择。

（3）光栅效率：光栅效率是衍射到给定级次的单色光与入射单色光的比值。光栅效率越高，信号损失越小。为提高此效率，除提高光栅制作工艺外，还采用特殊镀膜，提高反射效率。

本实验中采用的是刻划光栅，1200g/mm（即每毫米 1200 条刻线）。

光谱定标，是指光谱仪拍出的光谱，上面会有一条条谱线，而每条谱线对应的波长值是多少，需要拍摄定标灯的光谱，并经过比对才能确定，这个过程就是光谱的波长定标。本实验需要拍摄低压汞灯的光谱，识别其对应谱线，为太阳高分辨率光谱的波长定标做准备。

实验器材

1. 光谱仪系统。

本实验使用的光谱仪系统由狭缝、光栅、准直镜、聚焦镜、折轴反射镜以及摄谱相机（CCD 相机）组成，如图 18-2 所示。

（1）光谱仪型号：Richardson Gratings 280R。

刻线：1200g/mm；分辨本领：10^5；衍射级次：+1 级；光栅闪耀波长：500nm；闪耀角：17.5°；光谱分辨率为 0.22nm（532.4nm 波长处）。

（2）光谱仪准直镜和成像镜为球面反射镜，焦距 2700mm，镜面直径 180mm。

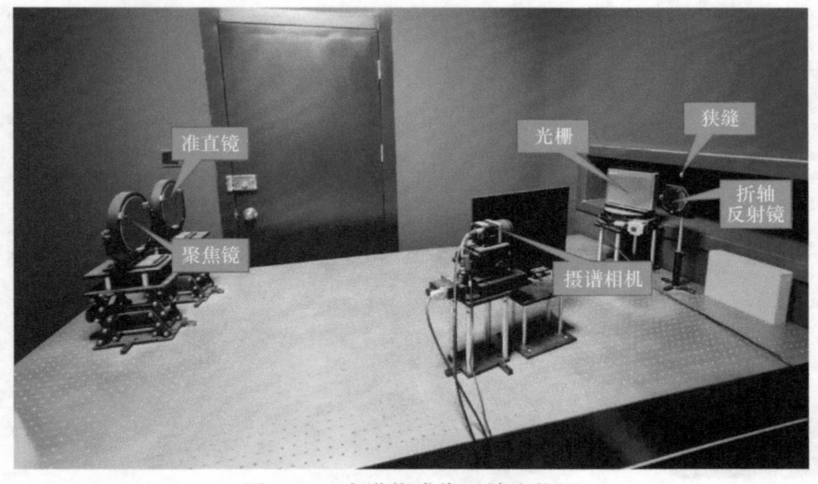

图 18-2　光谱仪成像系统实物图

（3）CCD 相机。

型号：Imperx B2020 CCD

像素：2048 × 2048

像元尺寸：7.40μm

快门速度：1/100 000~1/16s

2. 定标灯。

本实验使用的定标灯是低压汞灯 LHM254（见图 18-3），参数规格见表 18-1。

图 18-3 低压汞灯 LHM254

表 18-1

汞灯型号	起辉电压 /V	额定功率 /W	工作电流 /mA
LHM254	1500	3	10

LHM254 汞灯是冷阴极低压水银放电灯，可提供能量较大的 253.65、313.2、365.48、404.72、435.84、507.3（253.65 的二级光谱）、546.07（单位：nm）等多条汞的特征谱线（见图 18-4），主要用于光谱仪波长校准。

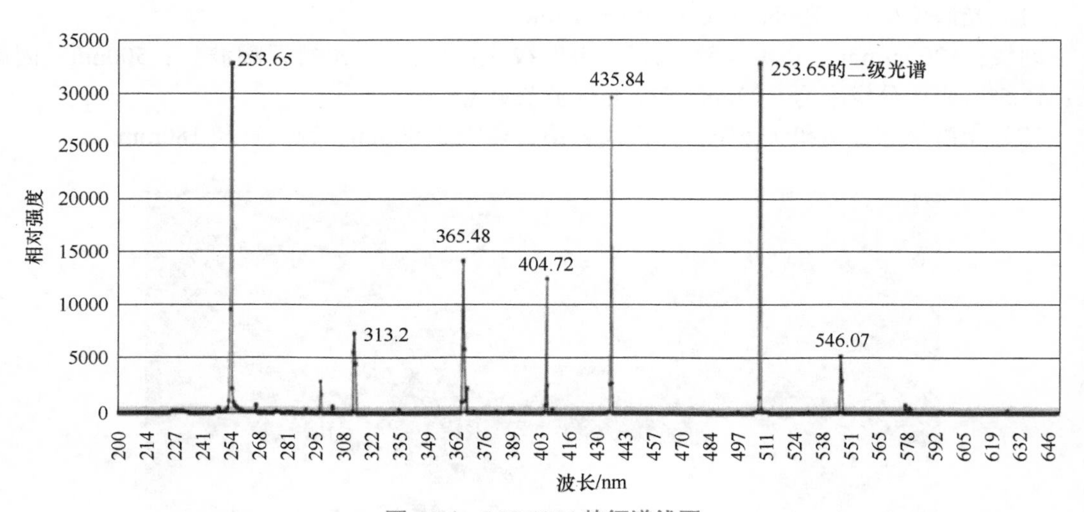

图 18-4 LHM254 特征谱线图

实验步骤

1. 安装低压汞灯。

（1）将汞灯对准墙壁上的狭缝，拧好四个角上的螺钉，将其固定在狭缝上（见图 18-5，注意上下不要安装反了）。

（2）将汞灯的两个接头插片连接到控制器上，拧紧螺钉（红色）。

（3）将控制器连接电源，并打开控制器上的开关。

2.　打开设备。

（1）打开光谱室里屋的电灯。

（2）进入里屋，取下光栅的保护外盒（见图 18-6），放置在一旁。

图 18-5　低压汞灯安装示意图

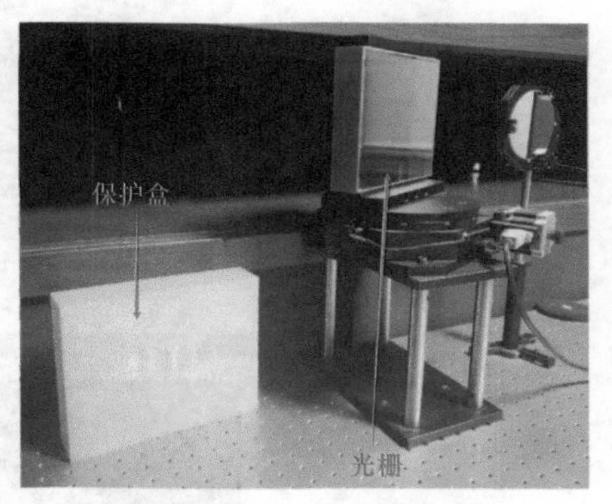

图 18-6　光栅和保护盒

（3）拧下 CCD 的镜头盖（见图 18-7），放置在旁边。

图 18-7　CCD 与镜头盖

（4）打开光谱室电源和步进电机（见图 18-8）控制器开关。

（5）回到外屋，关上里屋的电灯，打开电脑。

3.　打开软件，进行光谱拍摄与采集。

（1）打开桌面上控制软件“GEV_player”快捷方式 ，进入数据采集控制系统，如图 18-9 所示。

（2）点击“选择 / 连接”按钮，双击选择相机“GEV_B2020M”，界面如图 18-10 所示。如果跳出相机名称设置，直接点击“确定”。

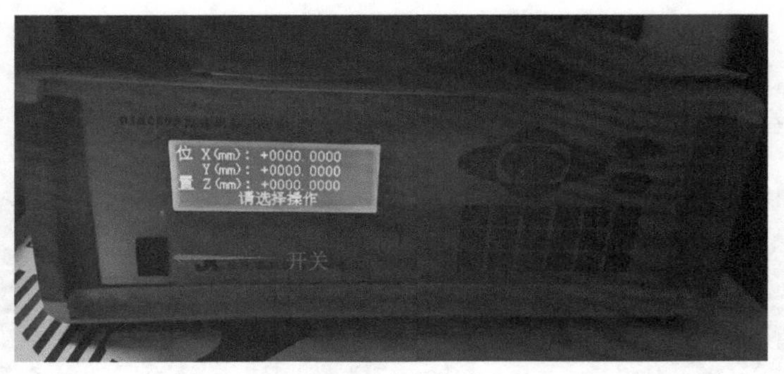

图 18-8 光谱室步进电机

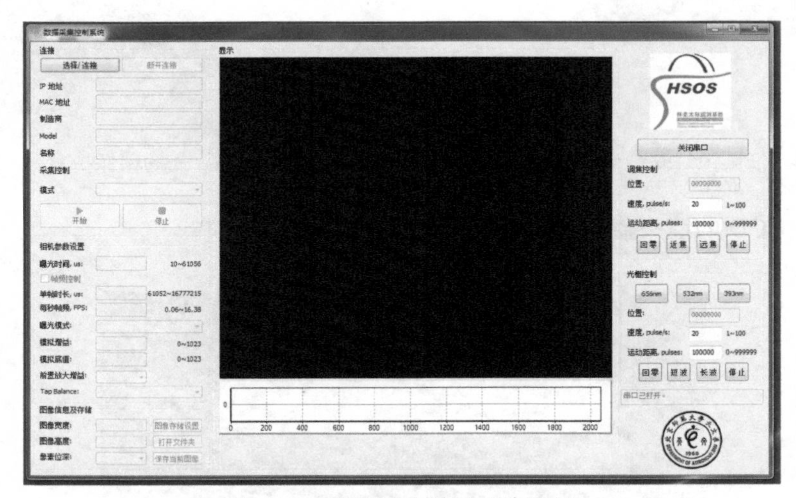

图 18-9 数据采集控制系统界面

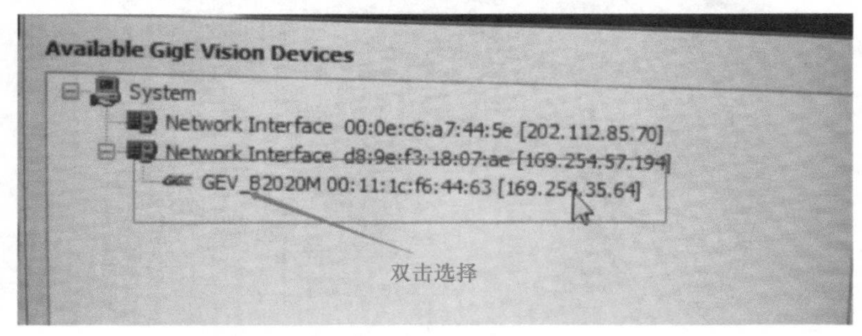

图 18-10 选择相机界面图示

（3）根据需要设置曝光参数（一般情况下可以采用默认参数），设置完成后点击“开始”。

（4）在界面右边“光栅控制”部分，点击“回零”按钮，进行位置初始化。

（5）初始化完毕后，点击“长波”或“短波”按钮开始进行波长扫描，要求扫描范围为 –0025000~00020000（位置）。可以通过设置“光栅控制”部分的“速度”和运动距离来控制扫描的快慢。

（6）如图 18-11 和图 18-12 所示，在扫描过程中，如果遇到谱线展宽较大，可以调节“调焦控制”部分的“近焦”和“远焦”按钮。调节过程中，可以观察谱线峰值变化，峰值

越大，焦距调得越好。

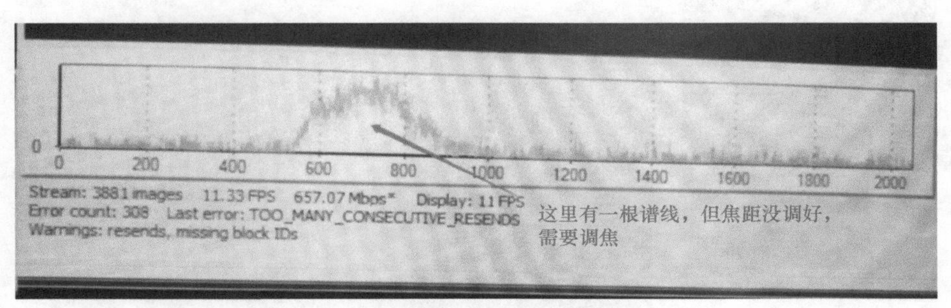

图 18-11　谱线探测

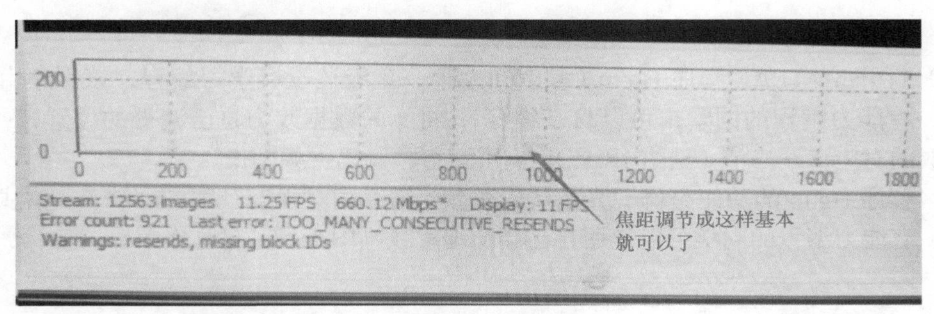

图 18-12　调焦

（7）将探测到的谱线移动到视场中心（大概在 1024 处，见图 18-13），记录下对应的光栅转盘位置，点击软件界面上“保存当前图像”按钮保存图像。可以点击“打开文件夹”按钮查看保存的文件。

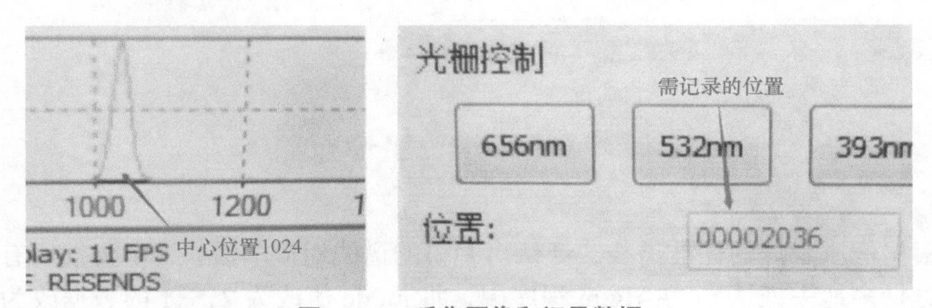

图 18-13　采集图像和记录数据

4.　关闭设备。

全部扫描完毕后，按照与“打开设备”与“安装低压汞灯”相反的顺序关闭整理设备。

5.　图像处理。

（1）打开“SAO image DS9”软件，逐个导入拍摄的图像，读取并记录谱线峰值（见图 18-14，可以通过鼠标滚轮放大图像进行读取）。

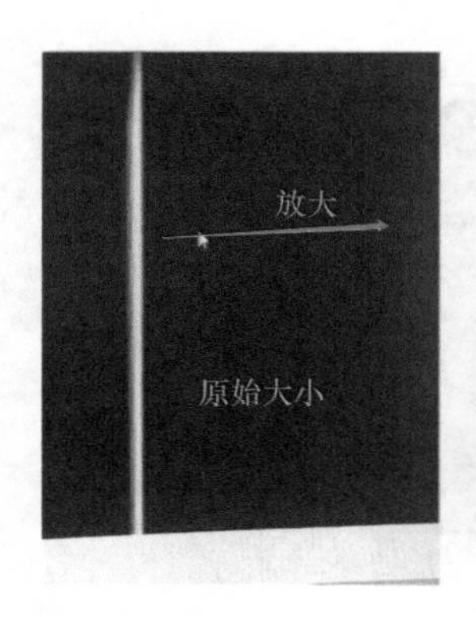

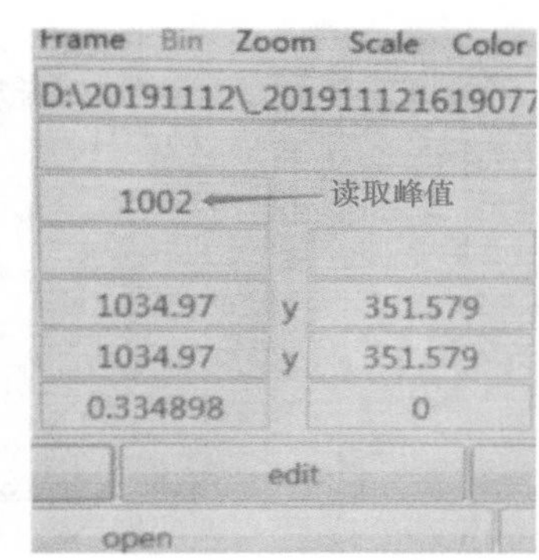

图 18-14 读取谱线峰值

（2）打开 MATLAB 程序 Hg.m（考虑到大学一年级还没有学习编程，该程序由实验老师提供，有能力编程的同学也可以自己编写），将 x 的数据改为自己测得的位置，y 的数据改为读取的对应谱线峰值（见图 18-15）。点击运行，画出一幅图像。

注：程序 Hg.m 的功能是作“光栅转轮位置 - 谱线相对强度”图和“波长 - 谱线相对强度”图。有能力编程的同学可以使用自己会的编程或画图工具，自己作图。

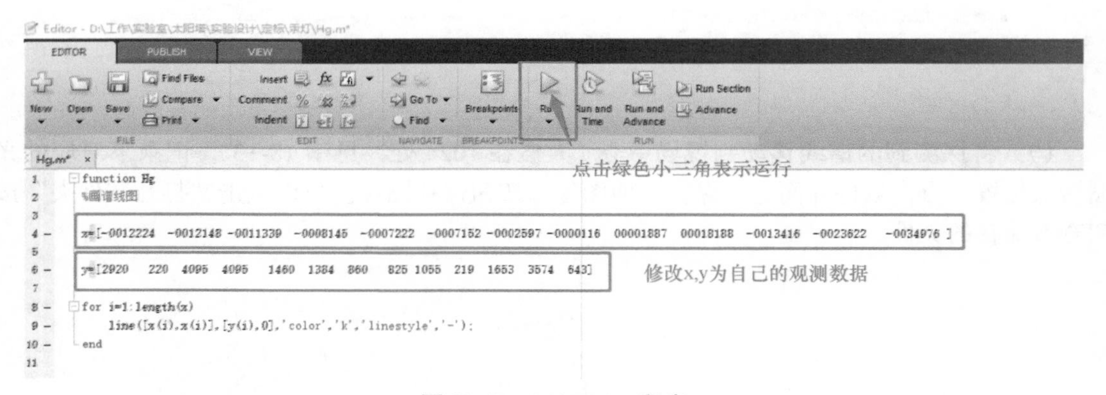

图 18-15 MATLAB 程序

（3）根据低压汞灯的标准谱线，证认出测得的谱线对应的波长（不要求所有谱线都证认出来，尽量多地去证认）。在 Hg.m 程序中，将 mode 值改为 2，x1 的数据改为自己证认出来的谱线波长，y1 的数据改为对应谱线的峰值。点击运行，作出“波长 - 谱线相对强度”图。

图 18-16 和图 18-17 分别为 mode=1、mode=2 运行程序结果示意图。

注：低压汞灯特征谱线查寻参考：

① 网址：https://www.physics.nist.gov/PhysRefData/Handbook/Tables/mercurytable2.htm

② 特征谱线见表 18-2 和表 18-3。

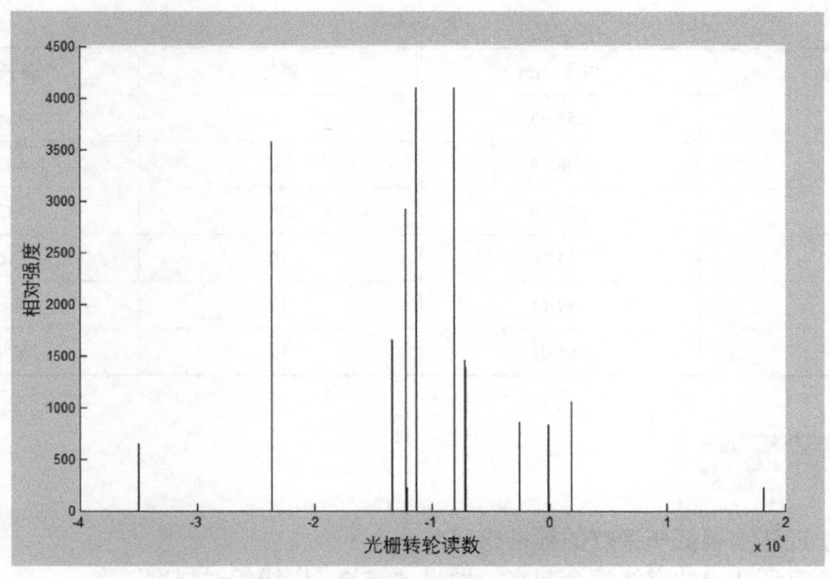

图 18-16　运行程序结果示意图 mode=1

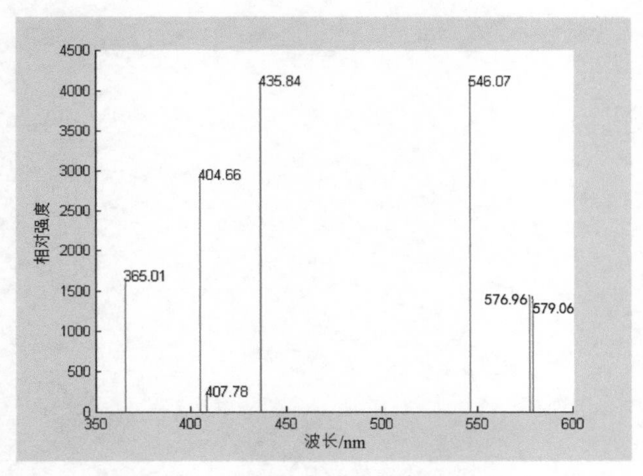

图 18-17　运行程序结果示意图 mode=2

表　18-2

编号	1	2	3	4	5	6
波长 /nm	226.22	230.21	248.20	253.65	275.28	296.73
编号	7	8	9	10	11	12
波长 /nm	302.15	313.18	365.02	365.48	366.33	404.66
编号	13	14	15	16	17	18
波长 /nm	435.83	491.60	546.07	576.96	579.00	690.72
编号	19	20	21	22	23	—
波长 /nm	1014.0	1128.8	1364.6	1349.1	1529.6	—

表　18-3

编号	波长 /nm	编号	波长 /nm
1	253.65	7	404.66
2	296.73	8	407.78
3	302.15	9	435.84
4	313.16	10	546.07
5	334.15	11	576.96
6	365.01	12	579.06

作　业

1. 每位同学证认一根低压汞灯的标准谱线。
2. 将全班所有证认出的谱线综合起来，做出“波长 - 谱线相对强度”图。

实验十九　太阳高分辨率光谱的拍摄与谱线证认

实验目的

1. 了解太阳塔的基本光路。
2. 学习太阳塔的使用和太阳高分辨率光谱的拍摄。
3. 学习谱线证认的方法。

实验原理

太阳表面温度接近 6000K，因此其发射光谱几乎等同于该温度下的黑体辐射（连续谱）。当太阳光球发出的辐射经过太阳大气时，大气中的各种元素吸收了与它们各自频率相同的谱线，而使得太阳的连续谱上叠加了许多暗的吸收线。我们可以通过色散器件（如光栅、棱镜等），将太阳光色散为一条彩色的光带，上面存在着很多暗线，这就是太阳光谱。

我们在“实验六　太阳光球光谱的拍摄与证认”中，学习并拍摄了太阳低分辨率光谱，了解了太阳光球光谱中重要的吸收线。本实验中，我们将拍摄分辨率更高的太阳光谱，这对研究太阳的性质更加重要。相对于低分辨率光谱，太阳高分辨率光谱可以更加细致地探测太阳大气的化学组成、温度、运动等，还可以利用太阳光谱在磁场中的塞曼效应，研究太阳的磁场。

在我们的实验中，太阳光通过教十楼顶的定天镜系统，将太阳光线反射到位于一层的成像镜上，然后反射到二层，再通过几个反射镜，成像于光谱室墙上的狭缝上，如图 19-1 所示。

太阳光进入入射狭缝，首先由光学准直镜汇聚成平行光。平行光射到光栅上，通过光栅色散为不同波长（即不同颜色）的光，再经过聚焦并反射到 CCD 成像平面上进行成像，就可以在电脑上看到成像后的太阳光谱了，如图 19-2 所示。

但是现在我们并不清楚拍摄到的太阳光谱对应的波长是多少，这就需要利用定标灯拍摄定标光谱，并将其与拍摄的太阳光谱进行对比证认，才能识别出太阳光谱中重要的谱线。本实验直接利用“实验十八　定标汞灯的光谱拍摄与证认”中证认好的低压汞灯的光谱进行波长定标。

图 19-1 狭缝上的太阳像

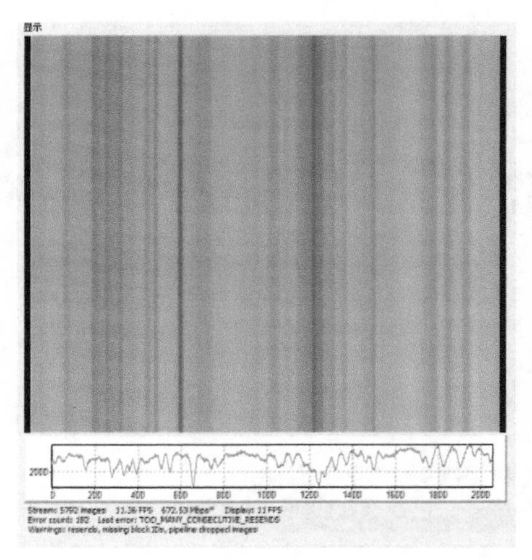

图 19-2 高分辨率太阳光谱

实验器材

1. 太阳塔。

太阳塔是利用北京师范大学教十楼现有圆顶及通光井结构，完成一套太阳光谱观测系统。太阳塔塔高约 20m。圆顶采用条式带天窗随动圆顶，直径 3m，位置精度高于 2°。光学部分由定天镜系统、成像系统和光谱仪系统组成。定天镜有效口径：1 镜 470mm；2 镜 410mm。成像系统采用离轴抛物面反射镜，通光口径为 400mm，焦距为 7m，太阳像直径 65.2mm，狭缝高度 7.4mm，对应太阳视场 3.75″，其基本光路如图 19-3 所示。

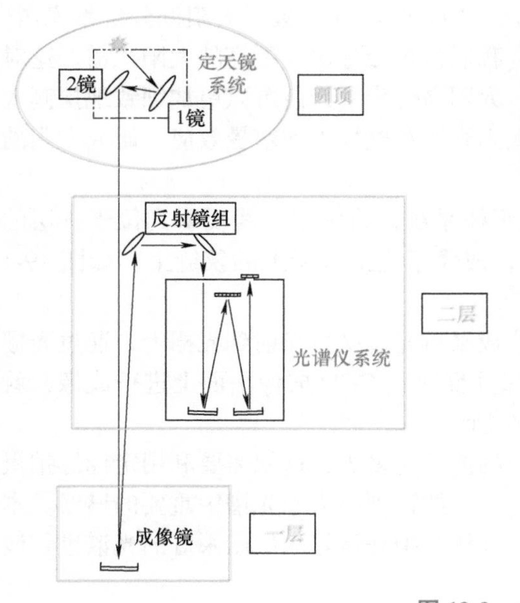

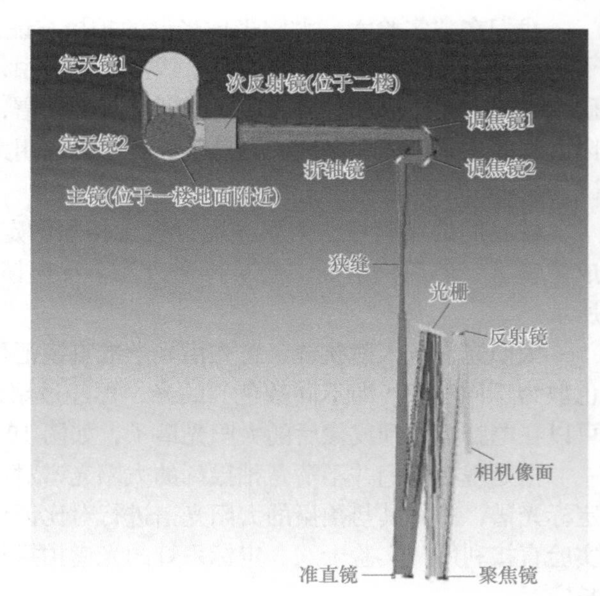

图 19-3 太阳塔光路示意图

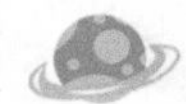

2.　光谱仪系统（详细说明见“实验十八　定标汞灯的光谱拍摄与证认”）。

（1）光栅：Richardson Gratings 280R，1200g/mm，分辨本领为 10^5，衍射级次 +1 级，闪耀波长 500nm，闪耀角 17.5°，在 5324Å 波长上的光谱，分辨率为 0.022Å。

（2）CCD 相机：Imperx B2020M。

3.　定标灯 LHM254（详细说明见“实验十八　定标汞灯的光谱拍摄与证认”）。

LHM254 汞灯是冷阴极低压水银放电灯，可提供能量较大的 253.65、312.57、313.15、313.18、365.02、404.66、435.84、546.07、576.96、579.07（单位：nm）等多条汞的特征谱线，主要用于光谱仪波长校准。

实验步骤

1.　打开楼顶设备（见图 19-4）。

（1）打开天象厅侧面墙壁上的电闸，该电闸为总控开关。

（2）进入太阳塔圆顶一层，将 GPS 模块放置到室外。

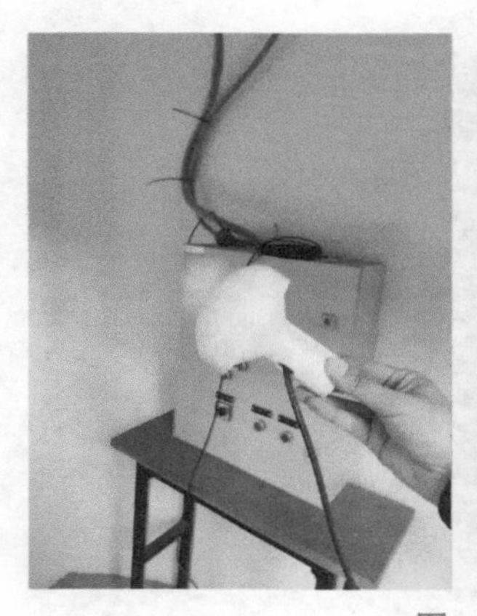

图　19-4

（3）将控制开关拧到“自动”位置，按下绿色“开”按钮（见图 19-5）。

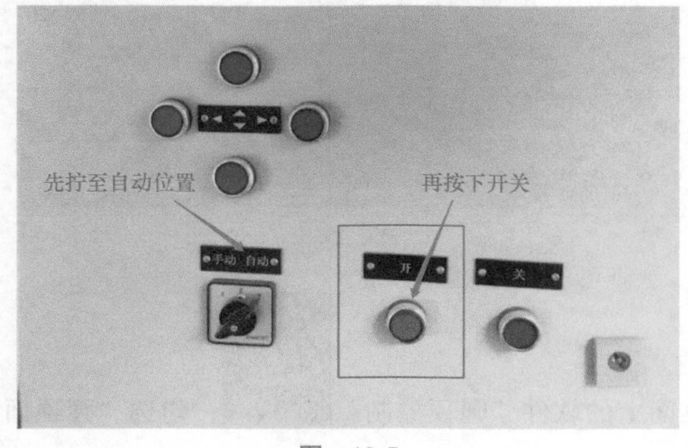

图　19-5

（4）爬梯子到二层，将通光井盖子移到一边，如图 19-6 所示。

图 19-6

2. 调节望远镜。

（1）回到教十楼二层 214 光谱室，打开外屋步进电机控制系统电源（见图 19-7），打开反射镜盖控制器电源，并将反射镜盖控制器开关扳动至“开启镜盖”（见图 19-8）。

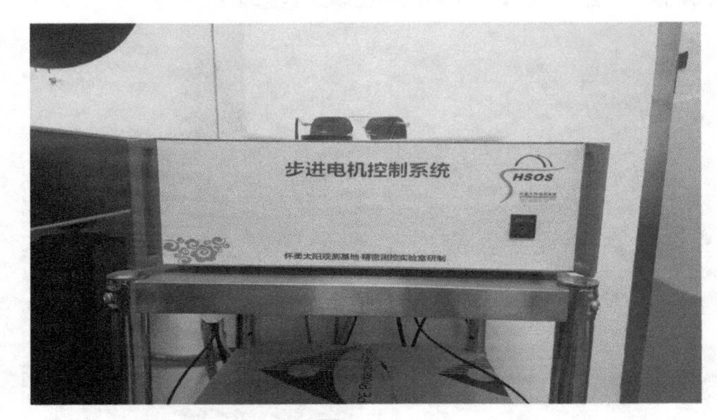

图 19-7

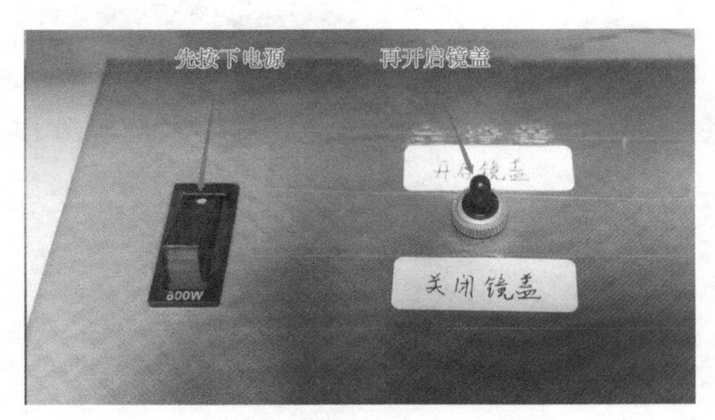

图 19-8

（2）打开电脑桌面上的软件“圆顶控制”，勾选“圆顶面板”，出现圆顶控制面板（见图 19-9）。

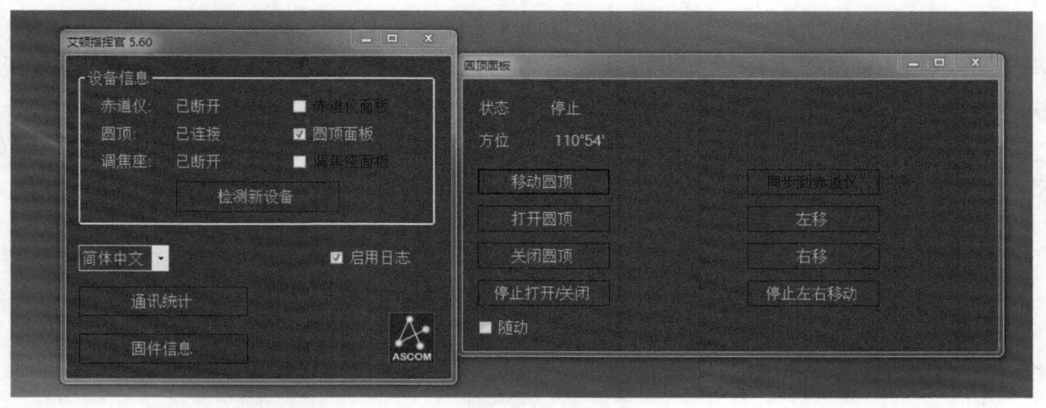

图　19-9

（3）在控制界面上点击“打开圆顶”按钮，控制圆顶打开；点击“左转”或“右转”按钮，控制圆顶转动至太阳方向，使太阳照射到一镜上（可以从显示器旁边的监视器上查看）。

（4）打开电脑桌面上的软件“定天镜轴系控制”，点击“建立连接”按钮（见图 19-10、图 19-11）。

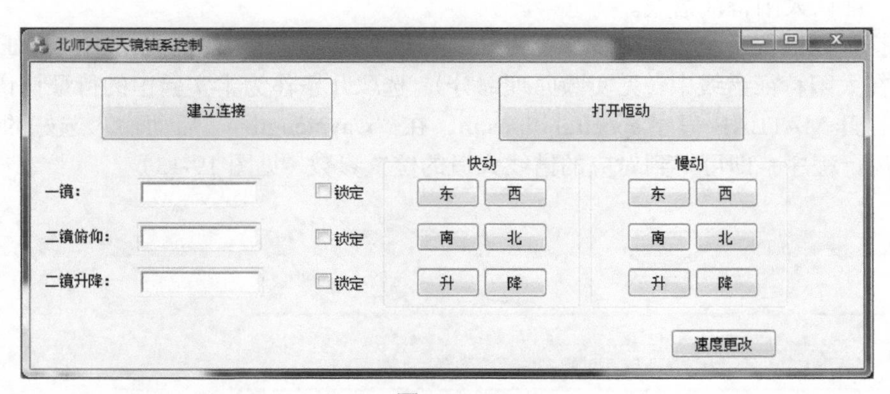

图　19-10

图　19-11

（5）控制一镜的东西、二镜的升降与南北（需要经验与耐心调节，可以一位同学在楼上看着，另一位同学在楼下调，也可以从显示器旁边的监视器上查看），直至太阳像投射到墙壁狭缝上为止。当需要长时间向一个方向运动时，可以选上“锁定”选项。

（6）当调好太阳像后，点击按钮“打开恒动”，之后如果需要关闭恒动，可点击“关闭恒动”。如图 19-12 所示。

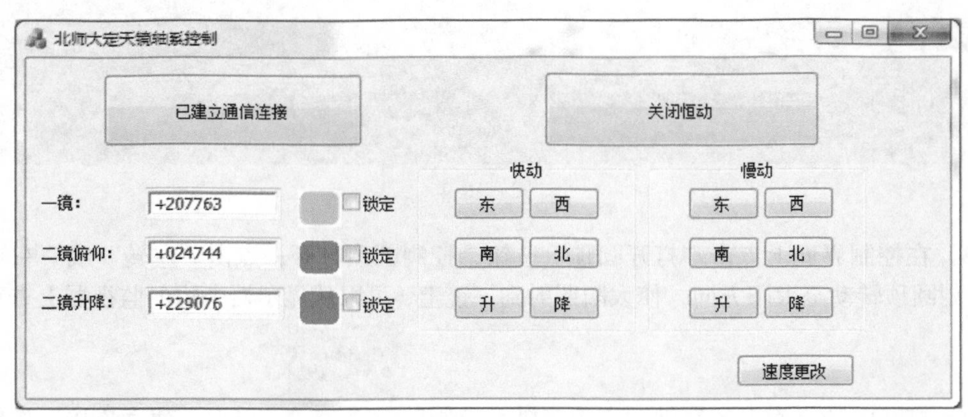

图　19-12

3.　拍摄、证认太阳特征谱线。

（1）打开光谱仪系统（详细步骤说明见“实验十八　定标汞灯的光谱拍摄与证认”）。

（2）在太阳特征谱线中（见实验原理部分），选取几条作为本实验中的待证认谱线。

（3）打开 MATLAB 程序 spectral_lines.m，在“wavelength=”后面输入选好的待证认谱线波长，运行程序，即可得到对应的谱线大概的位置参数（见图 19-13）。

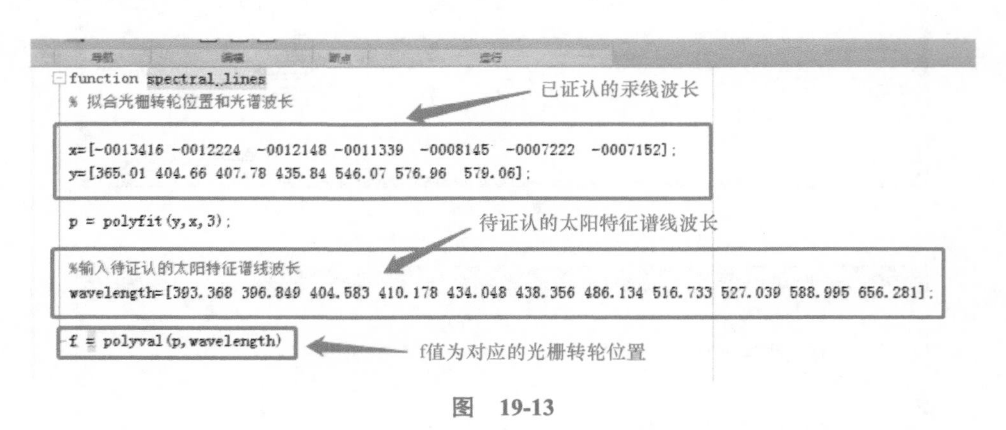

图　19-13

（4）在光谱仪软件上调节位置至待证认谱线大概位置，点击“长波”或“短波”，在附近搜索待证认谱线，并与太阳一维光谱标准谱线进行对比（标准特征光谱下载链接：https://pan.baidu.com/s/1V_syAMybQdeRZUZZiMknwA 提取码：abcd），确认搜索得到的谱线为需要证认的谱线，记录下位置参数，存储证认出的谱线。

注：对比证认时，如果感觉不好证认，可以运行 MATLAB 程序 dimension1.m，做出拍

摄的光谱的一维谱，进行辅助证认（见图 19-14）。

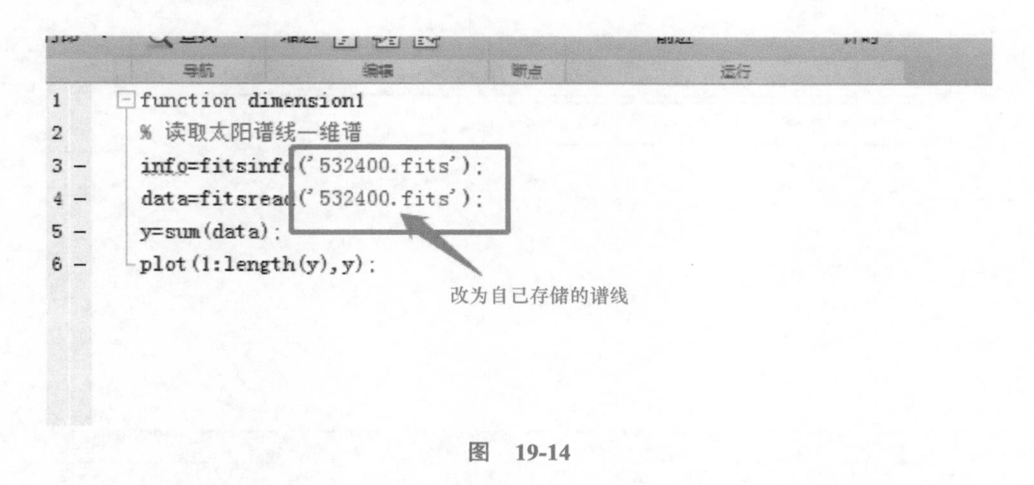

图 19-14

（5）读取证认出的谱线强度（见“实验十八　定标汞灯的光谱拍摄与证认”），光谱如图 19-15 所示。

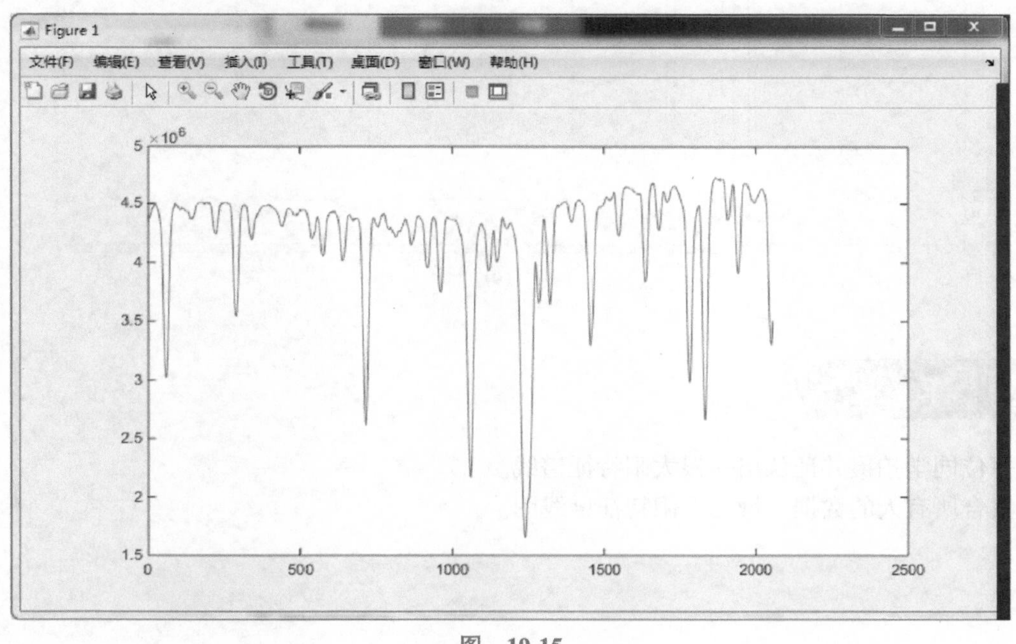

图 19-15

（6）重复步骤（4）、（5）、（6），直到所有待证认谱线全部证认完毕。

（7）打开 MATLAB 程序 spectral_plot.m，将特征谱线波长和对应强度填入程序中（见图 19-16），运行程序，得到太阳特征谱线图（见图 19-17），请同学们自己在图上标注对应元素。

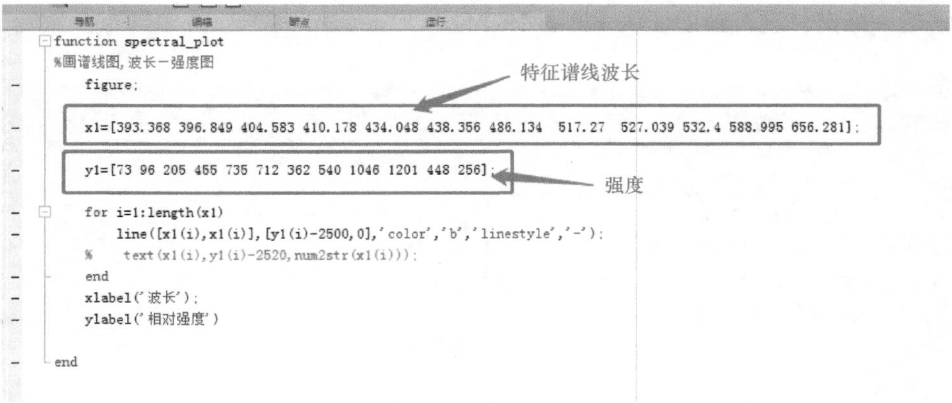

```
function spectral_plot
%画谱线图,波长—强度图
    figure;

    x1=[393.368 396.849 404.583 410.178 434.048 438.356 486.134  517.27  527.039 532.4 588.995 656.281];

    y1=[73 96 205 455 735 712 362 540 1046 1201 448 256];

    for i=1:length(x1)
        line([x1(i),x1(i)],[y1(i)-2500,0],'color','b','linestyle','-');
    %    text(x1(i),y1(i)-2520,num2str(x1(i)));
    end
    xlabel('波长');
    ylabel('相对强度')

end
```

特征谱线波长

强度

图 19-16

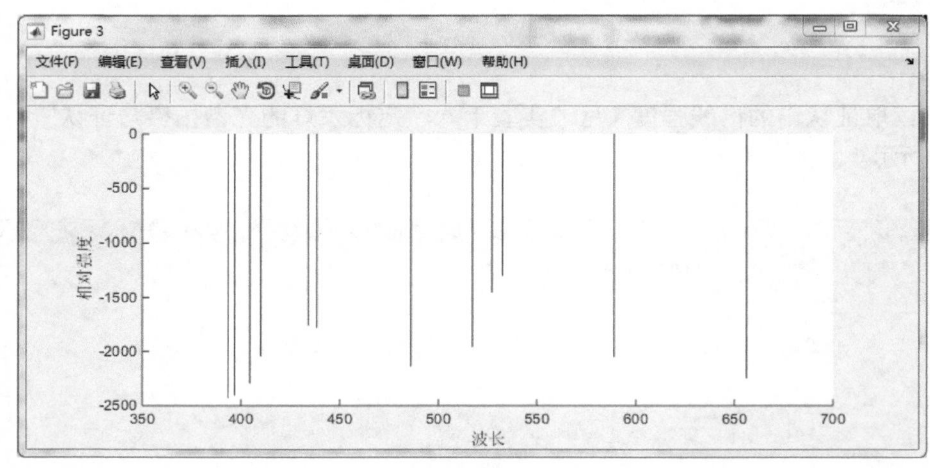

图 19-17

作 业

1. 每位同学拍摄并证认出一根太阳特征谱线。
2. 集合所有人的数据，做出太阳特征谱线图。

实验二十　恒星光谱的拍摄与处理

实验目的

1. 了解恒星光谱产生的原因。
2. 掌握恒星光谱的拍摄与抽取一维谱的方法。

实验原理

我们观测到的正常的恒星光谱，是在连续谱上叠加了吸收线或发射线，或者既有吸收线也有发射线。而我们在上面的实验中看到的太阳光谱，是在连续谱上叠加了吸收线，并没有发射线。太阳是一个典型的恒星，那么它的光谱为什么跟其他的恒星不一样呢？

要解释这个问题，那就需要了解一下谱线产生的原因。

炽热的固体、液体和高压气体都会发出连续光谱，如图 20-1a 所示；

金属汞、钠、铁等炽热蒸气和稀薄气体能够发出明亮的发射线，如图 20-1b 所示；

当发射的连续光谱的光穿过较冷的气体时，低温气体原子会吸收同元素的光子，从而在连续谱上形成暗的吸收线，如图 20-1c 所示。

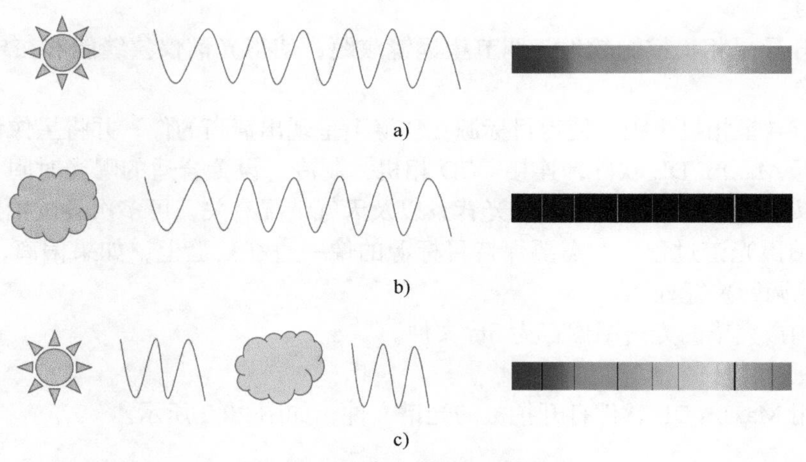

图 20-1　不同光谱产生的原因

恒星的内部是与太阳一样的炽热高压气体，它发出的电磁辐射是连续谱，在到达地球前，会经过一些低温气体，有的还会经过一些高温气体，所以它的光谱是连续谱叠加发射线或吸收线。而我们观测到的太阳的光，绝大部分是太阳光球发出来的，在到达地球前，会经过温度较低的太阳大气和温度较高的日冕层，但日冕层产生的辐射强度相对于光球来说，几乎可以忽略不计，所以在地球观测到的太阳光谱中只能看到吸收线，而看不到发射线。

光谱仪成像原理可参见“实验十八　定标汞灯的光谱拍摄与证认”。本实验采用的 Lhires Ⅲ光谱仪，配备了 150 刻线 /mm、300 刻线 /mm、600 刻线 /mm 和 2400 刻线 /mm 四种不同规格的光栅，其单次拍摄光谱覆盖范围分别约为 230nm、110nm、55nm 以及 8.5nm。为了拍摄尽量宽的波段范围，本实验中采用了 150 刻线 /mm 的光栅。

实验器材

1. 天文望远镜（星特朗 C14+ 派拉蒙 MeII 赤道仪）。
2. 光谱仪（Shelyak LHIRESIII 光谱仪）。
3. CCD 相机（qhy22）。
4. 导星相机（qhy290）。

注：望远镜、光谱仪和 CCD 相机可以根据实际条件自行选择。

实验步骤

1. 拍摄准备。

（1）选好准备拍摄的目标源，校内实验一般选取当晚能够观测到的 2 等以上亮度的星，可以通过星图软件（例如 skymap 等）提前选取。

（2）安装好望远镜，控制望远镜指向观测目标，将观测目标调整至望远镜视场中心。

（3）安装好光谱仪、CCD 相机和导星相机。

2. 光谱拍摄。

（1）打开导星相机控制软件，调节望远镜焦距，使得光谱仪狭缝能够在导星相机上呈现出清晰的像。

（2）调节导星相机焦距，使得目标源在狭缝上呈现出清晰的像，并将星像调至最小。

（3）打开 MaxIm DL 软件，连接 CCD 相机，制冷，设置合适的曝光时间（一般 2 等星曝光时间可以设置为 120s，跟当地天光背景以及天气情况有关，可多次尝试拍摄）。

（4）在拍摄光谱过程中，需要保持目标源的像一直在狭缝上，如果偏离，可以通过操作手柄，将像调回狭缝处。

（5）将拍摄完毕的光谱图像存为 fits 文件。

3. 光谱处理。

（1）使用 MaxIm DL 软件打开拍摄的光谱文件，如图 20-2 所示。

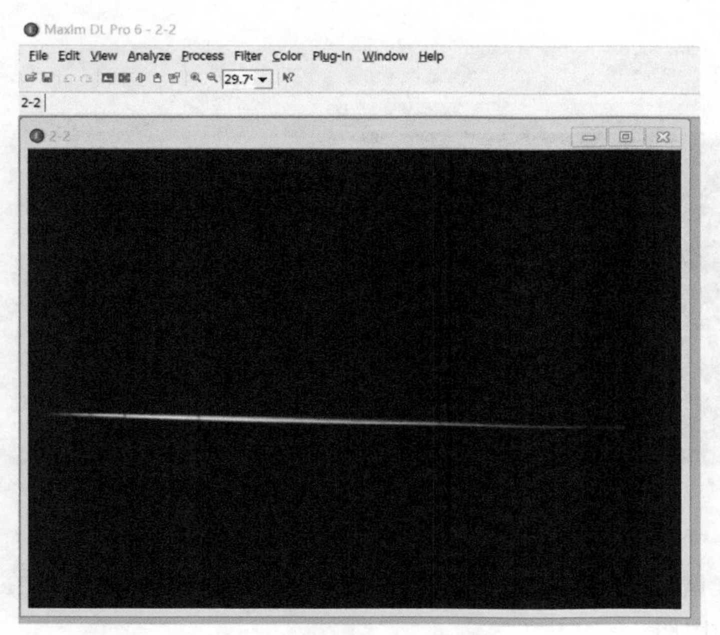

图 20-2　恒星光谱文件

（2）打开菜单“View”，选择“Graph Window”，如图 20-3 所示。

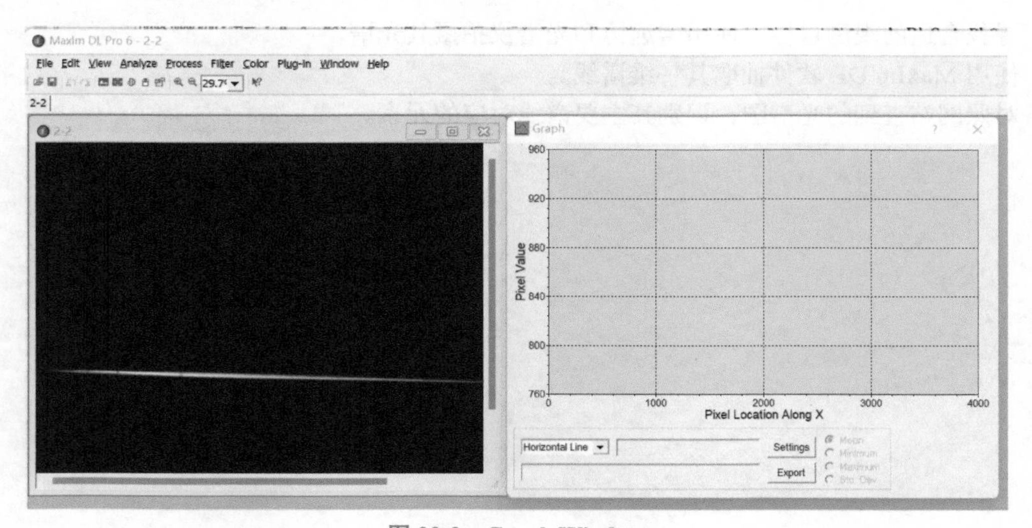

图 20-3　Graph Window

（3）在“Graph Window”中，选择“Horizontal Line”，光谱图上出现一条水平线。鼠标点击光谱，在“Graph Window”中，即显示出光谱的一维谱图，如图 20-4 所示。如果光谱不水平，可以通过菜单“Edit”中的“Rotate”功能进行调平。

（4）在网络上查找所拍摄的恒星的光谱图，对照光谱图，识别其主要谱线对应的元素。

注：① 本实验针对初级学生，只进行最简单的一维谱抽取，不进行后面波长定标和流量定标处理，感兴趣的同学可以自行查阅相关资料。

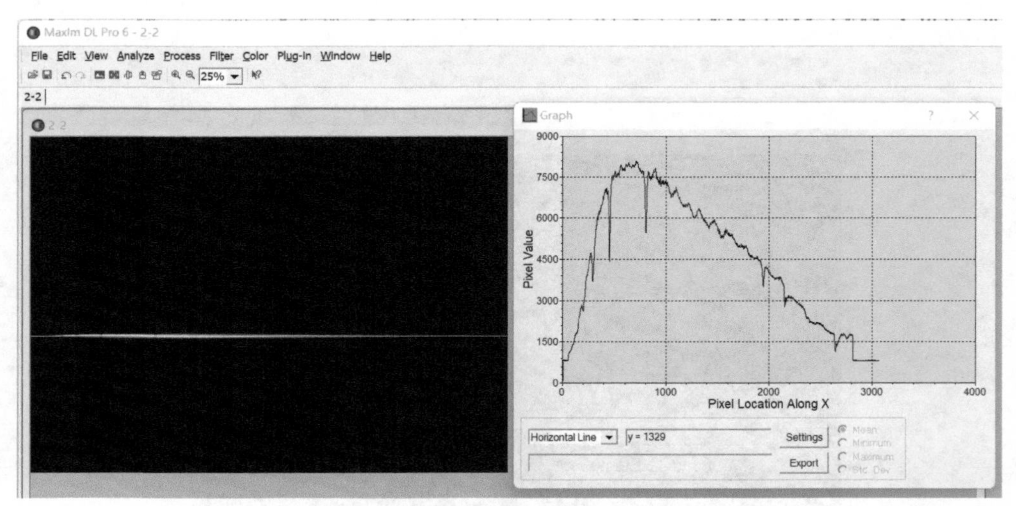

图 20-4 **Horizontal Line**

② 亮星的光谱目前还没有专门的数据库网站，需要根据所拍恒星，在网上单独查询该星的光谱图像。

作 业

1. 寻找合适的观测目标，使用望远镜和光谱仪拍摄其光谱。
2. 使用 MaxIm DL 软件抽取其一维谱线。
3. 对照网站查到的光谱图，识别其主要谱线对应的元素。

实验二十一　河外星系（或类星体）距离测定的资料处理

实验目的

1. 了解哈勃定律的基本原理。
2. 使用哈勃定律计算类星体距离。

实验原理

哈勃通过对大量河外星系的视向速度与距离关系的研究，得出哈勃定律，即距离越远的星系，其退行速度越大。

哈勃定律：

$$v(r)=H_0 D \tag{21-1}$$

式中，D 为星系的距离；H_0 为哈勃常数，H_0=50~100km/（s · Mpc），本实验中取 H_0=73km/（s · Mpc）。

红移量：

$$z=\Delta\lambda/\lambda_0 \tag{21-2}$$

式中，$\Delta\lambda=\lambda-\lambda_0$；$\lambda$ 为天体谱线波长；λ_0 为实验室静止波长值。

天体的视向速度：

$$v(r)=cz \quad （当 z<<1 时） \tag{21-3}$$

式中，c 为光速。

当天体的红移量接近 1 或大于 1 时要考虑相对论效应，即

$$v(r)=\frac{(1+z)^2-1}{(1+z)^2+1}c \quad （当 z\approx 1 或 z>1 时） \tag{21-4}$$

那么，是否可以用红移测类星体距离呢?

对类星体来说，红移和视星等的统计相关性很差，这就产生了两个彼此相关的问题：类星体的红移是否就是宇宙学红移，类星体的距离是否就是宇宙学的距离。

少数天文学家认为类星体的红移不是宇宙学红移。这种观点所依据的观测事实有：某些类星体和亮星系（它们的红移相差很大）的抽样统计结果表明，它们之间存在一定的统计相关性；某些类星体（如马卡良星系 205）似乎同亮星系之间由物质桥联系，而二者的红移相

差极大。持这种观点的人对红移提出过一些解释。例如，认为类星体是银河系或其附近星系抛出来的，因此认为类星体红移是多普勒红移，而不是宇宙学红移。

但是，大多数天文学家仍认为，类星体的红移是宇宙学红移。因此，红移反映了类星体的退行，而且符合哈勃定律。

在本实验中，按照大多数人的观点，认为类星体的红移是宇宙学红移，可以使用红移测类星体距离。

实验数据

1. 图 21-1、图 21-2 是典型的类星体光谱，波长为实验室波长，通常我们就是用它证认类星体光谱的，右侧还有一条很强的 Ha 线，波长为 6563Å。

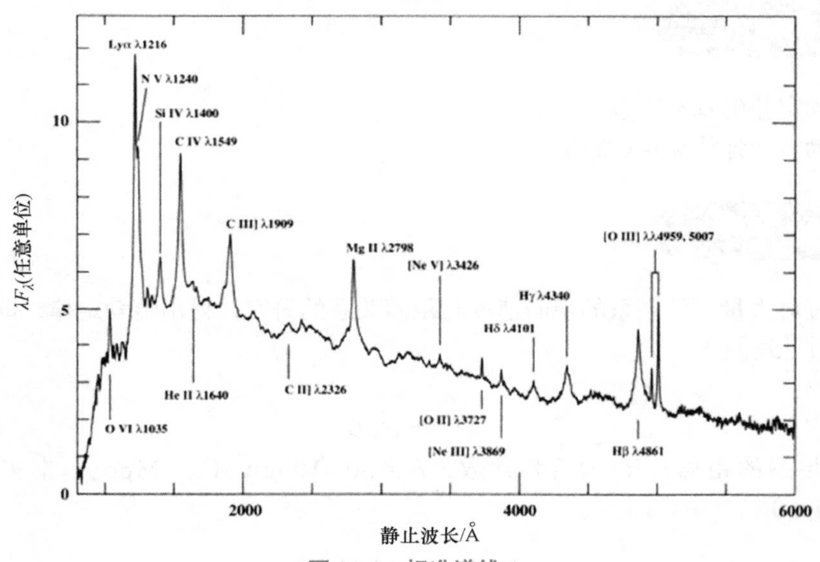

图 21-1　标准谱线 1

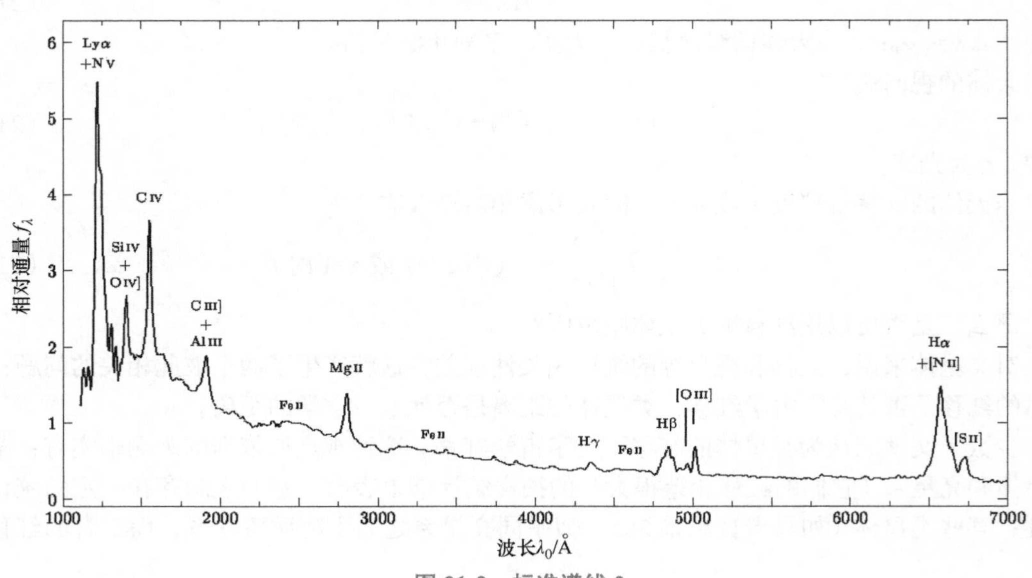

图 21-2　标准谱线 2

2. 图 21-3~ 图 21-10 为四个目标的谱线图。

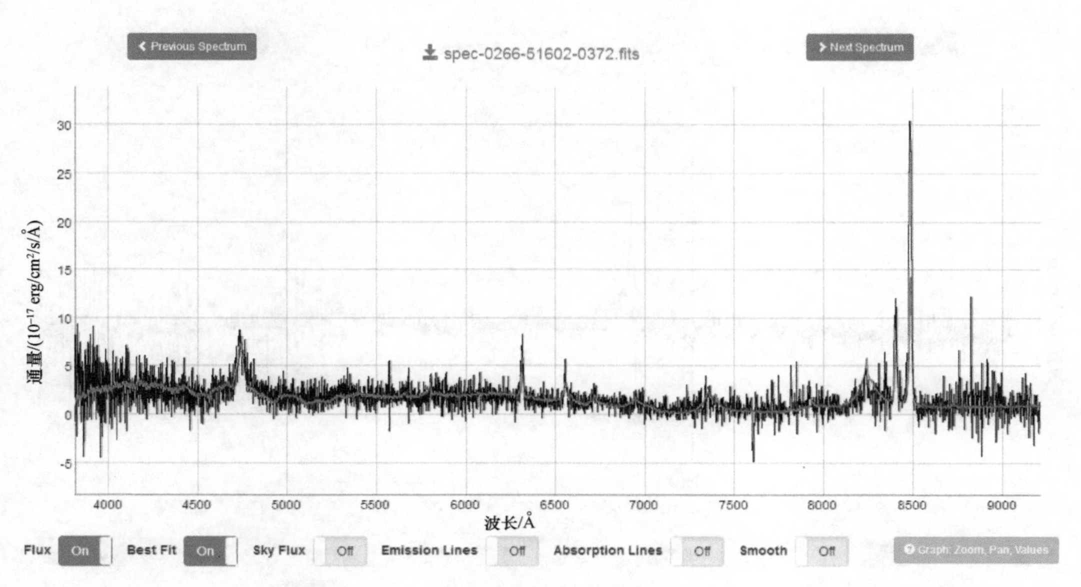

图 21-3　目标 1（1）

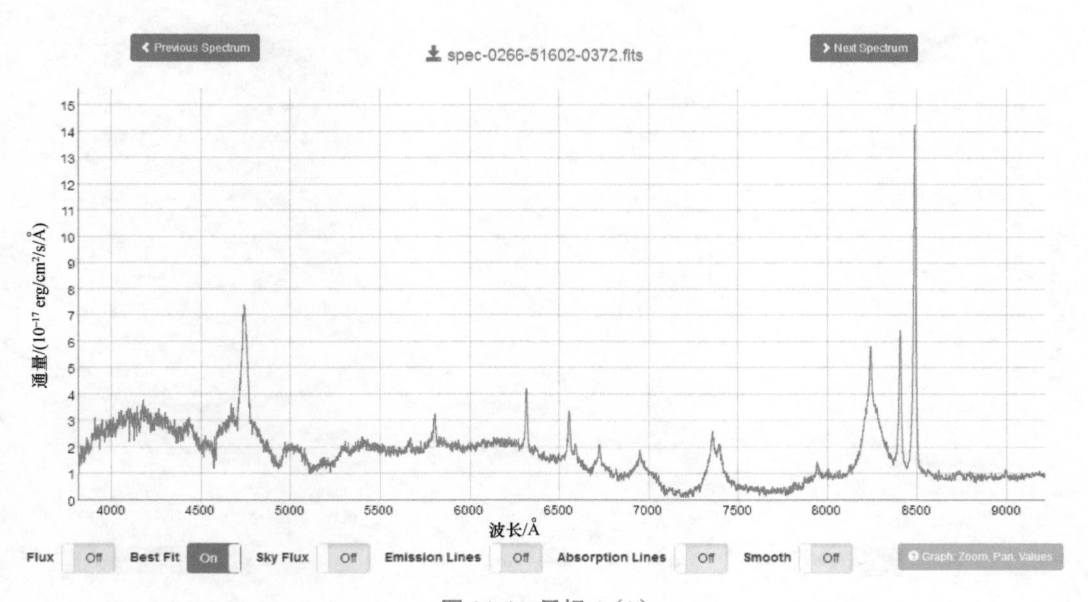

图 21-4　目标 1（2）

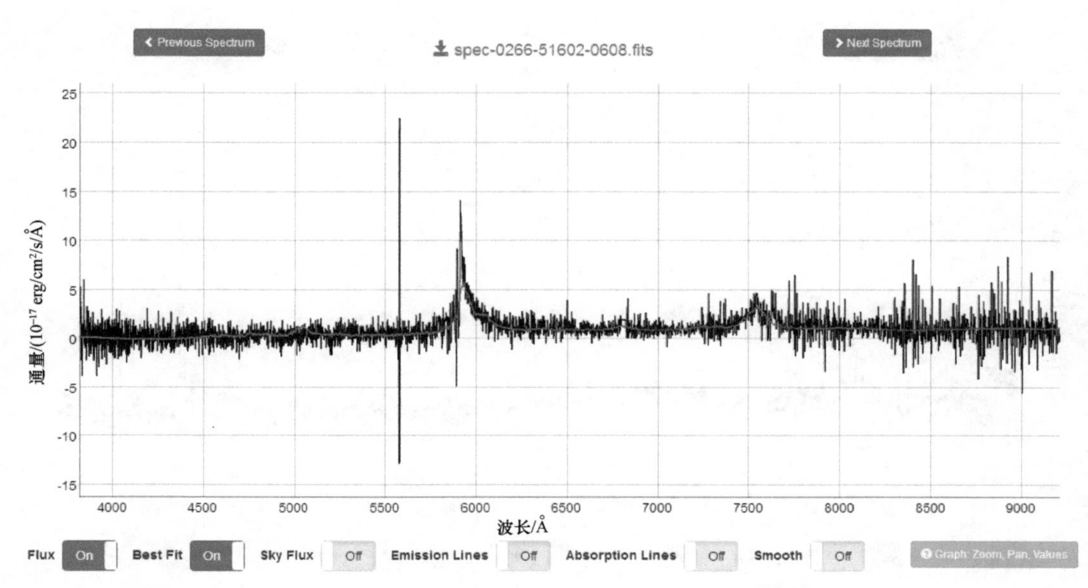

图 21-5 目标 2（1）

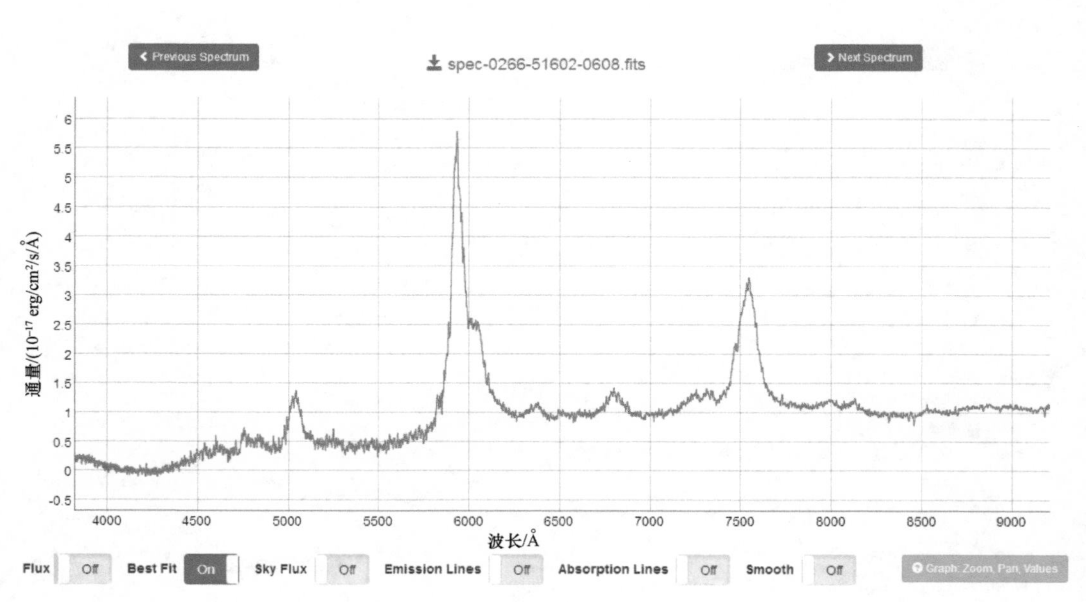

图 21-6 目标 2（2）

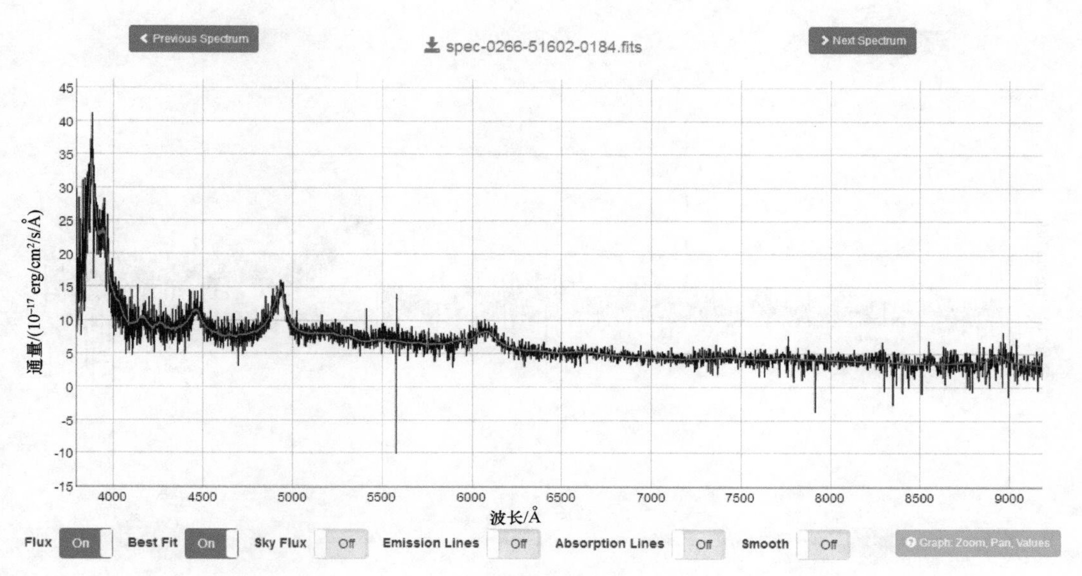

图 21-7　目标 3（1）

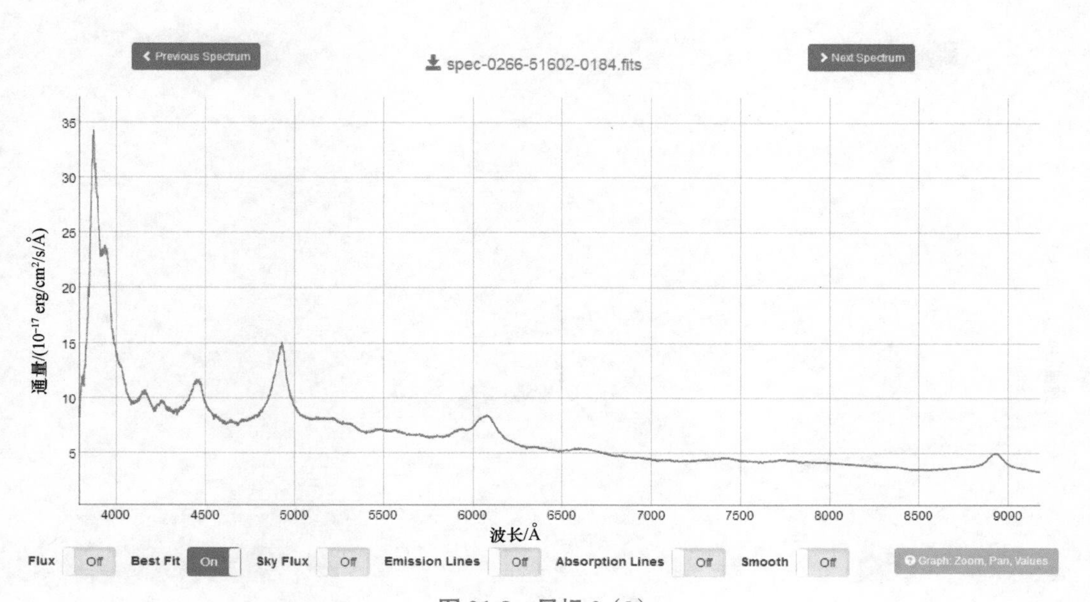

图 21-8　目标 3（2）

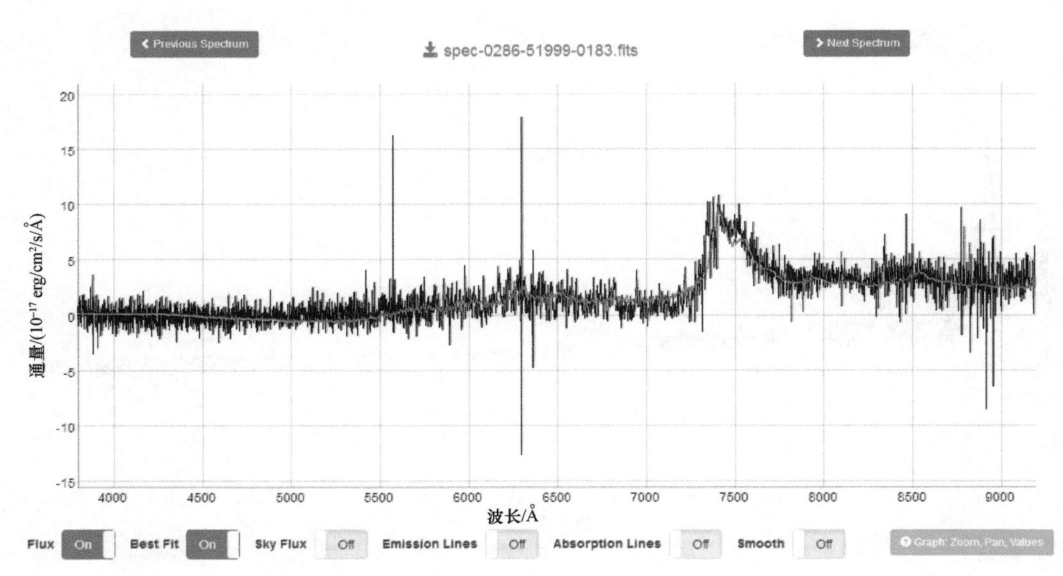

图 21-9　目标 4（1）

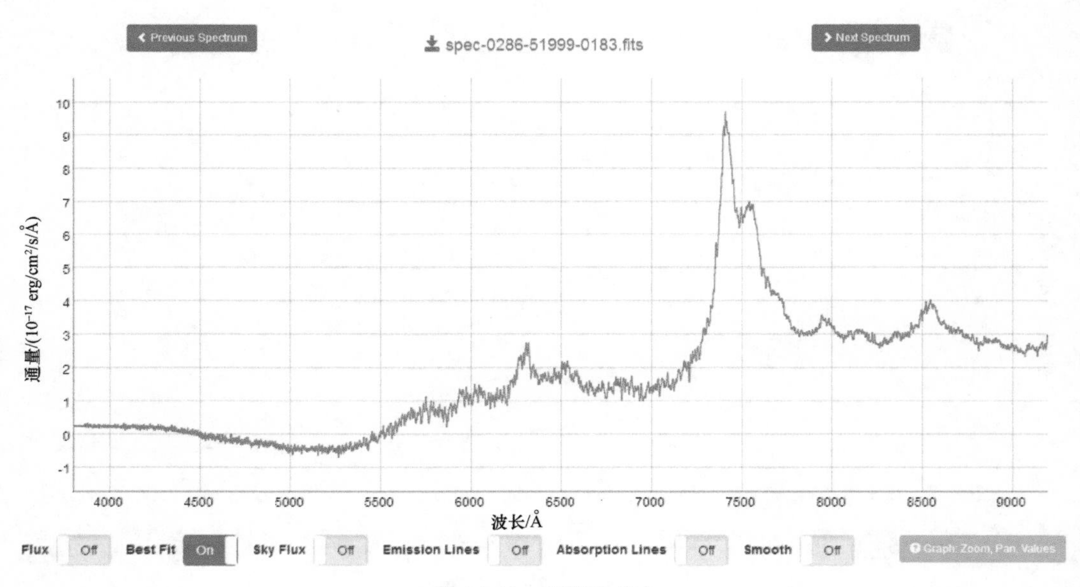

图 21-10　目标 4（2）

3.　图 21-11~ 图 21-14 为源信息图。

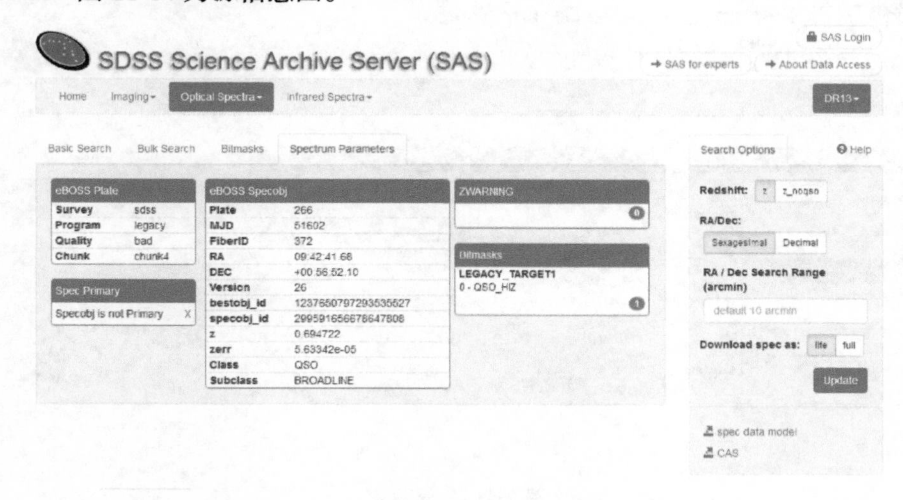

图 21-11　界面 1

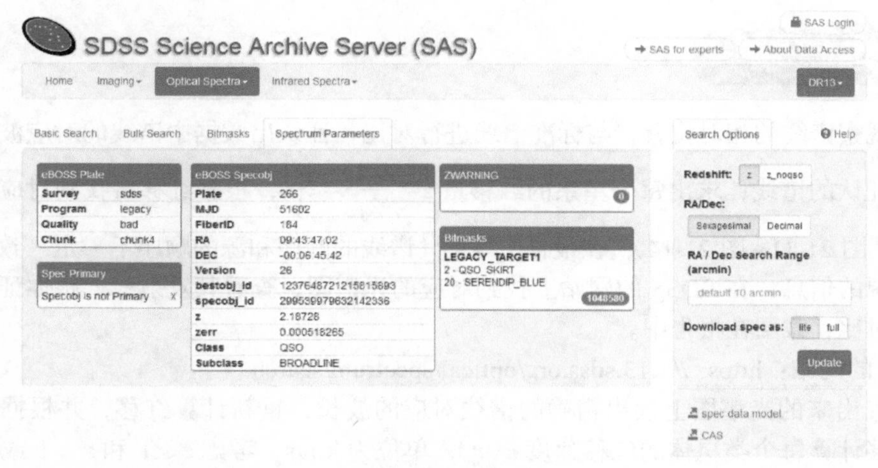

图 21-12　界面 2

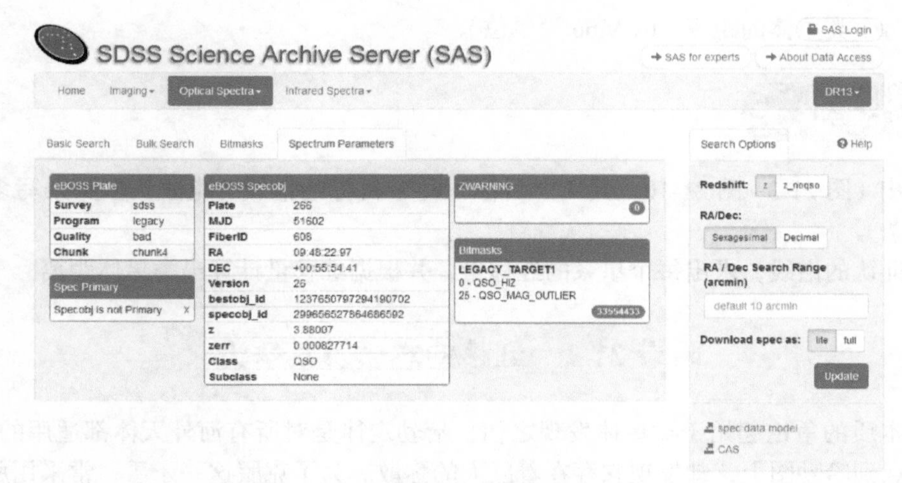

图 21-13　界面 3

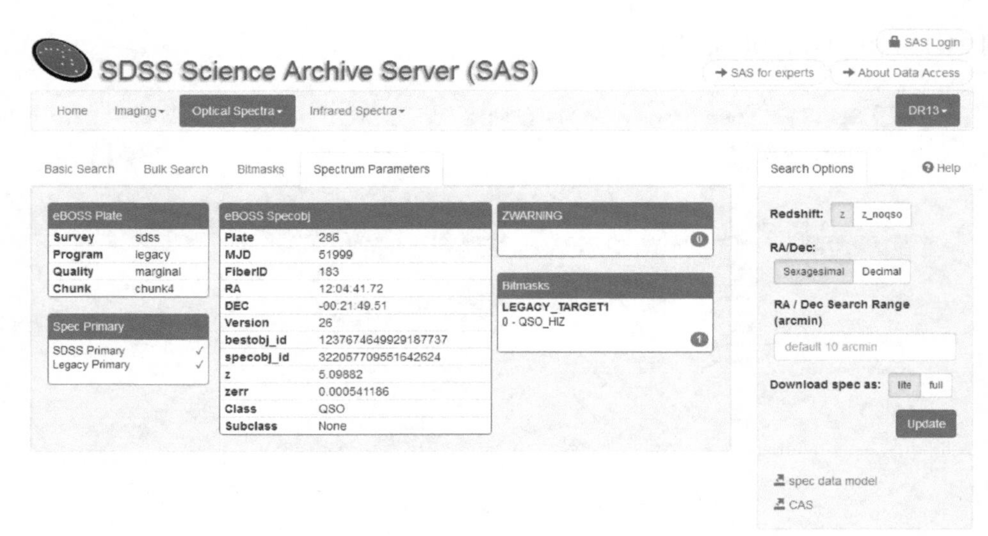

图 21-14　界面 4

实验步骤

1. 仔细观察谱线的相对位置，与标准谱线进行对比，证认出数据中谱线的对应波长。
2. 根据证认的谱线，求出每个星系的红移量 $z=\dfrac{\lambda-\lambda_0}{\lambda_0}=\dfrac{\Delta\lambda}{\lambda_0}$，根据红移量找到对应的源信息图（见图 21-11~ 图 21-14），在报告中写明（谱线的顺序和源的顺序不一定一致）。
3. 根据源的信息，在 SDSS 的网站上找到对应的光谱图，查看其发射线，跟你证认出来的进行对比，截图在报告中。
   SDSS 的网站：https：//dr13.sdss.org/optical/spectrum/search.
4. 在你查出来的光谱图上读出精确的谱线对应的波长，重新计算红移，并根据你计算出的红移计算每个类星体的红移速度 $v(r)$，单位为 km/s，考虑 $z\ll1$ 和 $z\approx1$ 或 $z>1$ 两种情况。
5. 求出每个类星体的距离（以 Mpc 为单位）。

作　业

1. 证认出（图 21-3~ 图 21-10，共 4 个目标）每个目标的谱线（能证认多少条写多少，至少 1 条）。
2. 根据证认的谱线，求出每个星系的红移量，并根据红移量计算出类星体距离。

附录 21-1　红移的本质及其争论

红移本质的争论起始于类星体发现之初，哈勃定律是对所有河外天体都适用的。但是，把类星体点到哈勃图上，却发现它存在着巨大的弥散。为了克服这一矛盾，常采用所谓“标

准烛光”的方法，也就是将某一物理参数相同的类星体分为一类，认为它们的绝对光度相近，属于同一个子集。用这种方法绘制的哈勃图的确有了改进，不过仍然存在着很大的缺陷。第一，子集的选取是唯象的，它们是否满足标准烛光的要求并不清楚；第二，没有考虑类星体本身的演化效应，类星体的红移相差很大，演化效应应该对光度有影响。在类星体的演化过程中，光度肯定会发生变化；第三，不同子集得出的关系相差甚大。

当然，用类星体构造不出理想的哈勃图，不能直接导出类星体不服从哈勃定律。哈勃定律推导时，是把河外星系的光度相同作为前提。也许，正是由于类星体本身的光度相差很大，才造成哈勃图的弥散。

对类星体红移本质产生怀疑的另一个原因是所谓“能量预算”困难。一颗类星体的光度能达到 1000 个以上的普通星系的光度之和，而其大小只有几个光年。如何产生如此巨大的能量，目前流行的黑洞加吸积盘的模型仍存在着可质疑之处。

关于类星体的红移本质，两种不同观点的观测证据如下：

1. 宇宙论性红移

（1）类星体的光谱和一般发射线星系的光谱没有本质的区别，尤其是 Seyfert 星系，它的光谱与类星体的光谱完全一致，只是在光度上有区别。

（2）许多类星体伴随有吸收线，有的吸收线和发射线一一相伴，是由类星体周围的气体云形成的。

（3）Lyα 线丛的存在被解释为类星体与观测者之间的吸收云造成的。

（4）在和星系靠近的类星体中观测到了红移值和星系距离一致的吸收线。

（5）在成对的类星体中观测到了属于对方的吸收线。

（6）引力透镜现象得到证实，而且观测到了引起透镜效应的透镜体。

（7）观测到了类星体周围的气体云，且测得云的距离和类星体一样，表明类星体是活动星系核。

（8）没有肯定的证据证明红移是非宇宙论性的。

2. 非宇宙论性红移

（1）一些类星体和星系非常靠近，似乎有物理联系，但它们的红移值却相差甚大。

（2）类星体和星系存在着一定的统计上的相关性。

（3）一些亮星系周围的类星体的数密度明显高于场类星体的数密度。

（4）发现一些亮星系存在着“特区”，即某些亮斑或旋臂的一些特殊部位，其视向速度和星系本身的视向速度相差甚大，甚至差到一个数量级，这的确是难以解释的，非宇宙论观点正是以此来佐证星系可以和类星体共存。

（5）类星体往往存在着特殊的排列或成团性，与星系有很大的区别。

（6）黑洞模型是类星体物理模型的唯一解释，观测上缺乏足够的证据表明每一个类星体都必然存在着黑洞。

（7）“能量预算”的矛盾仍然存在，目前的解释不能令人满意。

（8）没有肯定的证据否定红移是非宇宙论性的。

实验二十二　利用脉动变星确定星系的距离

实验目的

了解利用脉动变星测定天体距离的原理和方法。

实验原理

如果恒星的光变是由其内部机制造成的，那么，这样的恒星我们一般称作内因变星。有一类特别重要的内因变星叫作脉动变星，它们的光度呈现出周期性的特征变化。脉动变星中，有两种脉动变星对于揭示银河系的真实外延以及近邻天体的距离具有至关重要的作用，它们就是天琴座 RR 变星和造父变星。沿用天文学长久以来的惯例，天体的名称都来源于第一颗被发现的此类天体。对这两类变星而言，它们的名字来源于天琴座（RR）以及仙王座第四亮的星——仙王座 δ 星（造父一）。通过它们具有独特形状的光变曲线可以识别天琴 RR 变星和造父变星（见图 22-1、图 22-2）。

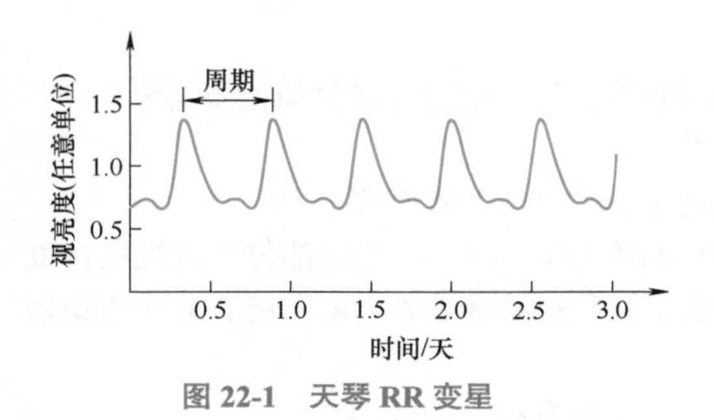

图 22-1　天琴 RR 变星

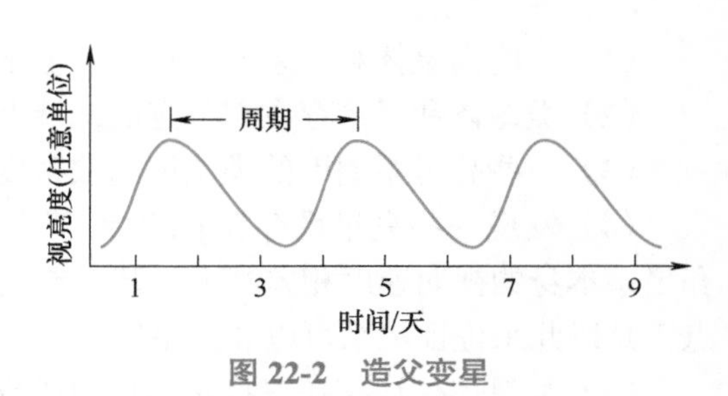

图 22-2　造父变星

天琴 RR 变星的脉动规律非常相似，都具有基本相同的光变曲线，只是周期上略有差异，观测到的周期范围通常在 0.5~1 天之间；造父变星的脉动方式也非常独特，但是不同造父变星的脉动周期差异很大，跨度从 1 天到 100 天。任何特定天琴座 RR 变星和造父变星的周期都精确地往复出现。脉动变星的关键意义在于，可以仅通过观测它们发出的光来识别和证认这些天体。为什么造父变星和天琴座 RR 变星会脉动？它们的基本机制是英国天体物理学家亚瑟 · 爱丁顿爵士在 1941 年提出的。任何一颗恒星的结构很大程度上是由辐射从核心

传播到光球层的难易程度决定的——也就是说，由内部的不透明度以及光传播过程中气体对其的阻碍程度决定。如果不透明度增加，辐射受到阻碍，内部压强增加，恒星就会“膨胀”；如果不透明度降低，辐射就能够轻易穿过，恒星就会收缩。根据理论研究，在特定的条件下，一颗恒星会失去平衡并会进入辐射流引起不透明度升高的状态——使得恒星膨胀、降温、光度减小——随后收缩，导致我们所看到的脉动。主序星中很难满足产生脉动的必要条件。相反地，脉动发生在演化到主序后的恒星中，这些恒星会经过赫罗图上被称为不稳定带的区域。当一颗恒星的温度与光度达到这个带时，恒星内部会变得不稳定。恒星的温度和半径都会有规律地变化，导致我们看到的脉动。基于上述原因，当恒星变亮时，它的半径收缩且表面温度升高；当其光度降低时，恒星膨胀并降温。

对于星系天文学，这类恒星的重要性在于，如果我们确认了一颗天琴 RR 变星或者造父变星，就可以得到它的光度，从而能够测量其距离 r。即通过比较恒星光度（已知）和视亮度（观测得到），便可以根据平方反比的关系推算其距离：

$$\text{视亮度} \propto \frac{\text{光度}}{(\text{距离})^2}$$

通过这种方法，天文学家能将脉动变星作为确定距离的一种手段，既可以应用在银河系内，也可以应用在银河系外。如何推算一颗变星的光度？对于天琴 RR 变星，方法很简单。所有的水平支星基本上都具有相同的光度（一个完整脉动周期的平均值）——大约是太阳的 100 倍。因此，一旦确定了一颗变星是天琴 RR 变星，就能立刻得到其光度。对于造父变星，需要利用一个平均光度和脉动周期的相关性，这个关系是 1908 年由哈佛大学的亨利埃塔 · 莱维特发现的，简称为周期 - 光度关系（周光关系）。变化非常缓慢的，亦即长周期造父变星的光度很大；相反地，短周期造父变星的光度较低。通过恒星或分光视差测量距离，天文学家可以为相对邻近的恒星绘制类似的图（见图 22-3）。

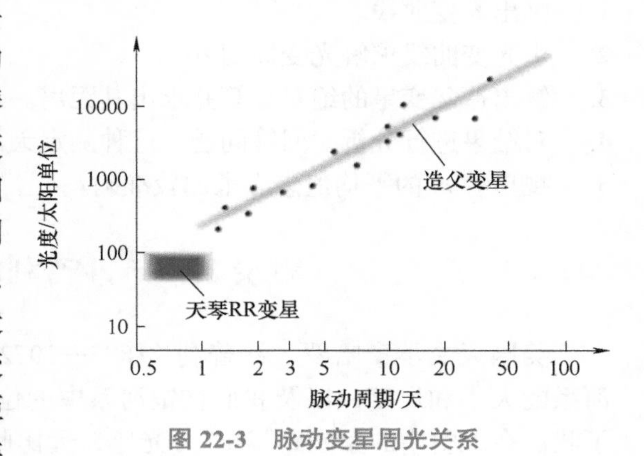

图 22-3　脉动变星周光关系

一旦确定了距离，就可以计算这些恒星的光度。目前还没有发现不符合周光关系的例子，而且这个关系与演化恒星脉动的理论计算也是吻合的。因此，我们假定这一关系对于所有距离范围的造父变星都适用，所以简单地测量造父变星的脉动周期，就能够给出其光度。只要能够识别变星并测量其脉动周期，这种距离测量技术就是非常有效的。人们测出光变周期就可以知道它们的光度（绝对星等），利用造父变星的周期和光度（绝对星等）的关系，可以确定造父变星所在的星团或星系的距离。绝对星等 M 和观测的视星等 m 的关系为

$$M = m + 5 - 5\lg r \tag{22-1}$$

通过测定的光变周期 p，即可根据周光关系图（见图 22-3），求出光度（绝对星等）；然后再由测定的视星等 m，计算出它的距离 r（单位：pc）。

利用造父变星，天文学家可以测量 250 万 pc 的距离，足以达到最邻近的星系。光度较低的天琴 RR 变星则没有造父变星那么容易被观测到，因此它们的应用范围也没有那么广。

但是，天琴 RR 变星更为常见，所以在其有限的范围内，它们其实比造父变星更有用。

实验步骤

1. 按照数据文件中给出的造父变星的观测值，画出光变曲线（纵坐标为星等值，横坐标为时间）。数据文件下载见链接：https：//pan.baidu.com/s/1JjzKDsoGqIURE2tqF5U3Wg，提取码：abcd。
2. 由光变曲线求解光变周期 p。
3. 在图 22-3 中读出造父变星的平均光度值（以太阳光度为单位）。
4. 由公式：$M-M_{\odot}=-2.5\ \lg\ (L/L_{\odot})$，式中，$L_{\odot}=3.86\times10^{33}/\mathrm{ergs}$；$M_{\odot}=4.75$，求解出造父变星的绝对星等。
5. 由造父变星的光变曲线（或观测值）求出造父变星的平均目视星等。
6. 利用公式：$M=m+5-5\lg r$ 求其距离。

作　业

1. 画出光变曲线。
2. 由光变曲线求解光变周期 p。
3. 解出造父变星的绝对星等并求出其距离。
4. 对结果进行分析，回答问题：这种测定天体距离的方法有什么优势，不足在哪里？
5. 视星等 m 的平均值怎么求比较准确？

附录 22-1　沙普利——柯蒂斯大辩论

美国天文学家哈罗·沙普利（1885—1972）通过研究球状星团中的变星，推断出了银河系的大小和尺度，以及我们在银河系中的位置。1918 年，他发表了这项成果，不仅表明了我们在太空中的家园跨越 10 万光年，远比此前认为的尺度大得多；而且也证实了地球位于他称为“星系远郊”的位置上，今天，我们知道了这里距离银河系中心大约 25 000 光年。沙普利证明了太阳从任何角度来说都不是中心、独一无二的、特殊的。他的这项工作是人类认识自身在宇宙中位置的里程碑，无疑也是 20 世纪最重要的天文发现之一。具有讽刺意味的是，沙普利举世瞩目的扩大银河系大小和尺度的发现，却导致他在对当时另一个更为深刻和先进的重大发现——银河系仅仅是宇宙众多星系中的一个的认知上误入歧途。他的观测表明，银河系具有庞大的尺度，这也使他不能接受存在一个更广大宇宙的观点，无法相信存在与我们的银河系一样巨大的其他遥远星系。即使对于如此杰出的科学家，个人偏见有时也会蒙蔽科学的判断。这直接引发了 1920 年在华盛顿国家科学院发生的“大论战”。论题是关于“旋涡星云”（也就是今天所说的星系）的谜团：它们究竟是“近邻”银河系的一部分，还是因足够遥远而自成星系？沙普利认为，既然他的研究已经增大了银河系的大小，那么旋涡星云必然是银河系的一部分。而他的对手，来自加利福尼亚利克天文台的希伯·柯蒂斯，虽然错误地拒绝认同银河系的巨大尺度，但是却正确地指出了旋涡星云其实是与银河系相似的

遥远恒星的集合体。两人分别列举了支持自己观点的其他科学依据，但是也都被自己的偏见干扰了对银河系的完整理解。由于没有对星云真实距离的客观测量，所以这场论战以平局告终。仅仅几年后，利用当时最先进的光学望远镜——威尔逊山上的 2.5m 反射镜，沙普利的竞争对手——加州理工学院的天文学家埃德温·哈勃（1884—1953）打破了僵局。他第一次分辨出仙女星云中的单颗恒星，并仔细测量了其中的变星，从而证明了仙女星云是一个坐落在银河系外数百万光年的真实星系。具有讽刺意味的是，哈勃采用的正是沙普利及其哈佛大学的同事所开创的基本方法，这个方法就是利用仙女星系里的造父变星，测量了出了其距离。这个距离比当时测定的银河系的直径大很多倍，从而证实了仙女星云是银河系之外的一个独立星系。这是在扩展哥白尼原理道路上的又一里程碑：无论地球还是太阳都丝毫不特殊，甚至连我们所生存的银河系也只是更广袤宇宙中无数星系里的一员。

附　录

附录 A　北京师范大学“天文学导论实验 Ⅰ”课程大纲

课程名称：天文学导论实验 Ⅰ
英文名称：Experiments of Astronomy I

【课程编号】（可选项）	【所属模块】（必备项） 数理基础与科学素养
【学分数】（必备项） 2	【适用专业】（必备项） 所有专业
【学时数】（必备项） 64	【开设学期（春季、秋季、夏季小学期）】 秋季
【已开设次数】（必备项） 10	【建议选课人数】（必备项） 15~30（需配备助教）
【授课教师姓名】（必备项） 张文昭 张记成	【授课教师职称】（必备项） 高级实验师 中级实验师
【授课教师联系方式】（必备项）Email：wenzhaozhang@bnu.edu.cn　办公座机：58806306 【授课教师联系方式】（必备项）Email：jczhang@bnu.edu.cn　办公座机：58806306	
【先修课要求】（必备项）无	

一、课程简介（必备项）

本课程面向对天文感兴趣的学生，根据其不同专业、不同层次和不同培养目标，设置了难度不同的实验，包含基础性天文实验、开放性天文实验、设计性天文实验和参观实习。本课程通过教授天文观测的基本技能和方法，能开阔学生的视野，培养学生的动手能力及科学的世界观，锻炼其自主学习、主动探索的科学精神，提高其科学素养。

二、课程目标（必备项）

1. 培养学生对天文的兴趣。
2. 提高学生实践动手能力。

3. 引导、扩展学生的开放性思维。
4. 提高学生的科学素养。

三、教学内容和学时分配（必备项）

（一）总论（或绪论、概论等）**4 学时**（课堂讲授学时）

主要内容：总体介绍本课程的实验内容、课程要求、考核方式；介绍实验过程中所需要使用的仪器；补充实验中所需要的基本天文知识。

教学要求：了解本学期的实验内容，掌握实验中所需要的基本天文知识。

课前学习要求：无。

重点、难点：掌握实验中所需要的基本天文知识。

其他教学环节：无。

（二）第一章　天文年历、星表、星图的使用　6 学时（课程实践学时）

主要内容：介绍天文年历、星表、星图及星图软件的内容及使用方法。

教学要求：学会使用天文年历、星表、星图及星图软件。

课前学习要求：预习实验内容。

重点、难点：掌握星图软件的使用方法。

其他教学环节（实践）：教师提出问题，由学生独立使用星图软件解决问题。

（三）第二章　古观象台参观实习　4 学时（课程实践学时）

主要内容：讲解古代天文观测仪器的结构与使用方法，带领学生参观古观象台。

教学要求：了解古代天文观测的方法，了解现代天文观测与古代天文观测的区别。

课前学习要求：预习实验内容。

重点、难点：了解现代天文观测与古代天文观测的区别。

其他教学环节（实践）：带领学生参观古观象台。

（四）第三章　天文馆参观实习　4 学时（课程实践学时）

主要内容：讲解天文展览相关知识，带领学生参观天文馆。

教学要求：了解天文展览的布置，了解天文科普的方式与内容设计。

课前学习要求：无。

重点、难点：了解天文科普的方式与内容设计。

其他教学环节（实践）：带领学生参观北京天文馆。

（五）第四章　四季星空认知　6 学时（课程实践学时）

主要内容：讲解四季星空的变化，带领学生认星座。

教学要求：了解四季星空的变化，夜晚能够认出明显的几个星座。

课前学习要求：预习实验内容。

重点、难点：夜晚认出星座。

其他教学环节（实践）：播放天文视频，参观天象厅，看天象厅节目，带领学生到郊区观测站认星座。

（六）第五章　望远镜校准　6 学时（课程实践学时）

主要内容：讲解小型望远镜的校准原理，使用小型望远镜自动寻找并观测月球（或大行星）。

教学要求：掌握小型望远镜的校准方法操作，能够独立使用小型望远镜进行观测。

课前学习要求：预习实验内容。

重点、难点：小型望远镜的校准方法。

其他教学环节（实践）：使用两星校准的方法校准望远镜，并控制望远镜自动搜寻目标（月亮、大行星或其他亮星）。

（七）第六章　望远镜机械性能指标测试　6 学时（课程实践学时）

主要内容：讲解高桥望远镜使用方法，测试高桥望远镜机械性能指标。

教学要求：掌握高桥望远镜使用方法。

课前学习要求：预习实验内容。

重点、难点：高桥望远镜使用方法。

其他教学环节（实践）：使用高桥望远镜测试高桥望远镜机械性能指标。

（八）第七章　兴隆观测站参观实习　6 学时（课程实践学时）

主要内容：带领学生参观国家天文台兴隆观测站。

教学要求：了解我国大型天文望远镜的基本情况。

课前学习要求：无。

重点、难点：了解我国大型天文望远镜的基本情况。

其他教学环节（实践）：带领学生参观国家天文台兴隆观测站。

（九）第八章　目视双星的 CCD 成像观测　6 学时（课程实践学时）

主要内容：利用已学过的望远镜和 CCD 照相机的操作知识，完成对目视双星角距的测量。

教学要求：熟练掌握望远镜操作和 CCD 的使用。

课前学习要求：预习实验内容。

重点、难点：灵活运用望远镜与 CCD 使用的相关知识。

其他教学环节（实践）：使用望远镜找到目标双星，使用软件控制 CCD 进行拍摄，从拍摄结果中读出目标双星的角距离。

（十）第九章　太阳黑子的观测及数据处理　6 学时（课程实践学时）

主要内容：讲解太阳球面坐标与黑子分型的相关知识，观测太阳黑子投影，使用软件处理网上下载的太阳黑子图像。

教学要求：学会太阳黑子的投影观测方法；学会使用软件处理太阳黑子图像。

课前学习要求：预习实验内容。

重点、难点：使用软件处理太阳黑子图像。

其他教学环节（实践）：使用望远镜观测太阳黑子投影。

（十一）第十章　太阳光球光谱的拍摄与证认　6 学时（课程实践学时）

主要内容：讲解太阳光谱知识与光谱拍摄的实验原理，拍摄太阳光谱。

教学要求：掌握拍摄和证认太阳光谱的方法。

课前学习要求：预习实验内容。

重点、难点：证认太阳光谱。

其他教学环节（实践）：使用望远镜及太阳光谱仪拍摄太阳光谱。

（十二）第十一章　郊外星空拍摄　4 学时（课程实践学时）

主要内容：到光污染小的郊外拍摄星空。

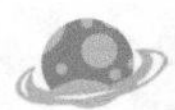

教学要求：掌握拍摄星空的基本方法。
课前学习要求：预习实验内容，制作拍摄计划。
重点、难点：拍摄星空。
其他教学环节（实践）：拍摄星空。

四、教材与学习资源（必备项）

教材：
张文昭，高健，张记成. 天文学导论实验［M］. 北京：机械工业出版社，2024.
张文昭，刘康，高健. 中小学天文实验汇编［M］. 北京：北京师范大学出版社，2019.
参考书目：
肖耐园，胡中为. 天文学教程［M］. 北京：高等教育出版社，2003.
刘学富，等. 基础天文学［M］. 北京：高等教育出版社，2004.
刘学富，李志安. 我爱天文观测［M］. 北京：地震出版社，1999.

五、教学策略与方法建议（可选项）

根据实验课程的特点采取不同的教学方法和手段。基础实验可采用教师讲解与多媒体辅助教学相结合的方法；设计性、研究性等开放性实验可采取教师指导的教学方法。通过不同形式的综合性、设计性实验，在学生具备一定基础知识和实验技能后，由教师布置实验题目和要求，学生自行设计观测的目标和实验方案，在教师的辅导下，进行观测的准备并完成观测实验，着意尝试培养学生综合应用知识能力和动手能力。

六、考核方式（必备项）

评价结构比例：平时成绩占 60%、期末成绩占 40%。
平时成绩包括：平时作业 30%、考勤 10%、实验设计 20%。
期末考核方式：闭卷考试 + 操作考试。
期末成绩包括：闭卷考试 35%、实验操作 5%。

附录 B　北京师范大学“天文学导论实验Ⅱ”课程大纲

课程名称：天文学导论实验Ⅱ
英文名称：Experiments of Astronomy Ⅱ

【课程编号】（可选项）	【所属模块】（必备项） 数理基础与科学素养
【学分数】（必备项） 1	【适用专业】（必备项） 所有专业
【学时数】（必备项） 32	【开设学期（春季、秋季、夏季小学期）】 （必备项） 春季

（续）

【已开设次数】（必备项） 10	【建议选课人数】（必备项） 15~30/（需配备助教）
【授课教师姓名】（必备项） 张文昭 张记成	【授课教师职称】（必备项） 高级实验师 中级实验师
【授课教师联系方式】（必备项）Email：wenzhaozhang@bnu.edu.cn 办公座机：58806306 【授课教师联系方式】（必备项）Email：jczhang@bnu.edu.cn 办公座机：58806306	
【先修课要求】（必备项） 天文学导论Ⅰ，天文学导论实验Ⅰ	

一、课程简介（必备项）

本课程面向对天文感兴趣的学生，根据其不同专业、不同层次和不同培养目标，设置了难度不同的实验，包含基础性天文实验、开放性天文实验、设计性天文实验和参观实习。本课程通过教授天文观测的基本技能和方法，开阔学生的视野，培养学生的动手能力及科学的世界观，锻炼其自主学习、主动探索的科学精神，提高其科学素养。

二、课程目标（必备项）

1. 培养学生对天文的兴趣。
2. 提高学生实践动手能力。
3. 引导、扩展学生的开放性思维。
4. 提高学生的科学素养。

三、教学内容和学时分配（必备项）

（一）第一章　月球的数字照相　4 学时（课程实践学时）

主要内容：拍摄月球的白光像，掌握天体照相的方法，熟悉月面结构，使用 Photoshop 软件处理月亮像。

教学要求：熟练掌握望远镜操作和数码相机的使用，熟悉月面结构。

课前学习要求：预习实验内容。

重点、难点：设置合适的相机参数，从而得到较好的拍摄效果。

其他教学环节（实践）：控制望远镜找到月亮，使用拍摄月亮像，使用 Photoshop 软件处理月亮像。

（二）第二章　星轨的拍摄及其后期处理　4 学时（课程实践学时）

主要内容：讲解星轨产生的基本原理以及拍摄及后期处理方法，练习拍摄星轨。

教学要求：掌握使用相机拍摄星轨以及后期处理的方法。

课前学习要求：预习实验内容。

重点、难点：使用相机拍摄星轨。

其他教学环节（实践）：使用三脚架和相机练习拍摄星轨，处理拍摄图片，作出星轨图像。

（三）第三章 类星体的距离测定的资料处理 4学时（课程实践学时）

主要内容：讲解类星体距离测定的实验原理，利用类星体光谱测定其距离。

教学要求：掌握类星体距离测定的实验原理。

课前学习要求：预习实验内容。

重点、难点：类星体距离测定的实验原理。

其他教学环节（实践）：处理不同红移的类星体光谱，测定其距离。

（四）第四章 利用造父视差法确定星系的距离 4学时（课程实践学时）

主要内容：讲解利用造父视差法测定天体距离的原理和方法，利用给出的造父变星的周光关系图和星等的观测值测定其距离。

教学要求：掌握利用造父视差法测定天体距离的原理和方法。

课前学习要求：预习实验内容。

重点、难点：利用造父视差法测定天体距离的原理和方法。

其他教学环节（实践）：处理观测的星等数据，利用给出的造父变星的周光关系图测定其距离。

（五）第五章 定标汞灯的光谱拍摄与证认 4学时（课程实践学时）

主要内容：讲解光谱仪光路的实验原理，拍摄定标汞灯的光谱，证认其中的特征谱线。

教学要求：掌握光谱仪的基本光路构成，能够独立定标汞灯拍摄汞灯光谱。

课前学习要求：预习实验内容。

重点、难点：光谱仪的基本光路构成，证认特征谱线。

其他教学环节（实践）：安装定标汞灯，使用实验软件调出汞灯的谱线，对照标准谱线图证认谱线波长。

（六）第六章 太阳高分辨率光谱的拍摄与谱线证认 4学时（课程实践学时）

主要内容：讲解使用太阳塔进行太阳高分辨率光谱拍摄的原理与谱线证认方法。

教学要求：掌握使用太阳塔进行太阳高分辨率光谱拍摄的原理与谱线证认方法。

课前学习要求：预习实验内容。

重点、难点：使用太阳塔拍摄太阳高分辨率光谱，证认太阳特征谱线。

其他教学环节（实践）：使用太阳塔拍摄太阳高分辨率光谱。

（七）第七章 “寻找另一个地球”虚拟仿真实验 4学时（课程实践学时）

主要内容：讲解探测系外行星的目的和意义，学习实践寻找系外行星的主要方法以及如何选择宜居带。

教学要求：了解并掌握寻找系外行星的主要方法。

课前学习要求：预习实验原理。

重点、难点：理解多普勒频移以及视向速度，分析不同的数据形式，确定系外行星。

其他教学环节（实践）：使用虚拟仿真实验课件，模拟体验系外行星寻找过程。

（八）第八章 CCD性能指标测试 4学时（课程实践学时）

主要内容：讲解CCD成像原理与其性能指标。

教学要求：掌握CCD成像原理，了解其性能指标。

课前学习要求：预习实验内容。

重点、难点：测定CCD性能指标。

其他教学环节（实践）：利用软件操作 CCD，测定其性能指标，与其说明书给出的指标做比较。

四、教材与学习资源（必备项）

教材：

张文昭，高健，张记成. 天文学导论实验［M］. 北京：机械工业出版社，2024.

张文昭，刘康，高健. 中小学天文实验汇编［M］. 北京：北京师范大学出版社，2019.

参考书目：

肖耐园，胡中为. 天文学教程［M］. 北京：高等教育出版社，2003.

刘学富，等. 基础天文学［M］. 北京：高等教育出版社，2004.

刘学富，李志安. 我爱天文观测［M］. 北京：地震出版社，1999.

五、教学策略与方法建议（可选项）

根据实验课程的特点采取不同的教学方法和手段。基础实验可采用教师讲解与多媒体辅助教学相结合的方法；设计性、研究性等开放性实验可采取教师指导的教学方法。通过不同形式的综合性、设计性实验，在学生具备一定基础知识和实验技能后，由教师布置实验题目和要求，学生自行设计观测的目标和实验方案，在教师的辅导下，进行观测的准备并完成观测实验，着意尝试培养学生综合应用知识和动手能力。

六、考核方式（必备项）

评价结构比例：平时成绩占 60%、期末成绩占 40%。

平时成绩包括：平时作业 40%、考勤 10%、实验表现 10%。

期末考核方式：考查。

期末成绩包括：实验设计 40%。

附录 C　实验报告模板

北京师范大学天文系
实验报告

课程名称：____________________　　实验名称：____________________

实验日期：____________________　　实验地点：____________________

作者姓名：____________　　班级：__________　　学号：___________

同组人姓名：__________　　组别：_______　　天气情况：_______

实验仪器：____

指导教师：____________　　成绩：____________

（实验报告应包括以下内容）

实验题目

[摘要]

[引言]

[实验目的]

[观测目标]

[实验过程]

[数据处理]

[实验结果]

[实验分析]

实验中出现的问题、结果分析、实验建议等。

参 考 文 献

［1］张文昭，平劲松，李文潇. 3 种典型的太阳系大行星历表的对比分析［J］. 中国科学院大学学报，2021（01）：114-120.

［2］余恒. 群星的族谱：番外——星表库简介［J］. 天文爱好者，2010（01）：46.

［3］张文昭，刘康，高健. 中小学天文实验汇编［M］. 北京：北京师范大学出版社，2019.

［4］刘学富，等 . 基础天文学［M］. 北京：高等教育出版社，2004.

［5］何香涛. 观测宇宙学［M］. 2 版 . 北京：北京师范大学出版社，2007.

［6］CHAISSON E，MCMILLAN S. 今日天文——星系世界和宇宙的一生［M］. 高健，詹想，译. 北京：机械工业出版社，2016.